Qualitative Soziologie

―――
Herausgegeben von
Jörg R. Bergmann
Stefan Hirschauer
Herbert Kalthoff

Band 21

Ursula Offenberger
Geschlecht und Gemütlichkeit

Ursula Offenberger

Geschlecht und Gemütlichkeit

Paarentscheidungen über das beheizte Zuhause

ISBN 978-3-11-047867-9
e-ISBN (PDF) 978-3-11-048372-7
e-ISBN (EPUB) 978-3-11-048131-0
ISSN 1617-0164

Library of Congress Cataloging-in-Publication Data
A CIP catalog record for this book has been applied for at the Library of Congress.

Bibliografische Information der Deutschen Nationalbibliothek
Die Deutsche Nationalbibliothek verzeichnet diese Publikation in der
Deutschen Nationalbibliografie; detaillierte bibliografische Daten
sind im Internet über http://dnb.dnb.de abrufbar.

© 2016 Walter de Gruyter GmbH, Berlin/Boston
Coverabbildung: „Icefeet" 2002 von Kirsten Justesen aus dem Projekt „Meltingtime",
kirstenjustesen.com.
Satz: bsix information exchange GmbH, Braunschweig
Druck und Bindung: CPI books GmbH, Leck
♾ Gedruckt auf säurefreiem Papier
Printed in Germany

www.degruyter.com

Inhalt

1 Danksagung —— 1

2 Einleitung —— 2

3 Sozialtheorie —— 8
3.1 Praxistheorien und Handlungstheorien —— 8
3.2 Die *Chicago School* und die Definition der Situation —— 11
3.3 Anselm Strauss: *Processual Ordering* – eine Theorie der Bewegung —— 16

4 Das Paar und die Konstruktion von Geschlecht —— 29

5 Technik, Technikforschung und die Konstruktion von Geschlecht —— 35

6 Zur sozialen Konstruktion von „Zuhause" und (thermischem) Komfort —— 43

7 Zusammenfassung und Formulierung der forschungsleitenden These —— 50

8 Forschungsdesign —— 54
8.1 Datengewinnung und Sample —— 54
8.2 Datenanalyse —— 62

9 Fallanalyse Eins: „dann machen wir das jetzt auch" – Kontroversen um die Solaranlage —— 71

10 Fallanalyse Zwei: „Also wir fanden das einfach cool, so ein hochentwickeltes Haus zu haben" —— 80

11 Technologische Ordnungen —— 87

12 Wissensordnungen —— 101

13 Symbolische Ordnungen —— 116

14 Fazit: Die Entstehung von „Zuhause" als Verlaufskurve —— 131
14.1 Stories are a special genre —— 131
14.2 Bau, Erwerb und Sanierung von Eigenheimen als distinkte Phasen der Verlaufskurve —— 134

15   Ausblick und Schluss —— 141

Abbildungsverzeichnis —— 143

Literaturverzeichnis —— 144

Sach- und Personenregister —— 156

1 Danksagung

Das vorliegende Buch ist als Dissertation an der Eberhard Karls-Universität Tübingen und aus der Mitarbeit in einem sozial-ökologischen Forschungsprojekt an der Universität St. Gallen entstanden. Sehr herzlich und *first but not least* danke ich Julia Nentwich und Jörg Strübing für ihre Begleitung durch Höhen und Tiefen seiner Entstehung.

Ebenso gilt mein Dank Kolleginnen und Kollegen am Lehrstuhl für Organisationspsychologie der Universität St. Gallen und am Institut für Soziologie der Universität Tübingen – für Flurfunk, Schreibtischgespräche und Kaffeeautomatenkonferenzen. Besonders hervorheben möchte ich dabei die Lese- und Schreibgemeinschaft mit Almut Peukert.

Den Mitarbeiterinnen und Mitarbeitern der Verlage Lucius und Lucius und DeGruyter danke ich ebenso für die angenehme Zusammenarbeit bei der Erstellung der Druckfassung wie den Herausgebern der Reihe „Qualitative Soziologie". Der Titel dieser Arbeit geht auf inspirierenden Email-Austausch mit Stefan Hirschauer zurück.

Meinen Eltern und Geschwistern sowie meiner Familie – Ole, Fridolin und Wieland Kazich – danke ich von Herzen für alle Unterstützung, Begleitung, Entlastung und Ablenkung während der letzten Jahre. Ohne Euch… Ein besonderer Dank gilt meinem Schwager Christian Schertl/Offenberger für die kompetente Erstellung der Graphiken.

Meine Patentante Ursula Koch-Grünberg hat die Fertigstellung dieser Arbeit nicht mehr erlebt. Den Worten einer meiner Interviewpartnerinnen: „Das wird nachher weltbest, wenn wir fertig sind", schenkte sie ein Lächeln von Liebe und Güte. Meiner verstorbenen Patin widme ich dieses Buch ebenso wie meinem Bruder Bernhard: Du zeigst mir, dass Wissenschaft betreiben sein kann wie Tango tanzen.

2 Einleitung

Das fossil-nukleare Energieregime, das den Energiehunger der Menschheit stillt, ist in die Krise geraten. Die Ölpest im Golf von Mexiko im Juni 2010 oder das Reaktorunglück in Fukushima im März 2011 waren nicht nur globale Medienereignisse, sondern sie sind ökologische, ökonomische und soziale Katastrophen. Sie zeigen drastisch auf, mit welch vielfältigen Risiken und Gefährdungen für Mensch und Natur gegenwärtige Formen der Energieversorgung einhergehen. Beide Fälle erzählen Geschichten von Hochrisikotechnologien, deren Zerstörungskraft sich nur schwer räumlich und zeitlich begrenzen lässt, sobald sie einmal der menschlichen Kontrolle entglitten sind.

Auch jenseits von der Tagesaktualität, die die Medien diesen Ereignissen einräum(t)en, ist in den letzten Jahrzehnten ein Diskurs entstanden, durch den die Frage nach der zukünftigen Energieversorgung zu einem Schlüsselthema des 21. Jahrhunderts geworden ist, eng gekoppelt mit den Debatten über den Klimawandel und den menschenmöglichen Maßnahmen dagegen. Auch in Deutschland wird debattiert, gehandelt und geforscht: Es wird um geeignete Wege zum Atomausstieg gerungen, Energiespargesetze werden verabschiedet; Häuser, Autos und Haushaltsgeräte werden nach ihrem Energieverbrauch kategorisiert; erneuerbare Energietechnologien finden zunehmende Verbreitung; Energiegenossenschaften werden gegründet; und nicht zuletzt gibt es Forschungsaktivitäten aller Art und Provenienz, die sich aus unterschiedlichen Zielsetzungen und Erkenntnisinteressen heraus mit Fragen rund um Energieversorgung und -verbrauch beschäftigen.

Im Zuge der Bemühungen Deutschlands um eine Energiewende ist die Entstehung einer neuen Forschungsrichtung zu verzeichnen, der multi- und transdisziplinär ausgerichteten Energieforschung. Auch in der internationalen Landschaft der sozialwissenschaftlichen Umwelt-, Technik- und Nachhaltigkeitsforschung ist dieses Thema inzwischen nicht mehr wegzudenken: Fragen nach zukünftigen Formen der Energieerzeugung oder nach veränderten Formen der Energienutzung werden in ihrer Wechselwirkung mit weiteren Gesellschaftsentwicklungen analysiert, um daraus Lösungen für gesellschaftliche Transformationen hin zu größerer Nachhaltigkeit von Energieerzeugung und -verbrauch zu entwickeln. Beispielsweise wird seit 2011 und bis 2016 die Helmholtz-Allianz „ENERGY-TRANS" mit einer Fördersumme von 8 Millionen Euro ausgestattet, um, so der Titel des Forschungsprogramms, „Zukünftige Infrastrukturen der Energieversorgung" zu erforschen und dabei auch das Verbraucherverhalten in den Blick zu nehmen.

Auch im BMBF-Förderschwerpunkt „Sozial-Ökologische Forschung" greifen die Projekte aktuelle Fragen des Energiekonsums auf. Unter dem Programmtitel „Neue Wege zum nachhaltigen Konsum" wurden zwischen 2008 und 2011 zehn Verbundprojekte gefördert, die verschiedene Konsumfelder wie Ernährung, Transport oder Produktentwicklung untersuchten. Die Hälfte der geförderten Projekte hatte dabei Fragen des Energieverbrauchs zum Gegenstand, woran die Konjunktur des Themas sichtbar wird. So wurden zum Beispiel „Motive und Hemmnisse für eine energetische Sanierung von Eigenheimen" untersucht oder Fragen der Stromeinsparung in Haushalten bearbeitet, etwa durch intelligente Zählersysteme oder politische Steuerungsmaßnahmen (Defila, Di Giulio et al. 2011). Aus einem der Verbundprojekte des Themenschwerpunkts zu nachhaltigem Konsum und Energieverbrauch, in dem ich als wissenschaftliche Mitarbeiterin angestellt war, erwuchs auch meine Auseinandersetzung mit diesen Fragen.

Im Projekt „Seco@home" („seco" steht für „**s**ustainable **e**nergy **co**nsumption") wurde etwa die Verwendung energieeffizienter Haushaltsgeräte untersucht, aber auch das Entscheidungsverhalten bei der energetischen Modernisierung von Gebäuden. Dem Teilprojekt „Gender und Wärmekonsum", für das ich angestellt war, kam die Aufgabe zu, die Rolle von Geschlecht für privaten Energiekonsum zu untersuchen. Dabei nahmen wir die Nutzung von Wärmetechnologien in den Blick, die mit erneuerbaren Energien betrieben werden. Die dominante Logik des Gesamtprojektes verknüpfte Nachhaltigkeit mit innovativen, energieeffizienten und erneuerbaren Energietechnologien. Nachhaltiger Konsum ist in dieser Logik dann gegeben, wenn solche Technologien zum Einsatz kommen. Entsprechend rückten im Projekt individuelle Verbraucherentscheidungen in den Mittelpunkt, und es wurde nach Hindernissen und Treibern für die Nutzung als nachhaltig geltender Technologien gesucht (vgl. Rennings, Brohmann et al. 2013). Den Sozialwissenschaften wird hier die Rolle der „end-of-pipe"-Forschung zugewiesen, die die Technikakzeptanz von Nutzerinnen und Nutzern fördern soll, eben um das zu fördern, was als nachhaltiger Energiekonsum verstanden wird.

Eine solche Forschung bleibt meines Erachtens hinter den Analysemöglichkeiten zurück, die stärker soziologisch fundierte Perspektiven auf den Zusammenhang von Technik und Gesellschaft bieten. Daher bemühe ich mich in der vorliegenden Arbeit um eine Überwindung einer individualistischen Perspektive auf Energiekonsum. Stattdessen betrachte ich das Phänomen in seiner historischen Situiertheit sowie seiner Einbettung in Alltagshandeln. Dabei konzeptualisiere ich Energiekonsum in seiner Verwobenheit mit Vergemeinschaftung und der materialen Gestaltung der Wohnumgebung.

Im Rahmen eines Keynote-Vortrages an der Abschlusskonferenz des erwähnten BMBF-Förderschwerpunktes zu nachhaltigem Konsum (November 2011) kritisierte die in der europäischen Umweltsoziologie sowie in den interdisziplinär ausgerichteten *Science and Technology Studies* weithin bekannte Soziologin Elizabeth Shove die – auch in der deutschsprachigen sozial-ökologischen Forschung – dominanten theoretischen Zugänge zur Erforschung von (Energie-)Konsum. Die Kurzform ihrer Kritik lautet „ABC": Die in der deutschsprachigen sozial-ökologischen Forschung bisher am stärksten beachteten Konsumtheorien reduzierten das Phänomen Konsum infolge behavioristisch orientierter Theorieverwendung auf eine Angelegenheit von ***Attitude***, ***Behaviour*** und ***Choice***. Was in solchen Theoriegebäuden hingegen außer Acht bleibe, seien die alltäglichen Routinen der „ordinary consumption" sowie der Ressourcenverbrauch, der in die Architektur von Versorgungsinfrastrukturen eingeschrieben sei. Eines ihrer Beispiele ist der im Verlauf des 20. Jahrhunderts zu beobachtende Wandel von Hygienevorstellungen, welcher das tägliche Duschen in weiten Teilen der westlichen Welt zu einer normalen Praktik hat werden lassen (Shove 2003a).

Shove und andere Stimmen des englischsprachigen Diskurses (Warde 2004; 2005; Watson und Shove 2006; Røpke 2009; Shove 2009; Gram-Hanssen 2010; Jaeger-Erben 2010; Hargreaves 2011) plädieren für eine sozialwissenschaftliche Nachhaltigkeitsforschung, welche Konsum aus der Perspektive der „construction and transformation of collective convention" (Shove 2003b) analysiert und dabei solche Standards und Normalitätsvorstellungen in den Blick nimmt, die die stillschweigende und unhinterfragte Grundlage von Konsumgewohnheiten bilden. Die praxistheoretischen Zugänge, die eine solche Perspektive eröffnen, leisten somit einen wichtigen Beitrag, um Konsum als Phänomen jenseits von individuellen Einstellungen und Verhaltensweisen zu untersuchen und dabei auf kollektive Muster und auf Dynamiken des sozialen Wandels zu fokussieren (Spaargaren und van Vliet 2000; Shove und Warde 2002; Jackson 2005; Algesheimer und Gurau 2008; Hinton und Goodman 2009; Jaeger-Erben 2010). Praxistheoretische Zugänge und deren Erkenntnisse zum Ausgangspunkt nehmend, wählte ich für die vorliegende Arbeit eine Fundierung in der pragmatistischen Handlungstheorie. Wie sich in den sozialtheoretischen Ausführungen im zweiten Kapitel zeigen wird, bestehen einige Affinitäten zwischen beiden Richtungen. Eine am Pragmatismus und dem daran anschliessenden Interaktionismus fundierte theoretische Ausrichtung der Arbeit erlaubte mir jedoch stärker als es mir mit Hilfe von Praxistheorien möglich scheint, die Bedeutung von situativen Aushandlungen für grössere Ordnungsbildungen in den Blick zu nehmen.

Mein Forschungsinteresse gilt darüber hinaus der Bedeutung von Geschlechterverhältnissen für Fragen von Energiekonsum. Daher wird im Anschluss an die sozialtheoretischen Ausführungen eine theoretische Perspektive auf Geschlecht entfaltet, die auf Peter Berger und Thomas Luckmann, Erving Goffman sowie auf Befunde aus den *Gender and Technology Studies* aufbaut. Mit einer solchen Verknüpfung zwischen soziologischen Perspektiven auf Geschlecht und Fragen von Energiekonsum leistet die vorliegende Arbeit einen Beitrag zur theoretischen Fundierung der Nachhaltigkeitswissenschaften. GeschlechterforscherInnen im Bereich der Konsum- und Nachhaltigkeitsforschung haben immer wieder angemerkt, dass in der sozialökologischen Forschung sowohl in Deutschland als auch international die Bedeutung von Geschlechterverhältnissen nur unzureichend thematisiert und in die Theorieentwicklung einbezogen wird (Schäfer, Schultz et al. 2006; Çaglar, Schwenken et al. 2010; Jaeger-Erben, Offenberger et al. 2011; Hofmeister, Katz et al. 2013). Die Kategorie Geschlecht gilt als eine „Vermittlungskategorie in Bezug auf das Verhältnis Gesellschaft-Natur sowie als eine dieses Verhältnis strukturierende Kategorie" (Hofmeister, Katz et al. 2013: 36). Damit ist zweierlei gemeint: zum einen, dass gesellschaftliche Naturverhältnisse mit der sozialen Organisation von Produktion und Reproduktion verschränkt sind, die wiederum geschlechterdifferenzierend angelegt sind. Zum anderen wird angenommen, dass die Unterscheidung zwischen Natur und Kultur selbst eine soziale und geschlechtlich aufgeladene Setzung sei.

Hieran wird deutlich, dass die Nachhaltigkeitswissenschaften von einer verstärkten Berücksichtigung der Geschlechterforschung profitieren können, wie es auch Sabine Hofmeister, Christine Katz und Tanja Mölders in ihrem Sammelband „Geschlechterverhältnisse und Nachhaltigkeit" (2013) betonen. Das Buch bietet eine umfangreiche Bestandsaufnahme bisher geleisteter Arbeit an der Schnittstelle von Geschlechter- und Nachhaltigkeitsforschung, die diese Schnittstelle als außerordentlich produktiv ausweist. Im Fazit beschreiben die Herausgeberinnen die

> neuen Qualitäten (...), die durch die Integration der Kategorie Geschlecht in die Nachhaltigkeitswissenschaften entstehen: Die Kritik am Prinzip des Ausschließens und Trennens und den damit einhergehenden Hierarchisierungen und Herrschaftsverhältnissen sowie die Forderung nach einer sozialen und kulturellen Kontextualisierung führt zu neuen Perspektiven und veränderten Sichten auf Problemzusammenhänge, ihre wissenschaftliche Bearbeitung und die entwickelten Bewältigungsstrategien (ebd.: 347).

Sehr deutlich machen die Autorinnen, dass es einer geschlechtersensiblen Nachhaltigkeitsforschung nicht darum geht, „Frauen als diejenigen auszuweisen, die nachhaltiger konsumieren, den Klimawandel weniger zu verantworten haben oder die Nutzung von Natur nachhaltiger gestalten" (ebd.: 348). Die kritisch-feministische Perspektive lässt Alltagsverständnisse von Geschlecht hinter sich (oder macht das Alltagswissen zum Forschungsgegenstand), so dass

> die Kategorie Geschlecht in theoretischer Hinsicht Teil eines Wissenschaftsverständnisses [wird], das die Strukturen und Ergebnisse der gegenwärtigen Wissensproduktion grundsätzlich infrage stellt (...). Die Kritik aus einer Geschlechterperspektive fällt umso radikaler und grundsätzlicher aus, je stärker sich die kritisierten Nachhaltigkeitsmodelle an den (natur-)wissenschaftlichen Paradigmen Objektivität, Universalität und Neutralität und einem positivistischen Wissenschaftsverständnis orientieren (ebd.: 348f).

Um mit der vorliegenden Arbeit zu einer weiteren Verschränkung von Geschlechter- und Nachhaltigkeitsforschung beizutragen, beziehe ich, wie oben erwähnt, auch geschlechtersoziologische Perspektiven und Ansätze in die vorliegende Untersuchung von Energiekonsum in Haushalten ein. Ein Blick in die bestehende Forschungsliteratur zu Geschlecht und Haushalt bzw. privater Lebensführung zeigt, dass die Wechselwirkung von Geschlecht und Arbeitsteilung eines der Hauptthemen der sozialkonstruktivistischen Geschlechterforschung darstellt. Studien zu häuslicher Arbeitsteilung fokussieren dabei überwiegend auf Fürsorgearbeit und Aufgaben im Haushalt, die traditionell in den Verantwortungsbereich der „Hausfrau" fallen (Zuständigkeit für Kinder und pflegebedürftige Familienmitglieder, Kochen, Putzen, Wäsche, Einkaufen, vgl. z.B. Kaufmann 1994; König 2012; Scholz 2012). Die Frage, ob und wie diese Aufgaben heute ausgewogener zwischen Männern und Frauen aufgeteilt werden, gilt als Indiz für die Modernisierung der Geschlechterverhältnisse bzw. für „Transformationen der symbolischen Geschlechterordnung" (so der Untertitel von Tomke Königs Habilitationsschrift „Familie heißt Arbeit teilen"). Der Begriff der Hausarbeit ist ganz zentral mit den genannten Tätigkeiten verknüpft. Dass in der Forschung „Hausarbeit" so verstanden wird, lässt sich sicherlich zum großen Teil mit den Wurzeln dieser Forschungsrichtung erklären, nämlich mit der ursprünglich engen Verknüpfung von Frauenbewegung und -forschung (König 2012: 39ff), bei der die Forschung darauf abzielte, Benachteiligungen und Mehrfachbelastungen von Frauen aufzuzeigen, zu kritisieren und der Veränderung zugänglich zu machen. Dieses Ansinnen ist heute nach wie vor von Bedeutung, ebenso wie es wichtig ist, den Blick auf Ambivalenzen moderner Männlichkeitsentwürfe zu richten.

Aufgrund der angedeuteten Begriffsgeschichte ist der Hausarbeitsbegriff für die vorliegende Arbeit ungeeignet, obwohl ich mich auch mit einer Art von Hausarbeit befasse und mich für geschlechterdifferenzierende Arbeitsteilung im Haus interessiere. In der vorliegenden Arbeit geht es jedoch um die Frage, wie „Zuhause" entsteht, weshalb hier diejenige Arbeit untersucht wird, die zur Errichtung und Instandhaltung eines solchen Wohnraumes erbracht wird. Exemplarisch für das Bündel all solcher hausbezogenen Tätigkeiten untersuche ich Prozesse des Bauens und Sanierens, insbesondere solche Arbeiten, die auf die Versorgung mit und den Verbrauch von Wärmeenergie bezogen sind. Das zentrale Argument der Arbeit lautet damit: Aktivitäten rund um Neubau oder Sanierung und dabei erfolgender Anschaffung und Nutzung von (erneuerbaren) Wärmetechnologien in Haushalten mit Wohneigentum lassen sich aus der Perspektive verstehen, wie für die Bewohnenden dabei ein Zuhause entsteht. Ich interpretiere damit die Praktiken von Gebäudesanierung und der Anschaffung neuer Technologien sowie die Entscheidungsprozesse beim Bau von Wohneigentum als Vorgänge, bei denen das Haus zum Eigenheim der Bewohnenden wird, also zu dem Ort, an dem sie sich zuhause fühlen, und der damit zum Mittelpunkt ihrer privaten Lebensführung wird.

Der Begriff „Zuhause" umfasst dabei nicht nur den konkreten, materialen Ort, sondern auch die Vergemeinschaftungsform, die an diesem Ort gelebt wird. Damit können Paare oder Familien gemeint sein, aber auch Wohngemeinschaften oder andere Lebensformen in Gemeinschaft. Hier wird in besonderer Weise deutlich, dass es sich um einen Prozessbegriff handelt. Die Herstellung von Häuslichkeit ist nichts, das einmal stattfindet und dann abgeschlossen ist. Vielmehr lässt sich das alltägliche Wohnen als eine ständige Herstellung von „Zuhause" verstehen. Für das hier untersuchte Fallmaterial bedeutet das: Indem man als Familie oder als Paar ein Eigenheim bewohnt, wird es immer wieder neu zum eigenen Heim, und durch das gemeinsame Wohnen entwickeln Paare oder Familien fortlaufend ihre Identität als Paar oder Familie. Der Konsum von Wärmeenergie und die Herstellung von thermischem Komfort sind untrennbar mit solchen Häuslichkeitspraktiken verwoben, und energiebezogene Entscheidungen lassen sich vor dem Hintergrund und im Kontext der Herstellung von „Zuhause" umfassender verstehen. So sind auch Titel und Untertitel dieses Buches zu verstehen: Paarentscheidungen über das beheizte Zuhause werden insbesondere auf das Zusammenspiel von Geschlecht und Gemütlichkeit hin untersucht, „Gemütlichkeit" verstanden als das, was für viele den Inbegriff von Häuslich- und Behaglichkeit darstellt.

Die weitere Arbeit ist wie folgt aufgebaut: Im Anschluss an die vertiefenden Ausführungen über sozialtheoretische Grundlagen dieser Arbeit (Kapitel 3) und die Darstellung verschiedener Perspektiven auf Paarförmigkeit, Geschlecht und Technik (Kapitel 4 und 5) folgt eine Sichtung bestehender Forschung zu den Themen Wohnen und (thermischer) Komfort (Kapitel 6). Nach einer Zusammenfassung der theoretischen Hintergründe wird im Anschluss die forschungsleitende These präzisiert (Kapitel 7). Kapitel 8 widmet sich dem Sample Forschungsdesign der vorhergehenden Arbeit, deren zentrale Ergebnisse in den Kapiteln 9, 10, 11, 12 und 13 dargestellt sind. Diese münden in die Formulierung der Grounded Theory im Fazit, die eine theoretische Verdichtung des Materials vornimmt (Kapitel 14).

3 Sozialtheorie

Im folgenden Kapitel zeige ich mit Hinblick auf aktuelle Kontroversen zwischen praxis- und handlungstheoretischen Ansätzen, dass eine Rückkehr zu den Wurzeln pragmatistisch-interaktionistischer Handlungstheorie und hier insbesondere dem Theorem der Situationsdefinition ein lohnenswertes Unterfangen ist, um der Kritik an Handlungstheorien zu begegnen. Ausserdem beleuchte ich den sozialtheoretischen Beitrag im Werk von Anselm Strauss, der auf den Schultern pragmatistischer Philosophie aufruht und diese zu einer Konzeption von „processual ordering" entwickelt. Dem Begriff der Verlaufskurve kommt für die Konzeption des prozessualen Ordnens eine Schlüsselstellung zu. Gleichzeitig ist der Begriff der Verlaufskurve, wie sich in den späteren Kapiteln zeigen wird, der zentrale analytische Begriff für den empirischen Teil dieser Arbeit.

3.1 Praxistheorien und Handlungstheorien

Einer der vielen in den vergangenen Jahrzehnten postulierten *turns* in den Sozialwissenschaften ist der *practice turn* innerhalb der Sozialtheorie (Schatzki, Knorr Cetina et al. 2001). Spätestens durch die Synthesearbeit von Andreas Reckwitz (2000) ist der Begriff der Praxistheorie(n) auch hierzulande in vieler Munde. Als zentrale Charakteristika der unter dem Begriff gebündelten, aber durchaus heterogenen Ansätze gelten nach Reckwitz (2003: 282) insbesondere drei Annahmen, nämlich:

> eine ‚implizite', ‚informelle' Logik der Praxis und Verankerung des Sozialen im praktischen Wissen und ‚Können'; eine ‚Materialität' sozialer Praktiken in ihrer Abhängigkeit von Körpern und Artefakten; schließlich ein Spannungsfeld von Routinisiertheit und systematisch begründbarer Unberechenbarkeit von Praktiken.

Mit dem Verweis auf die Bedeutung dieser Aspekte werden Praxistheorien den Handlungstheorien gegenübergestellt. Letzteren wird dabei eine rationalistische und individualistische Engführung in der Untersuchung von Sozialität vorgeworfen (Taylor 1993; Reckwitz 2004; Schulz-Schaeffer 2010: 320). Demgegenüber besäßen Praxistheorien durch die Verschiebung der zentralen Analyseperspektive von sozialem Handeln auf soziale Praktiken eine höhere Erklärungskraft.

Allerdings werden auch Zweifel an dem „revolutionären Gehalt" des ausgerufenen *turns* deutlich: So argumentiert etwa Bongaerts (2007: 257), dass

> die Summierung von Merkmalen wie Körperlichkeit, Kontextuierung, Materialität usw. weder hinreichend noch tauglich ist für die Abgrenzung gegen klassische Theorieangebote und die Etablierung eines ‚neuen' Paradigmas oder turns. Dass bestimmte Bereiche sozialer Praxis in den unterschiedlichen Theorieangeboten zu wenig beachtet oder systematisiert sind, bedeutet schließlich nicht, dass ihre Thematisierung und Bearbeitung im Rahmen der jeweiligen Theorie auch systematisch ausgeschlossen wäre.

Ebenso äußert sich Schulz-Schaeffer (2010: 335) skeptisch gegenüber einer „praxistheoretischen Umetikettierung vorhandener Theoriebestände" und versucht zu zeigen,

> dass und wie sich das Kernanliegen der Praxistheorie im umfassenderen Rahmen der Handlungstheorie klarer und differenzierter zur Geltung bringen lässt als in der Praxistheorie selbst (ebd.: 319).

Eine „intellektualistische Verzerrung" (ebd.: 326) in handlungstheoretisch fundierten Untersuchungen zu kritisieren ist sicherlich einer der wichtigen Beiträge, den praxistheoretische Perspektiven für aktuelle Diskussionen zur Entstehung, Aufrechterhaltung und Veränderung von sozialer Wirklichkeit leisten. Die Ausrufung eines *turns* bzw. einer Wende lässt sich daher meines Erachtens immer so lesen, dass an den bestehenden Verhältnissen in der Sozialforschung Verkürzungen, Engführungen, blinde Flecken kritisiert und überwunden werden sollen. Nehmen wir das Beispiel des Konsums und verschiedene Versuche, Konsumdynamik und die „Unersättlichkeit" westlicher Konsumgesellschaften zu erklären: Aus „klassisch" handlungstheoretischer Perspektive liegt es nahe, dabei hauptsächlich auf mehr oder weniger bewusste Kaufakte zu fokussieren, um diese im Hinblick auf die symbolischen Dimensionen von Konsum zu analysieren, etwa den Distinktionsgewinn einer teuren Armbanduhr oder einer exotischen Fernreise. Aus einer praxistheoretischen Perspektive wird das Subjekt dezentriert. Dadurch rücken Konsumformen ins Zentrum, die sich einem Fokus auf Kaufakte entziehen. Stattdessen gerät etwa derjenige Konsum in den Blick, der in unsere alltäglichen materialen Versorgungsinfrastrukturen eingeschrieben ist und durch die Verknüpfung mit Normalitätsvorstellungen bestimmte Praxisformen nahelegt, wenn nicht gar bedingt. Aus einer solchen – historisch wesentlich breiter angelegten – Perspektive lässt sich z.B. fragen, wie sich die permanente Verfügbarkeit von Wasser und Strom in Haushalten auf Konsummuster auswirken, etwa auf Hygienepraktiken, Medienkonsum oder Ernährungsgewohnheiten. Derartige aus praxistheoretischen Diskussionszusammenhängen entstandene Analysen bewegen sich jenseits der Frage nach bewusst oder unbewusst, d.h. individuell gesteuerten Handlungen und können das Verständnis von Konsumdynamiken ganz wesentlich erweitern. Von praxistheoretisch angelegten Untersuchungen gehen also wichtige Impulse aus, um unser Verständnis des Sozialen zu schärfen und die Praxis empirischer Sozialforschung zu erneuern.

Auf sozialtheoretischer Ebene allerdings gilt es mit Bongaerts und Schulz-Schaeffer zu fragen, wie trennscharf sich Praxis- und Handlungstheorien voneinander unterscheiden lassen, und ob es nicht auch innerhalb des praxistheoretischen Feldes selbst Engführungen, Verkürzungen, blinde Flecken gibt. Um der Herausforderung der Handlungstheorie durch die Praxistheorie zu begegnen, betont Schulz-Schaeffer die Bedeutung der Situationsdefinition. Er macht ein „zentrales Theoriedefizit der Praxistheorie" darin aus, „für die Charakterisierung der spezifischen Art und Weise der Aktivierung des impliziten Wissens und Könnens keine analytische

Begrifflichkeit zu besitzen" (ebd.: 325f). Die in Handlungstheorien eingebaute Bezugnahme auf die Situationsdefinition der Akteure könne dagegen dieses Defizit überwinden, denn:

> Mittels dieses Konzepts lässt sich die Frage beantworten, wie Akteure ihr stillschweigendes Wissen und Können situationsspezifisch und situationsgebunden aktivieren. Darüber hinaus bietet das Konzept der Situationsdefinition die Grundlage für eine genauere Analyse sowohl der unterschiedlichen Formen stillschweigenden Wissens und Könnens als auch des Verhältnisses zwischen stillschweigend und bewusst sinnhaft orientiertem Handeln. Damit eröffnet sich zugleich die Möglichkeit, die intellektualistische Verzerrung einer einseitigen Fokussierung auf bewusste Absichten, Ziele und Überzeugungen des Individuums – für die handlungstheoretische Ansätze ja in der Tat anfällig sind – zu überwinden, ohne das Kind mit dem Bade auszuschütten, das heißt ohne Erklärungen marginalisieren zu müssen, die auf den subjektiv gemeinten Sinn der Akteure rekurrieren (ebd.: 325f).

Das von Schulz-Schaeffer konstatierte praxistheoretische Theoriedefizit, das sich auf die Aktivierung des impliziten Wissens und Könnens der Akteure bezieht, berührt einen wesentlichen Punkt im Feld der sozialtheoretischen Auseinandersetzungen: Er führt zur Bedeutung von sozialen Situationen und von Interaktion. Denn in dieser Sphäre wird Wissen – in seinen verschiedenen Formen – jeweils erzeugt, hier findet die Vermittlung von Handlung und Struktur statt, von objektiver und subjektiver Wirklichkeit. Indem Schulz-Schaeffer in seinen weiteren Ausführungen zur Bedeutung der sozialen Situation auf Goffman eingeht, verweist er bereits auf die interaktionistische Theorietradition. Die Goffmansche Rahmenanalyse (1977b) erfasst ihm zufolge

> die Bedeutung der kulturell vorliegenden oder interaktiv erzeugten Muster (...), die in der jeweiligen sozialen Situation gelten oder zur Geltung gebracht werden, die Situation definieren und dadurch die individuellen Handlungen wie auch das interaktive Geschehen in sozialen Situationen rahmen (Schulz-Schaeffer 2010: 326).

Im Verlauf seines Artikels jedoch widmet sich Schulz-Schaeffer weder der Rahmenanalyse noch anderen Versuchen, wie sie in der mit dem Goffmanschen Ansatz verwandten Tradition des Pragmatismus und (symbolischen) Interaktionismus unternommen wurden, um die Bedeutung sowie die Definition der Situation zu erfassen. Das ist meines Erachtens verwunderlich. Denn die pragmatistische Theorietradition, in der das Thomas-Theorem der Situationsdefinition verortet ist, vermag eine wichtige Brücke zwischen Handlungs- und Praxistheorien zu schlagen. Ein Brückenschlag, der in der aktuellen Diskussion gerade erst begonnen wird, wie Reckwitz (2003: 283) in einer Fußnote feststellt:

> Der US-amerikanische Pragmatismus von Autoren wie Dewey, James und Mead steht nicht im Zentrum der neueren praxeologischen Diskussion – ein Vergleich der Theorien sozialer Praktiken mit einer in diesem Sinne ‚pragmatistischen Handlungstheorie', wie sie etwa Joas (1992a) vertritt, wäre ein eigenes lohnenswertes Thema.

Umso mehr verwundert, dass Schulz-Schaeffer, wenn er für die Bedeutung der Situationsdefinition als „Grundlage für eine genauere Analyse sowohl der unterschiedlichen Formen stillschweigenden Wissens und Könnens als auch des Verhältnisses zwischen stillschweigend und bewusst sinnhaft orientiertem Handeln" argumentiert, nicht weiter auf die Bedeutung zu sprechen kommt, die der Situationsdefinition im Rahmen pragmatistisch-interaktionistischer Handlungstheorien zukommt. Stattdessen rezipiert er ausführlich das von Hartmut Esser (2003) vorgelegte Konzept der Frame-Selektion, an dem er zwar eine „rationalistische Verengung des impliziten Wissens und Könnens auf zweckmäßige Routinen" (Schulz-Schaeffer 2010: 335) kritisiert[1], auf dessen Grundlage er aber versucht eine

> Analyseperspektive weiter(zu)entwickeln, von der aus sowohl die stärker intentional geprägten und zugänglichen als auch die stärker dispositional erworbenen und verankerten Ausprägungen des impliziten Wissens und Könnens differenziert in den Blick genommen und in ihrer jeweiligen handlungsorientierenden Wirksamkeit untersucht werden können.

Im Folgenden verzichte ich auf eine Vertiefung dieser Ausführungen und folge stattdessen dem ersten, von Schulz-Schaeffer mit dem Verweis auf Goffman nur kurz angedeuteten, Pfad. Ziel ist es zu den Wurzeln des interaktionistisch-pragmatistischen Theorems der Situationsdefinition zu gelangen. Die Ausführungen von William I. Thomas und Florian Znaniecki in den methodologischen Vorbemerkungen zu der Studie „The Polish Peasant in Europe and America" sind dafür zentral, wie ich im Anschluss an die folgende knappe Kontextualisierung des Werkes zeigen werde. Ich hole dazu etwas aus und gehe von Goffman zurück zu symbolischem Interaktionismus, Pragmatismus und der Chicago School, wobei ein besonderes Augenmerk auf zwei zentralen Charakteristika dieser Denkschule liegt. Sie haben mit der theoretischen Argumentation im engeren Sinne nichts zu tun, werfen aber Licht auf die Entstehungsbedingungen des wissenschaftlichen Wissens der damaligen Zeit.

3.2 Die *Chicago School* und die Definition der Situation

Schubert (2010: 12) ordnet Erving Goffman, ebenso wie Herbert Blumer und Anselm Strauss, dem symbolischen Interaktionismus zu, welcher wiederum im Kontext der historischen Entwicklung pragmatistischer Ansätze in den Sozialwissenschaften zu sehen ist: Hans Joas (1992b: 26f) bezeichnet den Pragmatismus als die „Hintergrundphilosophie der Chicagoer Schule und des symbolischen Interaktionismus" und betont, dass sich

---

[1] Zur Kritik der teleologisch-utilitaristischen Engführung von Essers Verständnis der „Situationsdefinition" vgl. auch Schubert (2009: 255).

> die wirkliche Bedeutung des symbolischen Interaktionismus und sein theoretisches Potenzial (...) nur verstehen (lassen), wenn er auf dem Hintergrund der alten Chicagoer Schule gesehen wird, die er zwar fortsetzt, aber auch verengt.

Ein genauerer Blick auf die Chicagoer Schule lohnt sich also, um das Verhältnis von Pragmatismus und symbolischem Interaktionismus zu verstehen, und um den historischen Kontext zu erfassen, in dem das Theorem der Situationsdefinition entstanden ist.

Die Chicago School steht für eine engagierte Sozialforschung und Reformbewegung, die eine Welt im Umbruch zu verstehen versucht, um Gestaltungsmöglichkeiten für ein friedliches Zusammenleben unter den Bedingungen von Wandel, Kontingenz und Heterogenität zu entwickeln. Joas (1992: 26f) spricht von einem „lockeren, interdisziplinären Geflecht von Theoretikern, Sozialforschern und Sozialreformern an der University of Chicago", das sich durch eine

> Verbindung von pragmatistischer Philosophie, politisch-reformerischer Ausrichtung auf die Möglichkeiten von Demokratie unter den Bedingungen rapider Industrialisierung und Urbanisierung sowie von Versuchen zur Empirisierung der Soziologie unter starker Betonung vorwissenschaftlicher Erfahrungsquellen charakterisieren ließe.

So sehr die Chicago School auf soziale Probleme ihrer Umgebung bezogen war, so sehr war sie gleichzeitig Motor für die Akademisierung der Soziologie. Und dies hatte Folgen für ihr Personal: Wer sich fragt, wo bei all den Theoretikern, Sozialforschern und Sozialreformern die Frauen in der Chicago School abgeblieben sind, lernt eine weitere Spielart der Geschichte von Beruf und Geschlecht kennen. Denn die Akademisierung der Soziologie verlief auf Kosten ihres weiblichen Personals, das in der Folge auf die „vermeintlich ‚niederen' Disziplinen des Engagements, also der Sozialarbeit und des ‚settlement' verwiesen wurden" (Keller 2012: 30f). Reiner Keller widmet sich in seinen Ausführungen über den Entstehungskontext der Chicago School der *settlement sociology* und insbesondere Jane Addams, die 1931 den Friedensnobelpreis für ihr soziales Engagement erhalten hat. Gemeinsam mit ihrer Freundin Ellen Gates Starr gründete sie das *Hull House*, ein Hilfswerk für die Immigranten in den Chicagoer Slums, das zum

> Paradebeispiel der breiten Settlement-Bewegung (wurde), eines reformorientierten Ansatzes der Sozialarbeit, der auf die direkte stadtviertelbezogene Arbeit mit den jeweiligen Zielgruppen vor Ort ausgerichtet war.

Weiter schreibt Keller (ebd.):

> Jane Addams arbeitete später mit den Chicagoer Soziologen zusammen, ohne allerdings selbst an der University of Chicago beschäftigt zu sein. In der settlement sociology waren zahlreiche Frauen aktiv, die soziologische Perspektiven mit sozialreformerischem und sozialarbeiterischem Engagement zusammenbrachten und in der Lösung der durch die Migrationssituation hervorgerufenen Probleme die Hauptaufgabe der Gesellschaftsgestaltung um die Jahrhundert-

> wende sahen; einige (...) Vertreter der Chicagoer Philosophie und Soziologie waren ebenfalls im Umfeld von Hull House engagiert, so bspw. George Herbert Mead als Schatzmeister (vgl. Joas 2000 [1980]: 28). Doch in den disziplinären Gründungs- und Abgrenzungskämpfen zwischen universitärer Soziologie, settlement sociology und Sozialarbeit wurde die akademische Soziologie zur „Männerwissenschaft" (...).[2]

Ein anderes Merkmal der Chicagoer Schule hebt u.a. Jörg Strübing hervor: Er lenkt den Blick auf die lebendige Interdisziplinarität sowie auf die Tatsache, dass die Chicagoer Schule für die Entstehung der Soziologie als neuer Disziplin von entscheidender Bedeutung war.

> Wir sind es mittlerweile gewohnt, das Label Chicago School mit einer soziologischen Denk- und Forschungstradition zu verbinden. Dabei ist bemerkenswert, dass der Begriff vermutlich erstmals überhaupt 1904 von William James (der zu jener Zeit in Harvard lehrte) gebraucht wurde, der damit allerdings in einem kurzen Artikel zum zehnjährigen Bestehen der University of Chicago ausschließlich die von Dewey geprägte philosophische Schule adressierte. ‚Chicago has a school of thought', so sein emphatisches Statement in dem mit ‚The Chicago School' betitelten Aufsatz (James 1904: 1). Dass die Soziologie bei ihm noch nicht explizit zur Sprache kommt, lässt sich (...) dadurch verstehen, dass deren Blütezeit in Chicago erst ab ca. 1918, also nach ‚The Polish Peasant', begann (vor allem was die Außenwirkung betrifft) (Strübing 2005: 110; Hervorh. i.O.).

Soweit zum Entstehungskontext des für die amerikanische Soziologie im Allgemeinen und für das Theorem der Situationsdefinition zentralen Werkes „The Polish Peasant in Europe and America". Mit dieser umfangreichen, ganz zentral auf autobiographischem Material aufbauenden Untersuchung gelten Thomas und Znaniecki heute als Begründer der biographischen Methode (Fuchs-Heinritz 2009: 88; Neckel, Mijic et al. 2010: 22). Doch zur Zeit der Entstehung und Veröffentlichung der Studie war diese auf die subjektiven Perspektiven der Akteure fokussierte Untersuchungsmethode durchaus umstritten: Es wurde kritisiert, dass sie dem Objektivitätsprinzip der Wissenschaften widerspreche und nicht repräsentativ sei (vgl. Fuchs-Heinritz 2009: 100, zit.n. Neckel, Mijic et al. 2010: 23). Dem hielten die Verfasser entgegen, dass die Sichtweise der Akteure, ihre Situationsdefinition, ein Schlüssel für die Analyse sozialen Handelns sei. Eine der berühmtesten Fassungen des Theorems der Situationsdefinition findet sich in der 1928 erschienenen Studie „The Child in America" von William Isaac Thomas und Dorothy Swayne Thomas. Dort steht die prägnante Kurzformel: „If men define situations as real, they are real in their consequences" (Thomas und Thomas 1928: 572, zit. n. Strübing 2005: 125). Als Thomas-Theorem berühmt geworden, zählt diese Definition nicht nur zu den Schlüsseltheoremen des Interpretativen Paradigmas (Keller 2012: 42), sondern gilt darüber hinaus

---

2 Keller (2012: 31f) zitiert Deegan (1988; 2002); Lengermann und Niebrugge (2002); De Vault (2007), um den *gendered process of disciplinary formation* zu beleuchten.

auch als eine der „Sternstunden der Soziologie" (Neckel, Mijic et al. 2010).[3] Weshalb ist dies so?

Im Akt der Situationsdefinition werden objektive und subjektive Realität miteinander vermittelt, und der Dualismus zwischen „Objekt" und „Subjekt" wird aufgehoben, wie Schubert unter Rückgriff auf einen späteren Text von William Thomas erläutert:

> Wie alle Pragmatisten fragt Thomas, welche Wechselwirkung zwischen ‚sozialen Werten', also ‚objektiven kulturellen Elementen des Lebens der Gesellschaft' und den ‚Einstellungen' der Individuen, also den ‚subjektiven Eigenschaften der Mitglieder der sozialen Gruppe' bestehen. Bei der Beantwortung dieser Frage entwirft Thomas – analog zur pragmatistischen Bedeutungstheorie von Peirce – keinen Dualismus zwischen ‚Objekt' (soziale Normen und kulturelle Werte) und ‚Subjekt' (individuelle Ziele, Motive und Einstellungen). Werte und Einstellungen entwickeln sich hingegen in einem kreislaufförmigen Definitionsprozess: ‚Die Ursache eines Wertes oder einer Einstellung ist niemals ein Wert oder eine Einstellung allein, sondern die Kombination einer Einstellung mit einem Wert' (Thomas 1965: 81). Die Definition von Werten und Einstellungen findet in intersubjektiven Handlungssituationen statt. Jede ‚praktische Situation' ist deshalb durch die interpretative Vermittlung (Definition) von individuellen Zielen mit allgemeinen Werten charakterisiert (Schubert 2009: 353f).

Woraus eine „Situation" besteht, wird von Thomas und Znaniecki in der methodologischen Vorbemerkung zur 1927 erschienenen zweiten Auflage ihrer Studie „The Polish Peasant in Europe and America" präzisiert und systematisiert (Thomas und Znaniecki 2004[1927]: 263f):

> Die Situation ist der Bestand von Werten und Einstellungen, mit denen sich der einzelne oder die Gruppe in einem Handlungsvorgang beschäftigen muss und die den Bezug für die Planung dieser Handlung und die Bewertung ihrer Ergebnisse darstellt. Jede konkrete Handlung ist die Lösung einer Situation. Die Situation beinhaltet drei Arten von Daten:
> Die objektiven Bedingungen, unter denen ein einzelner oder eine Gesellschaft zu handeln hat, d.h. die Gesamtheit der Werte – wirtschaftlich, sozial, religiös, intellektuell usw. –, die im gegebenen Augenblick direkt oder indirekt den bewussten Status des einzelnen oder der Gruppe beeinflussen.
> Die bereits bestehenden Einstellungen des einzelnen oder der Gruppe, die im gegebenen Augenblick sein Verhalten tatsächlich beeinflussen.

---

[3] Strübing und Schnettler (2004: 245) sowie Keller (2012: 55) betonen die Bedeutung, die Florian Znaniecki bei der Entwicklung des Thomas-Theorems zukommt. Dies nicht zuletzt, da die methodologischen Vorbemerkungen zur Zweitauflage der Studie über die polnischen Bauern wesentlich auf Znaniecki zurückgehen. Da die formelhaft-griffige, für die Rezeption und Verwendung z.B. in Lehrveranstaltungen wunderbar geeignete, Formulierung des Thomas-Theorems aus einem Werk von William I. Thomas und dessen Frau und Kollegin Dorothy Swaine Thomas stammt, werden Znanieckis Bedeutung sowie der weitere Entstehungskontext in der Rezeption mitunter vernachlässigt.

> Die ‚Definition der Situation', d.h. die mehr oder weniger klare Vorstellung von den Bedingungen und das Bewusstsein der Einstellungen. Die Situationsdefinition ist eine notwendige Voraussetzung für jeden Willensakt, denn unter gegebenen Bedingungen und mit einer gegebenen Kombination von Einstellungen wird eine unbegrenzte Vielzahl von Handlungen möglich, und eine bestimmte Handlung kann nur dann auftreten, wenn diese Bedingungen in einer bestimmten Weise ausgewählt, interpretiert und kombiniert werden und wenn eine gewisse Systematisierung dieser Einstellungen erreicht wird, so dass eine von ihnen zur vorherrschenden wird und die anderen überragt.

Soweit die Definition des Thomas-Theorems, wie sie üblicherweise zitiert wird (vgl. Schubert 2009; Schubert, Joas et al. 2010; Keller 2012). Möglicherweise aber liefern die bei Thomas und Znaniecki folgenden Sätze weitere Hinweise für die Frage danach, ob die „intellektualistische Engführung", die PraxistheoretikerInnen an Handlungstheorien kritisieren, ihren Grund in der sozialtheoretischen Basis der Handlungstheorie hat. Denn es heißt weiter (Thomas und Znaniecki 2004[1927]: 264):

> So kommt es schließlich dazu, daß ein bestimmter Wert sich unmittelbar und ohne weitere Überlegung aufdrängt und sofort zur Handlung führt, oder daß eine Haltung, sobald sie auftritt, die übrigen Einstellungen verdrängt und sich ohne Zögern in einem Handlungsvorgang ausdrückt. In diesen Fällen, für welche Reflex- und Instinkthandlungen die radikalsten Beispiele darstellen, wird dem einzelnen die Definition bereits durch äußere Bedingungen oder durch seine eigenen Neigungen vorgegeben. Meistens aber vollzieht sich ein Vorgang des Nachdenkens, wonach entweder eine bereitliegende soziale Definition angewandt oder eine neue persönliche Definition ausgearbeitet wird.

Der Grad an Bewusstheit, der Situationsdefinitionen von Akteuren zugrunde liegt, wird hier als ein Kontinuum beschrieben, dessen äußerste Pole als „Reflex- und Instinkthandlungen" bezeichnet werden. Entscheidend ist hier, dass auch solchen Handlungen bzw. Verhaltensweisen Akte der Situationsdefinition vorausgehen. Wie sich hieran zeigt, liegen also in der pragmatistischen Theorietradition analytische Konzepte vor, auf deren Grundlage sich die Körperlichkeit des Sozialen analysieren lässt, da Geist und Körper nicht als einander entgegengesetzt gedacht werden und eine intellektualistische Engführung von vornherein ausgeschlossen ist.

Ein vertiefter und systematischer Theorievergleich zwischen praxeologischen und pragmatistischen Theoriepositionen erscheint vor dem Hintergrund dieser Ausführungen sehr fruchtbar. Hilmar Schäfer schreibt hierzu:

> Bourdieu selbst hat einmal auf einige Parallelen seines Ansatzes mit dem Pragmatismus hingewiesen (Bourdieu und Wacquant 1996: 155), Loïc Wacquant hebt ebenfalls die Nähe der beiden Positionen hervor (Wacquant 2003: 60f). Es existieren einige wenige diesem Thema gewidmete Aufsätze und verstreute Bemerkungen, jedoch bisher noch keine umfassende, systematische Studie. (...) Pragmatistische und praxeologische Ansätze miteinander ins Gespräch zu bringen, erscheint mithin als ein Desiderat (Bogusz 2009: 219), das angesichts vieler möglicher Anschlussstellen dringend überwunden werden sollte (Schäfer 2012: 19).

Zusammenfassend und mit Blick auf das Interesse dieser Arbeit an einer in Daten gegründeten Theoriebildung lässt sich festhalten: Der pragmatistische Handlungsbegriff ist immer schon zentral mit der Definition der Situation verwoben. Körper und Geist sind dabei nicht-dualistisch konzipiert. Handlung ist eingebettet in Interaktion und wird gefasst in ihrer Bedingtheit durch durable und widerständige Elemente von sozialen Situationen. Ausserdem wird Handlung verstanden in der Relationalität und gegenseitigen Bedingtheit von erkennendem Subjekt und erkannten Objekten der Außenwelt. In all diesen Elementen liegt die theoretische Affinität zu Praxistheorien.

Welchen Stellenwert besitzt der vorangegangene Rekurs auf sozialtheoretische Grundlagen für die hier vorliegende Arbeit? Im Mittelpunkt meiner Arbeit steht die empirische Analyse qualitativer Daten, mit dem Ziel daraus theoretische Erkenntnisse zu gewinnen. Anselm Strauss, auf dessen Entwicklung des Forschungsstils der Grounded Theory ich mich stark beziehe, sieht die Funktion interaktionistischer Handlungstheorie darin

> so thoroughly to inform sociological perspectives that we ‚just naturally' think interactionally, temporally, processually, and structurally (...). Once absorbed as a perspective, the theory of action will function relatively silently to order your explanations of interactions taking place around the phenomena under study (Strauss 1994: 89f).

Sozialtheorie stellt für Strauss keinen Selbstzweck dar; vielmehr geht es darum, dass theoretische Perspektiven unseren Blick auf die Welt schärfen und insbesondere in der wissenschaftlichen Analyse empirischen Datenmaterials zu Erkenntnissen über Phänomene beitragen sollen. Und so bildet die *Praxis* der Sozialforschung das Zentrum des Strauss'schen Schaffens, das entsprechend zentral mit der Entwicklung der Grounded Theory verbunden ist. Pragmatismus/symbolischer Interaktionismus als sozialtheoretisches und epistemologisches Fundament der Grounded Theory (Strübing 2004) werden in Zusammenhang mit deren Verfahrensschritten als „Theorie-Methoden-Paket" bezeichnet (Clarke und Star 2008), was auf die enge Verbindung von Theoriebildung und empirischer Analyse verweist. Das bedeutet, dass die einer Untersuchung mehr oder weniger implizit zugrundeliegende Handlungstheorie entscheidend beeinflusst, welche Ergebnisse in einer empirischen Untersuchung erzielt werden. Daher werden im Folgenden die handlungstheoretischen Prämissen dieser Arbeit im Anschluss an Anselm Strauss' Ausarbeitung des (symbolischen) Interaktionismus präzisiert.

3.3 Anselm Strauss: *Processual Ordering* – eine Theorie der Bewegung

Der Begriff „symbolischer Interaktionismus" geht auf Herbert Blumer zurück, bei dem Anselm Strauss studiert hat. Das Verhältnis ist „intensiv (...), aber ersichtlich auch ambivalent" (Strübing 2007: 16), und nach der Dissertation beginnt Strauss sich von Blumer zu emanzipieren, dessen fehlende Methodik zur Erarbeitung von Theorien Strauss kritisiert (ebd.: 17). Darüber hinaus nimmt Strauss später Abstand von dem Theorielabel „symbolischer Interaktionismus":

> Strauss selbst (...) bezeichnet seine Theorie vor allem in seinem Spätwerk häufig als ‚interactionist theory' und verzichtet damit nicht zufällig auf den Zusatz des ‚Symbolischen'. Nicht dass nicht auch für ihn Interaktion ein symbolisch vermittelter Prozess wäre, nur entgeht er auf diese Weise von vornherein der Unterstellung, er würde Interaktion als einen allein oder vor allem symbolischen Prozess auffassen. (...) Hier geht Strauss bewusst hinter die mitunter überpointierte Darstellung Blumers zurück und bezieht sich auf die umfassendere Perspektive von George Herbert Mead und John Dewey (ebd.: 9).

Anselm Strauss ist also ein frischer pragmatistischer Wind in den Segeln des Interaktionismus zu verdanken. Aufgrund der zentralen Bedeutung von John Dewey und George Herbert Mead für das Werk von Anselm Strauss folgen an dieser Stelle einige ausgesprochen knappe Bemerkungen, in denen ich nochmals auf die Chicago School zu sprechen komme, und die nur andeuten können, auf welchen Schultern Strauss' Arbeit steht.

Durch Mead und Dewey hat der Pragmatismus seine „entscheidende Wirkung" auf die Soziologie ausgeübt (Joas 1992b: 30). Dewey hatte 1896 in dem Aufsatz „The Reflex Arc Concept in Psychology" (Dewey 1972 [1896]) die erkenntnistheoretische Grundlage für die Überwindung des Subjekt-Objekt-Dualismus gelegt, auf der Mead später seine Sozialpsychologie verschriftlichte. Der Reflexbogenaufsatz gilt als paradigmatisch für die Formulierung der pragmatistischen Handlungstheorie, in der Wahrnehmung als Teil der Handlung betrachtet wird. Dewey kritisiert am Reflexbogenkonzept, das in Abgrenzung zu gängigen psychologischen Reiz-Reaktionsmodellen der damaligen Zeit entwickelt worden war, dass es den Dualismus zwischen Reiz und Reaktion fortschreibe:

> (T)he older dualism of body and soul finds a distinct echo in the current dualism of stimulus and response. Instead of interpreting the character of sensation, idea and action from their place and function in the senso-motor circuit, we still incline to interpret the latter from our preconceived and preformulated ideas of rigid distinctions between sensations, thoughts and acts (Dewey 1972: 96f).

Am Beispiel eines Kindes, das sich an einer Kerze verbrennt, zeigt Dewey, dass die Unterscheidung von sinnlichem Reiz (der Schein der Flamme) und körperlicher Reaktion (die Hand, die an die Flamme fasst) nicht dazu verleiten sollte, von einer Einheit der Handlung abzusehen. Denn die Handlung erfordert zunächst eine aktive Reizauswahl, und erst durch die Handlung wird festgelegt, welches der Reiz ist, auf den die Handlung reagiert.

> The stimulus is something to be discovered; to be made out; if the activity affords its own adequate stimulation, there is no stimulus save in the objective sense (...). As soon as it is ad-

equately determined, then and then only is the response also complete. To attain either, means that the co-ordination has completed itself. Moreover, it is the motor response which assists in discovering and constituting the stimulus. It is the holding of the movement at a certain stage which creates the sensation, which throws it into relief (ebd.: 109).

Deweys Entwurf eines Handlungskreises (statt eines Bogens), der die Einheit der Handlung und den wechselseitigen Verweisungszusammenhang von Reiz und Reaktion fassen soll, bildet ein geistiges Fahrwasser, in dem später das Thomas-Theorem formuliert wird (s.o.), und in dem George Herbert Mead seine Fassung einer Sozialpsychologie entwickelt.

Mit dieser Metapher will ich keinesfalls behaupten, Dewey sei der Kapitän des Schiffes gewesen, das jenes geistige Fahrwasser hinterlassen hat. Aufschlussreiches zum Verhältnis von Mead und Dewey erfährt man in der Einleitung von Anselm Strauss zu einer Sammlung von sozialpsychologischen Aufsätzen Meads. Darin zitiert Strauss die Tochter von John Dewey:

> „Da Mead während seines Lebens so wenig publizierte, war sein Einfluss auf Dewey das Ergebnis von Gesprächen, die über eine Periode von Jahren fortgesetzt wurden und deren Umfang unterschätzt worden ist" (Dewey 1939). Tatsächlich übernahm Dewey direkt von Mead entwikkelte sozialpsychologische Vorstellungen und „fügte sie in seine spätere Philosophie ein, so dass seit den neunziger Jahren der Einfluss von Mead ebenso bedeutsam wurde wie der von James" (ebd.)(Strauss 1969: 14f).[4]

Mead entwickelt den Begriff der signifikanten Geste als sozialpsychologische Ausformung derjenigen Perspektive zur Einheit der Handlung, die in Deweys Reflexbogenaufsatz entfaltet ist (vgl. hierzu Joas 2000 [1980]: 91–119; Strübing 2005: 111): Die signifikante Geste ist eine, die von Bedeutung wird, weil sie im Individuum dieselbe Reaktion auslöst wie im Gegenüber. Hierin liegt der Schlüssel zur Möglichkeit von Sozialität. Dabei werden Individuum und Gesellschaft als wechselseitig konstitutiv betrachtet. Mead (1969: 424) schreibt in dem Aufsatz „Die objektive Realität von Perspektiven", dass

> eine Gesellschaft nur dann (entsteht) – und nur dann wird sie zu einem Gegenstand wissenschaftlicher Untersuchung –, wenn das Individuum nicht nur innerhalb seiner eigenen Perspektive, sondern auch in der Perspektive anderer Individuen und besonders in der gemeinsamen Perspektive einer Gruppe handelt. Die Grenzen sozialer Organisation liegen in der Unfä-

---

[4] In einer Endnote fährt Strauss fort: „Helen Perry, die Biographin Harry S. Sullivans, hat mir [Strauss] gegenüber die Bemerkung geäußert, dass ihr insofern eine Ähnlichkeit zwischen Mead und Sullivan aufgefallen sei, als keiner von beiden zu Lebzeiten viel veröffentlicht habe und beide anscheinend dauernd damit beschäftigt gewesen seien, ihre Ideen zu überarbeiten, und das möglicherweise zu intensiv oder zu rasch, um sich Zeit zur Publikation zu gönnen. Beide Männer verfügten glücklicherweise über eine studentische Anhängerschaft, die jene Ideen posthum in Druck gab" (Strauss 1969: 33).

higkeit von Individuen, sich in die Perspektive anderer Individuen zu versetzen. (...) wir (finden) hier tatsächlich eine Organisation von Perspektiven (...).

Diese Betonung von Perspektivität als Grundbedingung für die Entstehung von Gesellschaft ist ein zentraler Aspekt, den Strauss in der Weiterentwicklung von Meads Ansatz übernimmt.[5]

Im Rahmen der Untersuchung von Arbeitsprozessen in Krankenhäusern entwickeln Strauss und KollegInnen (Strauss, Schatzman et al. 1963) den Begriff der ausgehandelten Ordnung („The Hospital And Its Negotiated Order"). Worum geht es?

> Der Kerngedanke des Konzepts der negotiated order besteht darin, dass die Akteure in situativer Interaktion mit existierenden Versionen einer zuvor bereits ausgehandelten Ordnung umgehen (im Sinne von Handlungsbedingungen) und mit ihren aktuellen Aushandlungen so zugleich – sei es kurz-, mittel- oder langfristig – diese bestehende ausgehandelte Ordnung modifizieren oder auch nur – auch das ist von erheblicher Bedeutung – stützen und in der bisherigen Form erhalten. Über die etwas vertrautere Vorstellung der Interpretation organisatorischer Regelungen im situativen Handeln geht die Vorstellung der negotiated order insofern hinaus, als sie den Einfluss des situativen Handelns auf den Fortbestand der Regeln und Organisationstatbestände mit ins Bild nimmt (Strübing 2005: 192f).

In seinem Buch „Continual Permutations of Action" (1993), in dem Strauss die handlungstheoretischen Annahmen und Ergebnisse seiner Forschungsarbeiten synthetisiert und expliziert, schlägt er vor, den Begriff der „negotiated order" durch den Begriff „processual ordering" zu ersetzen. Letzterer sei besser imstande, diejenigen Elemente von Handlungen und Interaktionen in den Blick zu nehmen, die den Akteuren im Moment der Handlung selbst nicht bewusst sind, die aber dennoch zentrale Bedingungen der Handlungssituation darstellen (Strauss 1993: 256). Diese konzeptuelle Weiterentwicklung ermöglicht eine Analyse von Strukturen als Bestandteil von Handlungen, die einen Dualismus der beiden vermeidet. Denn Strukturen werden darin als Prozesse gedacht. Außerdem schließt Strauss damit explizit an Joas' Vorschlag an, die „Kreativität des Handelns" (Joas 1992a) stärker zu betonen. Strauss (1993: 254) schreibt:

> My use of a verb – ordering – instead of the usual noun is meant to emphasize the creative or constructive aspect of interaction, the 'working at' and 'working out of' ordering in the face of inevitable contingencies, small and large. This same conception is embodied in Everett Hughes' imagery of institutions as 'going concerns' (...), and of course by the Pragmatists. The German sociologist Hans Joas (1992a) has recently highlighted this emphasis on creativity by the American Pragmatists and the early Chicago interactionists.

---

5 Daneben baut Strauss zentral auf dem Zeitbegriff auf, den Mead in verschiedenen Werken entfaltet, z.B. in dem Aufsatz „Das Wesen der Vergangenheit" (Mead 1987 [1929]), in „The Philosophy of the Present" (Mead 1932) und in „The Philosophy of the Act" (Mead 1938). Zur Diskussion von Meads Zeittheorie vgl. Maines, Sugrue et al. 1992 [1983]; Joas 2000 [1980]; Strübing 2005: 118.

Die begriffliche Verschiebung von *negotiated order* zu *processual ordering* in „Continual Permutations of Action" beurteilt Strübing als

> eine Klärung und Schärfung des Strausssschen Theorieprogramms (...). Strauss bemüht sich hier, jeden Anschein eines Dualismus von Substanz- und Prozessbegriffen zu vermeiden, und knüpft mit diesem Unterfangen wieder an die sozialphilosophischen Wurzeln des von ihm betriebenen Theorieprojektes an. Meads Auffassung von Zeitlichkeit und Perspektivität, die immer wieder bruchstückhaft in Strauss' Arbeiten auftaucht, wird erst in seinem Spätwerk konsequent in eine soziologische Theorie des Handelns als eines aktiven, kontinuierlichen Gestaltens der Welt umgesetzt. Auch der antidualistische Impetus der Pragmatisten und deren integrativer, das Denken mitumfassender Begriff von Handeln kommt erst hier in soziologischer Perspektive wirklich zur Entfaltung (Strübing 2007: 68).

Die Bedeutung des begrifflichen Instrumentariums zur Untersuchung sozialer Prozesse, das Anselm Strauss und seine KollegInnen in jahrzehntelanger empirischer Forschungsarbeit entwickelt haben, ist bisher noch nicht genügend zur Kenntnis genommen worden. So ist „Continual Permutations of Action" bis heute nicht ins Deutsche übersetzt, obwohl Anselm Strauss in besonderer Beziehung zur deutschen Sozialwissenschaft stand (vgl. Schütze 1999). Angesichts seines Potenzials für die Untersuchung spätmoderner Lebenswelten wäre es daher wünschenswert, die Rezeption der Leistungen von Anselm Strauss auf dem Gebiet der sozialwissenschaftlichen Theoriebildung in Europa stärker zu stimulieren – und zwar nicht nur innerhalb der Soziologie, sondern in allen Bereichen, in denen sich die Forschung den ‚practice turn' auf die Fahnen schreibt und/oder sozialwissenschaftliche Pragmatismusrezeption betreibt.

Für die Analyse von Vorgängen des prozessualen Ordnens auf allen gesellschaftlichen Ebenen ist der von Strauss entwickelte Begriff des *trajectory* ein Schlüsselkonzept (vgl. Soeffner 1991). Der Begriff umfasst eine doppelte Perspektive, nämlich zum einen

> the course of any experienced phenomenon as it evolves over time (an engineering project, a chronic illness, dying, a social revolution, or national problems attending mass or ‚uncontrollable' immigration)

und zum anderen

> the actions and interactions contributing to its evolution (Strauss 1993: 53f).

Analytisch fassbar werden damit sowohl der zeitliche Verlauf eines Phänomens als auch die unterschiedlichen Perspektiven und Handlungen der beteiligten Akteure in Hinblick auf den sich entwickelnden Gang der Handlung. Hans-Georg Soeffner, der das Denken und das Werk von Anselm Strauss als „Theorie der Bewegung" (1991) charakterisiert, bezeichnet „trajectory" als eines von zwei „Zauberwörtern", „in denen Theorie, Empiriezugang und Gesellschaftsbegriff bei Strauss zusammenfließen" (ebd.: 8).

Das zweite von Soeffner identifizierte „Zauberwort" lautet „Arena". Und in der Tat ist es ein Schlüsselbegriff für die von Strauss entwickelte Theorie sozialer Welten (Clarke 1991; 2012a). Ich gehe hierauf jedoch nicht weiter ein, weil die soziale Welten/Arenen-Theorie in der später folgenden empirischen Analyse nicht weiter relevant sein wird. Das liegt an meinem Forschungsgegenstand, dem Zuhause. Soeffner (1991: 9) konzipiert es als Gegenentwurf zur Arena:

> Man begibt sich in Arenen im sicheren Wissen darum, dass es Rückzugsmöglichkeiten gibt, dauerhaftere, relativ sichere Räume. Der äußerste Gegensatz zur Arena wäre – so gesehen – nicht durch die Ausdrücke ‚soziale Welt' oder ‚Sektor' zu benennen, sondern am ehesten durch das Wort ‚Heim' im Sinne von Zuhause (home). So stünde der öffentlich geregelten Instabilität und zeitlichen Begrenztheit die intime, nur implizit geregelte Stabilität und auf Dauer angelegte Sozialbeziehung gegenüber: Jene ‚Ruhepunkte' und Schutzzonen, die Strauss darstellt, indem er z.B. die gemeinsamen Anstrengungen von Ehepartnern beschreibt, die chronische Erkrankung eines der Partner nicht lediglich zu bewältigen oder zu verwalten, sondern sie in das gemeinsame Leben des Paares ‚einzubetten'.

Die Gegenüberstellung von Arena und Zuhause verweist auf die Sphärentrennung zwischen Öffentlichkeit und Privatheit. Diese wiederum lässt sich jedoch selbst als historisch gemachte analysieren, so dass es vielleicht doch möglich wäre, die gesellschaftliche Organisation von Privatheit mit der Theorie sozialer Welten zu analysieren. Dabei wäre es gerade spannend, die Romantisierung von „Zuhause" daraufhin zu befragen, auf welchen historischen Entwicklungen sie beruht, welche Funktion sie für die gegenwärtige Organisation von Erwerbs- und Familienleben besitzt, und wie sich das Konzept von Privatheit auf die moralische, sinnliche und ästhetische Ordnung der Alltagswelt auswirkt, etwa indem es die Freisetzung von Gefühlen ermöglicht, die ‚andernorts' tabuisiert sind. Insgesamt könnte es lohnend sein, die Konzepte aus dem Arbeitsumfeld von Anselm Strauss daraufhin zu befragen, ob sie einen *organizational bias* aufweisen und ihre Herkunft aus der Erforschung öffentlichen Lebens verraten.

Kehren wir zurück zum ersten Zauberwort, *trajectory*, das Soeffner (1991: 12) mit „Trajektorie" übersetzt, während Strübing (2007) von „Verlaufskurve" spricht. Für die Unterteilung einer Verlaufskurve in verschiedene Bestandteile entwickelt Strauss einige Subkonzepte, die Bedingungen und Konsequenzen der Gestaltung von Verlaufskurven erfassen. Dazu gehört etwa die Einteilung in Phasen („trajectory phasing"), wie sie die Forschenden, aber auch die Handelnden selbst vornehmen (vgl. Strauss 1993: 54). Ebenso erwähnt Strauss „trajectory projection" als den zukünftigen Entwurf eines erwarteten Handlungsverlaufes, wobei dieser Entwurf Einfluss auf die ausgeführten Handlungen nimmt. Dabei warnt Strauss vor einer utilitaristischen Engführung dieses Konzeptes, indem er betont, dass

> a trajectory projection is not at all an 'end' or 'goal' to which action and interaction are directed as a 'means'. (I cannot emphasize this point too much (...)). As G. H. Mead (1938) noted, the 'end' affects (as a condition) the formation of a line of action, but taking overt action is

> likely to bring about changes in the end. In Dewey´s terminology (1922), there is an interplay of 'ends in view' and flexible means over the course of action (Strauss 1993: 55; Hervorh. i. O.).

Strauss spricht sich damit für eine sorgfältige Konzeptualisierung der verschiedenen Perspektiven aus, wie sie von verschiedenen Akteuren zu verschiedenen Zeitpunkten entwickelt werden und den Verlauf eines Phänomens bestimmen. Dabei reflektiert er stets auch den Standpunkt des Beobachters und trägt ihm u.a. mit dem Subkonzept des „arc of action" Rechnung (ebd.: 56):

> Arc of action is the researcher´s concept for the cumulative action and interaction that has taken place in attempts to shape the course of the phenomenon, as perceived by the researcher looking backward from the present time.

In die Handlungstheorie ist somit nicht nur eine Reflexion über die Perspektivität der Forschung selbst eingebaut, so dass der Zeitlichkeit von Handlungsprozessen in besonderem Maße Rechnung getragen wird. Ebenso beinhaltet dieses Konzept eine hohe Sensibilität für die Prozesshaftigkeit und das Ineinandergreifen einzelner Handlungsschritte in einem Handlungsstrom: Denn Handlungsbögen oder Rückblicke auf vergangene Handlungsschritte „become a condition for future action, whether the actions become deliberately altered or judgment is made to continue ‚on course'" (ebd.: 56).

Was in Verlaufskurven, also der von mehr oder weniger Akteuren gemeinsam verrichteten Arbeit entsteht, sind situative Ordnungsbildungen verschiedener Art. Diese sind die Elemente, aus denen beständigere und situationsübergreifende Ordnungen hervorgehen. Mit dem Begriff der „orders" liegt somit ein weiteres Kernelement der Strauss'schen Handlungstheorie vor. Er nennt als Beispiele unter anderem

> a spatial order: how objects are arrayed in given spaces; how actions take place or are supposed to take place in certain spaces; the symbolism associated with various spaces.
> (...) a temporal order that pertains to such matters as the scheduling, pacing, frequency, duration, and timing of actions.
> (...) a work order: this refers to how work is conceived of, set up, maintained, reconceived, rearranged.
> (...) a technological order, easily seen if one thinks of action that requires machinery or equipment or other "hard" technology; but technological order is equally characteristic of any kind of action – there are always at least procedures that constitute significant "soft" technology.
> (...) an informational order pertaining to the flow of information among the interactants. This includes type of information, amount, who sends and who receives, and how the information is passed.
> (...) the moral order, which refers to norms and rules and agreements that pertain to ethical values and issues.
> Perhaps an aesthetic order can be added, referring to proper style, or appropriately aesthetic standards as conceived by actors (ebd.: 59f).

Solche Ordnungsbildungen, die auch ineinander verflochten sein können, werden als Ergebnis vergangener Handlungen zu Bedingungen aktueller Handlungssituationen.

Dabei können sie jedoch „be disrupted by broader structural conditions as well as by conditions that arise during the sequence of interactions" (ebd.: 60). Was meint Strauss damit, und vor allem: Wie sind solche „broader structural conditions" empirisch zu erforschen? Hierfür entwickelt Strauss eine „conditional matrix". Sie erschließt

> ways of conceptualizing, discovering, and keeping track of the conditions that bear on whatever phenomenon – as defined by the researcher – and its associated interactions that are under study (ebd.: 60).

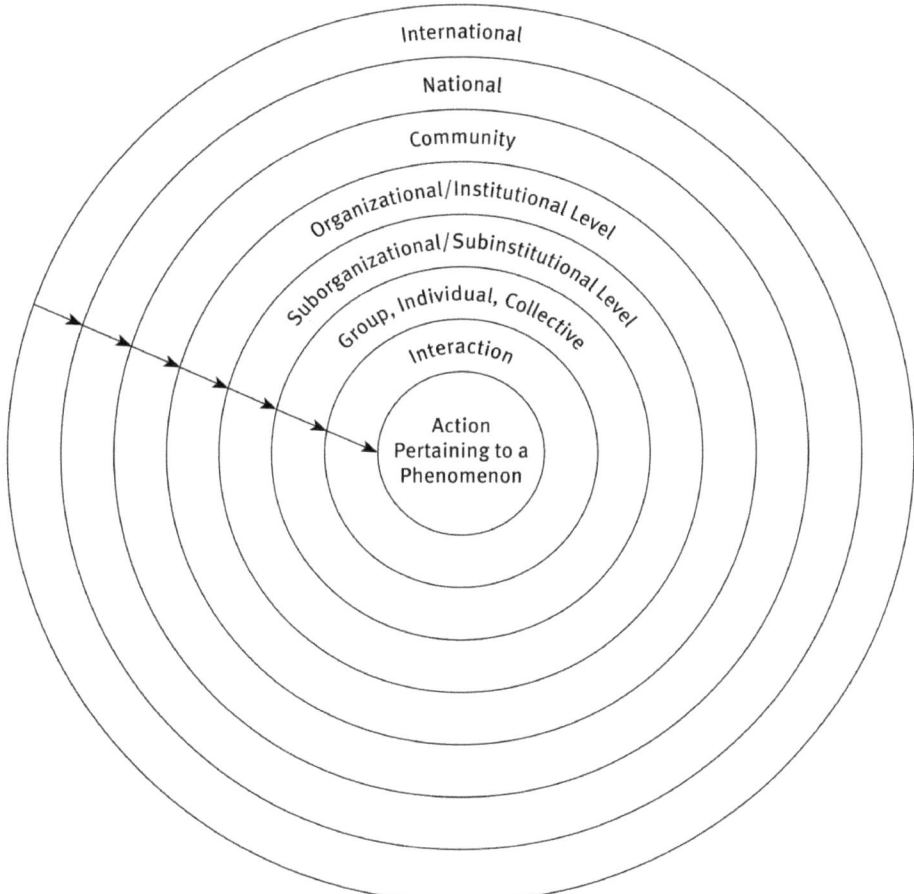

Abb. 1: Bedingungsmatrix (Strauss und Corbin 1998).

In die Lehrbücher zu Grounded Theory von Strauss und Corbin sind graphische Darstellungen der Bedingungsmatrix aufgenommen, die die Bedingungen als konzentrische Kreise fassen, um den Kern der Handlung herum angeordnet (Strauss und Corbin 1990; vgl. Abbildung 1).

Adele Clarke äußert sich jedoch kritisch über diese Matrix, weil sie sie für ungewohnt schematisch und starr hält:

> Die strukturellen Voraussetzungen sind als Kontext dargestellt und um den zentralen Handlungsfokus herum vom Lokalen bis zum Globalen angeordnet (von großer Nähe zum Zentrum/ Mittelpunkt bis zu weit entfernten Lagen an der Peripherie). (...) Es ist jedoch wichtig, zu beachten, dass es sich hierbei um recht abstrakte Modelle von Matrizen handelt (...). Meiner Ansicht nach eignen sich die Bedingungsmatrizen nicht für jene konzeptionellen analytischen Aufgaben, welche Strauss in Hinblick auf die Grounded Theory Methode erfüllt sehen wollte. Strauss signalisierte die potentielle Wichtigkeit der Strukturelemente von Situationen auf zu abstrakte Weise, anstatt darauf zu bestehen, dass deren konkrete und detaillierte empirische Beschreibung sowie klare Erläuterungen ein unverzichtbarer Bestandteil der Grounded-Theory-Analyse seien (Clarke 2012: 109–112).

Auch mit meiner eigenen empirischen Analysearbeit ist es mir schwer gefallen, die Relevanz der Bedingungsmatrix nachzuvollziehen. Deshalb teile ich die Kritik von Clarke und finde ihren Vorschlag wesentlich brauchbarer: Clarke entwickelt die Bedingungsmatrix weiter zu einer Situationsmatrix (vgl. Abbildung 2). Darin schärft sie die antidualistische Konzeption von Handlung und Struktur (vgl. hierzu Clarke 2012b: 106ff, insbes. 113) und schnürt das Theorie-Methoden-Paket von Interaktionismus und Grounded Theory noch fester zu, indem sie feststellt (ebd.: 112f, Hervorh. i. O.):

3.3 Anselm Strauss: *Processual Ordering* – eine Theorie der Bewegung — 25

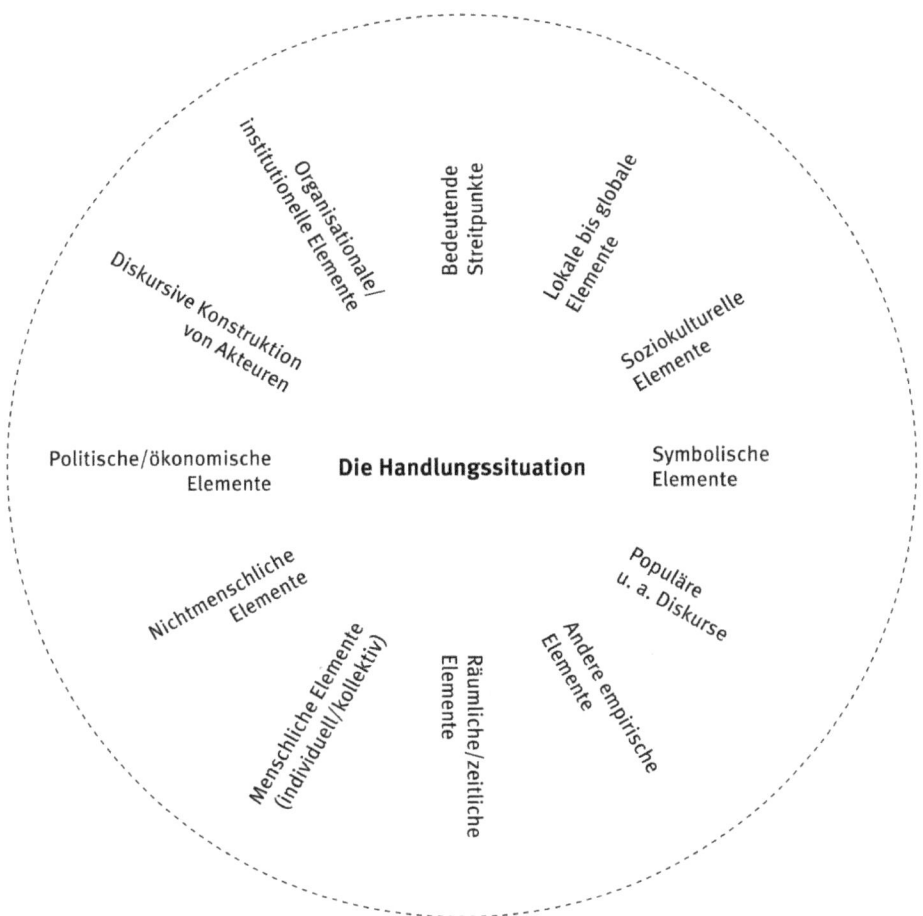

Abb. 2: Situationsmatrix (Clarke 2012).

Die Bedingungen **der** Situation sind **in** der Situation enthalten. So etwas wie „Kontext" gibt es nicht. Die bedingten Elemente der Situation müssen in der Analyse der Situation selbst spezifiziert werden, da sie für diese konstitutiv sind und sie nicht etwa nur umgeben, umrahmen oder etwas zur Situation beitragen. Sie sind die Situation. (...) Indem ich ganz offensichtlich auf Strauss und Corbins Bedingungsmatrizen als konzeptuelle Ressourcen zurückgreife, betrachte ich eine Vielzahl von strukturellen Elementen/Bedingungen als potenziell konstitutiv für Situationen mit ihren ethnographischen, diskursiven, nichtmenschlichen, technologischen und anderen Besonderheiten.

Clarke zufolge ist die Situationsmatrix ein „zwischen Bedingungsmatrizen und Situationsanalysen angesiedeltes Zwischendiagramm" (ebd. 2012b). Es dient dazu in empirischen Analysen Elemente der Handlungssituation auszumachen und die beobachteten Phänomene zu systematisieren. Im Abschnitt über das Forschungsdesign dieser Arbeit werde ich daher eine Situationsmatrix darstellen, in dem die von

Clarke erwähnten Elemente für mein Forschungsfeld spezifiziert werden (vgl. Kapitel 8).

Die vorliegende Arbeit stellt keine systematische Situationsanalyse dar, denn ich habe keine *maps* von Sozialen Welten/Arenen, keine Positions-Maps und keine Projekt-Maps angefertigt, wie von Clarke empfohlen. Gleichwohl lieferte ihr Buch wertvolle Impulse für das konzeptionelle Verständnis der Daten und für die Systematisierung der empirischen Ergebnisse, weshalb ich ihren Ansatz im Folgenden knapp skizziere. Die von Adele Clarke auf der Grundlage der Arbeiten von Anselm Strauss entwickelte „Situationsanalyse" bemüht sich um eine Verknüpfung von pragmatistisch-interaktionistischer Handlungstheorie mit poststrukturalistischen und postmodernen Ansätzen.[6] Clarkes Verständnis der „Situation des Forschungsphänomens" ist im Vergleich zu früheren Verwendungen des Situationsbegriffs in der qualitativ-empirischen Sozialforschung jedoch wesentlich breiter und leistet daher einen wichtigen Beitrag, um die an interaktionstheoretisch angelegten Analysen häufig kritisierte Engführung auf face-to-face-Situationen zu überwinden. Clarke (2012b: 65) schreibt dazu in einer langen Fußnote:

> Goffman (1964) überschrieb einen seiner Texte mit dem Titel ‚Die vernachlässigte Situation', worunter er die unmittelbare Interaktionssituation als ‚eine Umgebung von gegenseitigen Überwachungsmöglichkeiten' verstand. Goffmans (1974[1977]) Rahmenanalyse übernimmt die Definition der Situation auch in diesem unmittelbaren zwischenmenschlichen Sinn. (...) Der Begriff bezieht sich hier größtenteils auf Face-to-Face-Interaktionen als ‚Orte interpretativer Praktiken'. Meine Verwendung des Begriffs ist viel breiter und umfasst einschlägige institutionelle und andere meso- bzw. makrosoziale Formationen, auch wenn Möglichkeiten der gegenseitigen Überwachung ein wichtiger Bestandteil sind.

Der Situationsbegriff von Adele Clarke trägt sowohl der Situiertheit von Wissenden (ForscherInnen und Beforschten) und Gewusstem Rechnung als auch der Tatsache, dass „Situationen (...) laufbahnartigen Charakter [haben] und (...) auf verschiedene Weise (...) mit anderen Situationen verknüpft [sind]" (Morrione 1985: 161f; zit.n. Clarke 2012b).

Abschließend richtet sich der Blick nochmals auf das bereits erwähnte Verhältnis von Sozialtheorie und empirischer Forschung. Grounded Theory selbst lässt sich als „praktizierter Interaktionismus" verstehen: Es ist typisch für diesen Forschungsstil, die Forschung selbst als Arbeit zu betrachten, d.h. in dem Bewusstsein zu forschen, dass die Ergebnisse die Produkte einer spezifischen Perspektive auf die Welt und einer Auseinandersetzung mit ihr unter bestimmten Bedingungen sind. Einem objektiven Wahrheitsanspruch können sie von daher nicht Genüge tun, weil es in

---

6 Ob und inwiefern eine solche Vermittlung nötig sei, wird kontrovers diskutiert, vgl. hierzu die Auseinandersetzung zwischen David Maines und Norman Denzin in der Zeitschrift „Symbolic Interaction" (Maines 1996; Denzin 1996) sowie Kathy Charmaz' (2011) Befund von einer „Zersplitterung" des symbolischen Interaktionismus.

diesem Verständnis keine objektive Wahrheit gibt, sondern „nur" Perspektiven auf Wirklichkeit. Diesem Umstand trägt die Bezeichnung von Grounded Theory als „Forschungsstil" Rechnung. Ich verwende den Begriff des Forschungsstils in Übereinstimmung mit Strübing (2004), aber auch mit Franz Breuer, dem es darum geht

> die subjekt- und autorbezogene Arbeitsweise zu betonen. Sozialwissenschaftliches Forschen zeichnet sich nicht durch eine universale monolithische Methodologie, sondern durch eine Vielfalt von Erkenntnisvarianten aus, die mit Wissenschaftlerpersonen und -gruppierungen, kulturellen und instrumentellen Denk- und Handlungsweisen verbunden sind. Solche Forschungsstile nehmen jeweils unterschiedliche Eigenschaften des Forschungsgegenstandes ins Visier, beleuchten verschiedene seiner Charakteristika (Breuer 2010: 40).

Darüber hinaus betont Breuer wie andere auch die Nähe solcher wissenschaftlicher zu künstlerischer Arbeit. Hierauf legt Strauss selbst ebenfalls Wert und zitiert dabei Dewey (Strauss 1998 [1994]: 35):

> Zwischen dem Wissenschaftler und seiner Arbeit besteht eine intensive Wechselwirkung genau in dem Sinn, in dem Dewey über die Arbeit des Künstlers schreibt (Dewey sieht zwischen künstlerischem und wissenschaftlichem Arbeiten keinen grundlegenden Unterschied): ‚Der Ausdrucksakt, aus dem sich ein Kunstwerk entwickelt, ... ist keine momentane Äußerung. Diese Behauptung ... bedeutet, dass der Ausdruck des Selbst in einem und durch ein Medium – was das eigentliche Kunstwerk ausmacht – an sich eine Verlängerung einer Interaktion von etwas dem Selbst Entstammendem mit konkreten Umständen ist – ein Prozess, in dem beide (Hervorhebungen von mir [A.S.]) eine Ordnung und Form annehmen, die sie vorher nicht besaßen' (Dewey 1934: 65, zitiert nach Übersetzung 1980: 79). Kurz gesagt: Der Wissenschaftler wird, wenn er mehr als nur sachkundig ist, – mit seinen Gefühlen und seinem Intellekt – ‚in seiner Arbeit' sein und von Erfahrungen, die er im Forschungsprozess gemacht hat, tief beeinflusst werden.

Alle Bemühungen um Standardisierung, etwa in der qualitativen Methodenausbildung oder der Festlegung von Gütekriterien, sollten sich vor diesem Hintergrund daran messen lassen, welchen Stellenwert sie diesen Aspekten wissenschaftlichen Arbeitens einräumen, wenn es an die Beurteilung von Qualität qualitativer Forschung geht.

Die Produktion von Ergebnissen einer Forschungsarbeit ist kein beliebiger Prozess, sondern erfolgt nicht zuletzt in der Auseinandersetzung mit bestehenden Erkenntnissen und Theorien. Vorhandene Theorien werden in der Grounded Theory jedoch nicht als fertige und monolithische Einheiten behandelt, sondern sie dienen in der Erforschung neuer empirischer Felder als „sensibilisierende Konzepte" (Blumer 1954 zit. n. Strübing 2004: 30), also als analytische Heuristiken, die die theoretische Sensibilität schärfen und der Orientierung im eigenen Forschungsfeld dienen. An dieser Stelle soll daher übergeleitet werden zur Sichtung bestehender Forschung, die für die vorliegende Arbeit als relevant erachtet wurde. Im Folgenden geht es mir zum einen darum aufzuzeigen, welche theoretischen Konzepte meine Perspektive auf das Forschungsfeld informiert und somit für das Verständnis des

Forschungsfeldes als „sensibilisierende Konzepte" gedient haben. Zum anderen sollen zentrale Ergebnisse bisheriger Forschung dargestellt werden, damit die empirischen Befunde dieser Arbeit mit bestehenden Erkenntnissen in einen Dialog gebracht werden können und somit ein Beitrag zur Entwicklung des Forschungsfeldes „Energiekonsum" geleistet werden kann. Hierfür wird auf verschiedene Teilbereiche der Soziologie Bezug genommen, was sich in der Einteilung der folgenden Abschnitte wiederspiegelt. Gleichzeitig sind damit die konzeptionellen Eckpfeiler der vorliegenden Untersuchung benannt, nämlich „Geschlecht", „Technik", „Wohnen" und „Komfort".

4 Das Paar und die Konstruktion von Geschlecht

Die Zweierbeziehung gilt in der Soziologie als einer der paradigmatischen Orte für die soziale Konstruktion von Wirklichkeit. Davon zeugt unter anderem die Tatsache, dass der Aufsatz von Peter Berger und Hansfried Kellner über „Die Ehe und die Konstruktion der Wirklichkeit" ein Jahr vor der amerikanischen Erstveröffentlichung von Berger und Luckmanns wissenssoziologischem Klassiker über „Die gesellschaftliche Konstruktion der Wirklichkeit" (dt. 1969 [1966]) erschien und diesem Arbeitszusammenhang zuzurechnen ist (vgl. Lenz 2009: 53). Berger und Kellner argumentieren darin, dass in der Ehe die Partner einander zum „signifikanten anderen par excellence" werden. Denn

> (i)n der Ehe müssen alle Handlungen des einen Partners im Bezug zu denen des anderen entworfen werden. Die Definitionen der Wirklichkeit durch den einen müssen fortwährend in Korrelation zu denen des anderen gesetzt werden. (...) Für jeden Ehepartner wird der andere mittels psychischer Ökonomie zum ‚signifikanten anderen' par excellence – zum bedeutungsvollsten und entscheidenden Mitbewohner der Welt (Berger und Kellner 1965: 226).

Der Ehe kommt inzwischen keine Monopolstellung mehr für legitime Paarbeziehungen zu – sie hat ihre normative Verbindlichkeit verloren, Beziehungsformen haben sich pluralisiert und verändern sich im Lebenslauf (vgl. hierzu Lenz 2009: 17ff). Karl Lenz argumentiert, dass „die Wirklichkeitskonstruktion als ein Phänomen einer Zweierbeziehung aufzufassen ist und nicht länger an das Standesamt gebunden werden kann" (ebd.: 53). Daher gehe ich davon aus, dass die Ausführungen von Berger und Kellner über die nomosbildende Funktion der Ehe ihre Gültigkeit auch für andere Formen von Zweierbeziehungen mit verbindlichem Charakter besitzen. Zentral für die bei Berger/Kellner und auch bei Lenz eingenommene Perspektive ist die Annahme,

> dass es für eine Analyse von Zweierbeziehungen nicht ausreicht, nur die beteiligten Personen in den Blick zu nehmen und die Zweierbeziehung als Emanation ihrer ‚Wesensmerkmale' aufzufassen. (...) Für eine Soziologie auf den Schultern von Georg Simmel und Erving Goffman reicht es (...) nicht aus, Zweierbeziehungen nur als Kristallisation von Sozialisationserfahrungen der Beziehungspersonen oder als Spielball makrosozialer Entwicklungstrends (wie z.B. Modernisierungsprozesse, U.O.) aufzufassen (...). Zweierbeziehungen zeichnen sich – wie überhaupt persönliche Beziehungen – durch eine emergente Qualität aus, sie bilden eine Realität sui generis (Lenz 2009: 51f).

Es ist diese Realität ganz eigener Art, der ich mich mit der vorliegenden Arbeit widme, weil ich denke, dass sie in der Konsum- und Nachhaltigkeitsforschung noch unterbelichtet ist. Zu häufig wird in Haushaltsbefragungen mit dem höchst fragwürdigen Konzept des „Haushaltsvorstandes" gearbeitet oder nur eine Person befragt, die dann den Haushalt repräsentieren soll. *Wie* Entscheidungen entstehen, und *wie* in Kleingruppen Konsens gebildet wird, lässt sich damit nicht erfassen, so dass solche (zudem meist standardisierte) Befragungen nur sehr wenig von dem erfassen, was in Haushalten an Konsumdynamiken vor sich geht. Die vorliegende Arbeit zielt daher mit Paarinterviews als zentralem Datenmaterial auf eine größere Tiefenschärfe von Haushaltsuntersuchungen. Die Arbeit bleibt auch dann auf die Paarwirklichkeit beschränkt, wenn Familienhaushalte Teil des Fallmaterials sind. Obwohl die Bedeutung von Kindern und deren Ansichten für die familiale und in Zweierbeziehungen erfolgende Konstruktion von Wirklichkeit nicht zu unterschätzen sind, scheint diese Eingrenzung auf die finanziellen und familienorganisatorischen Verantwortungsträger für meinen Untersuchungsgegenstand sinnvoll.

Wenige Jahre nach Berger und Kellner legt Erving Goffman mit „The Arrangement Between the Sexes" 1977 (dt. 1994) einen weiteren klassischen Aufsatz vor, in dem der Paarbeziehung eine prominente Rolle zukommt. Anders als Berger und Kellner fokussiert Goffman hier dezidiert auf die konstitutive Verschränkung von Heterosexualität und Paarbeziehung. Goffman argumentiert, dass das heterosexuelle Paar und dessen Arbeitsteilung ein zentrales institutionelles Arrangement für die Produktion und Reproduktion von Geschlechterdifferenz darstelle:

> Da nun unsere westliche Gesellschaft zum allergrößten Teil in Gestalt von Paaren organisiert ist in dem Sinn, dass sich die beiden Teile der Paare häufig in gegenseitiger Anwesenheit befinden (am meisten natürlich in der Freizeit und in der häuslichen Sphäre), gibt es viele Situationen, in denen Männer demonstrieren können, dass sie Frauen körperliche Hilfe leisten oder sie körperlich bedrohen. Das Band der Ehe – was immer es sonst noch sein mag – kann als etwas gesehen werden, das einen Zuschauer mehr oder weniger ständig direkt an einen Darsteller bindet. So ist sichergestellt, dass, wohin auch immer der Mann oder die Frau geht, ein passendes Gegenstück dabei ist, um die Inszenierung der Geschlechtsrollendarstellung zu erwidern. Die Paarbildung erzeugt ein wechselseitig aneinander gebundenes Publikum (Goffman 1994: 142).

Neben anderen Beispielen gilt Goffman das heterosexuelle Paar als ein Beispiel für die „institutionelle Reflexivität" von Geschlecht. Gemeint ist damit die Annahme,

> dass tief verankerte institutionelle Praktiken so auf soziale Situationen wirken, dass diese sich in Kulissen zur Darstellung von Genderismen beider Geschlechter [sexes] verwandeln. Viele dieser Ausführungen nehmen dabei eine rituelle Form an, welche die Glaubensvorstellungen über die unterschiedlichen ‚Naturen' der beiden Geschlechter bekräftigt und dabei zugleich Hinweise dafür liefert, wie das Verhalten der zwei unterschiedlichen Geschlechter so verzahnt werden kann, dass sie sich vermischen können (Goffman 1994: 150).

Regeln der Paarbildung, Verhaltensrituale und stereotype Annahmen über geschlechterdifferente Eigenschaften und Verhaltensweisen, die im Interaktionsverlauf ihre Wirkung entfalten: Die Paarförmigkeit heterosexueller Beziehungsarrangements bildet den Rahmen, der die Hervorbringung geschlechtlicher Unterschiede erst ermöglicht, denn sie sorgt dafür, dass sich „Frauen und Männer ihre angeblich unterschiedliche ‚Natur' gegenseitig wirkungsvoll vorexerzieren können" (Goffman 1994: 143; vgl. hierzu auch Gildemeister und Robert 2008: 101).

Mit diesen Ausführungen zum Konzept der institutionellen Reflexivität entwickelt Goffman anhand seiner Analysen zum Arrangement der Geschlechter einen Scharnierbegriff für das Verhältnis von Interaktion und Sozialstruktur. Der Begriff der „Genderismen" spielt dabei eine wesentliche Rolle (vgl. das obige Zitat). Was ist darunter zu verstehen? Im Folgenden versuche ich Goffman mit Bourdieu zu lesen, um dem auf die Spur zu kommen, was mit diesem Begriff gemeint sein kann. Goffman nennt als Beispiel für einen Genderismus das Prügeln von Buben:

> Buben prügeln sich auf normalen amerikanischen Mittelschichtsspielplätzen häufiger als Mädchen, und darum könnte man Prügeln als eine Handlungsweise der männlichen Geschlechtsklasse ansehen. Wenn ich hier von einer Handlungsweise ‚der männlichen Geschlechtsklasse' spreche, meine ich damit, dass dieses Verhalten nicht nur irgendwie von einzelnen männlichen Körpern ausgeführt wird, sondern dass es auch durch etwas motiviert und gestaltet ist, das den einzelnen Körpern innewohnt. Ich meine, dass dieses Verhalten nicht bloß als eine Reaktion der Individuen auf eine formal festgesetzte Regel angesehen werden kann. Man könnte hier von einem Genderismus sprechen, das heißt von einer geschlechtsklassengebundenen individuellen Verhaltensweise (Goffman 1994: 113).

In einer Fußnote der 1994 besorgten Goffman-Übersetzung merken Margarethe Kusenbach und Hubert Knoblauch zum Begriff des Genderismus an: „Weder der Begriff der Geschlechtsideologie noch der Ausdruck ‚Geschlechtstypik' geben diese gleichsam als Habitus inkorporierte Geschlechtsideologie ausreichend wieder" (ebd.).

Für Goffmans Beispiel eines Genderismus scheint der Habitus-Begriff treffend zu erfassen, was bei Goffman vage beschrieben wird als „etwas (...), das den einzelnen Körpern innewohnt", ohne dass Goffman dies theoretisch weiter vertieft. Dagegen liegt mit dem Bourdieuschen Habitusbegriff ein theoretisch ausgearbeitetes Konzept vor, mit dem sich scheinbar so individuelle Bestandteile personaler Identität, wie körperliche Praktiken und Ausdruck von Gefühlen, als sozial hervorgebrachte Elemente ritualisierter Darstellungs- und Ausdrucksformen analysieren lassen. Goffmans Ausführungen lassen sich also mit Bourdieu weiter vertiefen und theoretisch durchdringen.

Indem Helga Kotthoff in ihrem Nachwort zur deutschen Übersetzung von Goffmans Artikel „The Arrangement Between the Sexes" auf die Vereinbarkeit von Goffmans Begriff der Ritualisierung mit Bourdieus Begriff der Distinktionsverfahren verweist, da „beide Begriffe (...) die identitäts- und ordnungsstiftende Dimension von Praktiken [kennzeichnen]" (Kotthoff 1994: 173), ist auch die parallele Lesart von Genderismus und Habitus nahegelegt. Denn Genderismen sind eine Form von Ritualen, und der Habitus stellt in Bourdieus Theorie das zentrale Medium der Distinktion dar: Bourdieu definiert Habitus als Beziehung zwischen den Leistungen

> der Hervorbringung klassifizierbarer Praxisformen und Werke zum einen, [und] der Unterscheidung und Bewertung der Formen und Produkte (Geschmack) zum anderen, [... wodurch]

sich die repräsentierte soziale Welt, mit anderen Worten der Raum der Lebensstile [konstituiert] (Bourdieu 1987: 278).

An anderer Stelle verweist er auf die Bedeutung der Inkorporierung sozialer Strukturen für die grundsätzliche Möglichkeit zur Entstehung einer sinnhaften Welt:

> Die von den sozialen Akteuren im praktischen Erkennen der sozialen Welt eingesetzten kognitiven Strukturen sind inkorporierte soziale Strukturen. Wer sich in dieser Welt ‚vernünftig' verhalten will, muss über ein praktisches Wissen von dieser verfügen, damit über Klassifikationsschemata (oder, wenn man will, über ‚Klassifikationsformen', ‚mentale Strukturen', ‚symbolische Formen'– alles Begriffe, die unter Absehung von den jeweils spezifischen Konnotationen mehr oder minder wechselseitig austauschbar sind), mit anderen Worten über geschichtlich ausgebildete Wahrnehmungs- und Bewertungsschemata, die aus der objektiven Trennung von ‚Klassen' hervorgegangen (Alter-, Geschlechts-, Gesellschaftsklassen), jenseits von Bewusstsein und diskursivem Denken arbeiten. Resultat der Inkorporierung der Grundstrukturen einer Gesellschaft und allen Mitgliedern derselben gemeinsam, ermöglichen diese Teilungs- und Gliederungsprinzipien den Aufbau einer gemeinsamen sinnhaften Welt, einer Welt des ‚sensus communis' (Bourdieu 1987: 730).

In „Die männliche Herrschaft", einem seiner letzten Werke, geht Bourdieu schließlich vertieft auf die Inkorporierung geschlechtlicher Strukturen ein:

> Die soziale Welt konstruiert den Körper als geschlechtliche Tatsache und als Depositorium von vergeschlechtlichten Interpretations- und Einteilungsprinzipien. Dieses inkorporierte soziale Programm einer verkörperten Wahrnehmung wird auf alle Dinge in der Welt und in erster Linie auf den Körper selbst in seiner biologischen Wirklichkeit angewandt (Bourdieu 2005: 22).

Mit Goffman und Bourdieu[7] lässt sich also die Erzählung von den prügelnden Buben als Beispiel für einen Genderismus, als inkorporierte soziale Struktur, verstehen, die sich aus der Trennung der Geschlechtsklassen ausgebildet hat, und die die Körperpraktiken der sozialen Akteure strukturiert: Sie ‚wissen', wie man sich ‚richtig' zu prügeln hat, dass es ‚normalerweise' etwas ist, das Buben nur untereinander tun, und dass die Beteiligung von Mädchen als ‚Ausnahme' gilt. Auf diese Weise werden Interaktionen (durch Geschlecht) geordnet, die wiederum dazu beitragen, dass die soziale Welt als (geschlechtlich) geordnete erscheint.[8]

---

[7] Ein systematischer Vergleich von Unterschieden und Ähnlichkeiten zwischen der Goffmanschen interaktionstheoretischen und der Bourdieuschen praxistheoretischen Perspektive auf die Herstellung von Geschlecht – das sollte die vorangegangene Passage verdeutlichen – ist eine lohnenswerte Arbeit. Gildemeister und Hericks (2012: 239) merken über Bourdieus an: „Sein Ansatz ist es nicht – wie z.B. bei Goffman oder Garfinkel – zuerst danach zu fragen, wie die Unterschiede alltäglich hergestellt werden, um danach ihre hierarchische Dimension zu beleuchten. Er geht den Weg vielmehr andersherum: Eine Hierarchisierung ist bei ihm die Grundlage für die Praxis der Differenzierung."
[8] Eine Anmerkung zum Stellenwert der Auseinandersetzung mit Geschlechterfragen im Werk von Bourdieu: Was Bourdieu in seiner Arbeit insgesamt antreibt, ist die Verwunderung über das „Paradox der doxa", darüber, „dass sich die bestehende Ordnung mit ihren Herrschaftsverhältnissen,

Das heterosexuelle Paar spielt für die Aufrechterhaltung des Systems der Zweigeschlechtlichkeit eine fundamentale Rolle, darauf hatte Goffman in „The Arrangement Between the Sexes" bereits hingewiesen. Stefan Hirschauer lädt in einer aktuellen Veröffentlichung zu einem Blickwechsel ein, der das Alltagsdenken über den Zusammenhang von Paarförmigkeit und Zweigeschlechtlichkeit in Frage stellt. Während wir normalerweise annehmen, dass es heterosexuelle Paare gibt, weil es eben zwei Geschlechter gibt, die zusammen eine Einheit bilden, stellt Hirschauer fest (2013: 42):

> Der offenkundigste Hinweis, dass die duale Geschlechterklassifikation in den intimen Beziehungen steckt, liegt schon darin, dass es überhaupt Zweierbeziehungen sind, die viele (aber natürlich nicht alle) Gesellschaften anstelle von triadischen, polygamen oder polyamorischen Arrangements bevorzugen (...). Wie der Verweisungszusammenhang von Zweisamkeit und Zweigeschlechtlichkeit genau beschaffen ist, wird noch zu erforschen sein. Denkbar ist jedenfalls, dass der soziale Sinn zweier Geschlechter im Sinn paariger Beziehungen fundiert sein könnte (anstatt umgekehrt).

Eine solche Perspektive eröffnet sich nur, wenn man Geschlecht als Kategorie in einer Untersuchung nicht voraussetzt, sondern zum Gegenstand der Untersuchung macht. Erst dann lässt sich herausarbeiten, wann und wie Paare Geschlechterdifferenz reproduzieren, und wann die Differenz aufgehoben wird. Und erst mithilfe von empirischen Befunden sowohl zum *doing gender* als auch zum *un-doing gender* (West und Zimmerman 1987; Hirschauer 2001; Butler 2004; Deutsch 2007; Gildemeister 2008; Nentwich und Kelan 2013) lassen sich neue Erkenntnisse über den Verweisungszusammenhang von Zweisamkeit und Zweigeschlechtlichkeit sowie über die Entstehung von sozialer Ungleichheit gewinnen.[9]

---

ihren Rechten und Bevorzugungen, ihren Privilegien und Ungerechtigkeiten, von einigen historischen Zufällen abgesehen, letzten Endes mit solcher Mühelosigkeit erhält und dass die unerträglichsten Lebensbedingungen häufig als akzeptabel und sogar natürlich erscheinen können. Ich habe auch immer in der männlichen Herrschaft und der Art und Weise, wie sie aufgezwungen und erduldet wird, das Beispiel schlechthin für diese paradoxe Unterwerfung gesehen (...)" (Bourdieu 2005: 7f).Die Enthüllung der Prozesse, „die für die Verwandlung der Geschichte in Natur, des kulturell Willkürlichen in Natürliches verantwortlich sind" (ebd.: 8), ist für ihn dabei eine wesentliche Strategie, dem Paradox der doxa auf den Grund zu gehen. Somit erhält seine Analyse der Inkorporierung vergeschlechtlichter Strukturen zentralen Stellenwert für die Erklärung von ‚symbolischer Gewalt' und deren Effekt, nämlich der Aufrechterhaltung der ‚männlichen Herrschaft'. Vgl. hierzu auch die Ausführungen zu „Geschlecht als soziale[r] Praxis" in Gildemeister und Hericks (2012: 239ff).

9 Wegen der Vernachlässigung dieser Prozessperspektive wirft Hirschauer der Sozialstrukturanalyse „methodologischen Sexismus" vor. Dieser bestehe darin,„sich vom Vollzug der Geschlechterdifferenz im Gegenstandsbereich eine bequeme, weil entscheidungsfreie Handhabung einer ‚unabhängigen Variable' spendieren zu lassen. Das anschließende Finden von ‚Geschlechtsunterschieden' gehört zum Programm einer Beobachtung mit dieser Unterscheidung" (2013: 43).

Für die vorliegende Arbeit soll eine solche Sensibilisierung für das Alltagswissen um Geschlechterdifferenz sowie um den Wechsel von Relevantsetzung und von Irrelevanz von Geschlecht genutzt werden, um Paar- und Entscheidungsdynamiken in Haushalten zu verstehen: Wie wirken Geschlechterdifferenzierungen und Wirklichkeitskonstruktionen zusammen? Werden Muster von Arbeitsteilung mit Rekurs auf Geschlecht begründet? (Wie und mit welchen Folgen) werden Geschlechterstereotype aktiviert, z.B. solche von einer im Vergleich zu Frauen höheren Technikkompetenz von Männern? Da sich die vorliegende Arbeit um die Anschaffung und Nutzung von Energietechnologien in Haushalten dreht, widmet sich der folgende Abschnitt dem Zusammenhang von Technologie- und Geschlechterverhältnissen, insbesondere wie er in den *Gender and Technology Studies* als einem Teilbereich der *Science and Technology Studies* konzeptualisiert wird.

5 Technik, Technikforschung und die Konstruktion von Geschlecht

Eine gängige Alltagsannahme über die Verschiedenheit der Geschlechter besteht darin, Männern generell und im Vergleich zu Frauen eine größere Nähe zu ‚Technik' und eine typischerweise vorhandene Affinität zu technischen Geräten und Zusammenhängen zuzuschreiben. Kindliche Spielzeugpräferenzen, die Wahl von Ausbildungsberufen und Studienfächern sowie die Geschlechterverteilungen in sogenannten technischen Berufen scheinen diese Annahme eindeutig zu belegen. Dennoch besteht innerhalb der Geschlechter- und Technikforschung weitgehender Konsens darüber, dass es sich bei der besonderen Verknüpfung von Männlichkeit und Technik um einen „hartnäckigen Mythos des Alltagswissens" (Paulitz 2012: 63) handle (vgl. z.B. Wajcman 1991; Oldenziel 1999; Lohan und Faulkner 2004; Mellström 2004; Faulkner 2007). Entsprechend besteht in dieser Forschungsrichtung der Anspruch, die Entstehung und den Fortbestand der stereotypen Verknüpfung von Männlichkeit und Technik zu erklären. Historisch und kulturvergleichend angelegte empirische Untersuchungen zeigen dabei die Flexibilität und Wandlungsfähigkeit in der dieser Verknüpfung. Deshalb wird in der aktuellen Debatte zum Verhältnis von Technik und Geschlecht Wert darauf gelegt, dass sich das Denken von einem monolithischen Verständnis von Männlichkeit bzw. Weiblichkeit wegbewegt, und stattdessen die Variabilität, Kontextabhängigkeit, Intersektionalität (mit Kategorien wie z.B. Ethnie und Klasse) und z.T. Widersprüchlichkeit von Geschlechterkonstruktionen betont werden (z.B. Pasero und Gottburgsen 2002; Wajcman 2004; Faulkner 2007; Lucht und Paulitz 2008; Mellström 2009; Paulitz 2012).

Einen wichtigen Beitrag zur Beantwortung der Frage nach der (historisch flexiblen) Verknüpfung von Männlichkeit und Technik leisten Untersuchungen über den Ingenieurberuf, der in seiner heutigen Kontur im Kontext des europäischen und amerikanischen Industriekapitalismus im 19. Jahrhundert entstanden ist. Die Untersuchungen richten ihr Augenmerk auf die berufsständischen Professionalisierungsbemühungen und stellen fest, dass diese untrennbar verwoben sind mit der Herstellung sowohl von spezifischen Formen von Männlichkeit als auch von spezifischen Auffassungen von „Technologie" bzw. „Technik".[10] Mit einer solchen Perspektive nimmt die feministische Technikforschung die Arbeit der Klassifizierung in den Blick, als deren Ergebnisse manche Bereiche als Technologie erscheinen und andere nicht. Die amerikanische Technologiehistorikerin Ruth Oldenziel schreibt hierzu:

---

[10] Der englische Ausdruck *technology* wird im Deutschen sowohl mit „Technologie" als auch mit „Technik" übersetzt. In der deutschen Fassung von Wajcman (1991) wird der Begriff „Technologie" für bestimmte Gebiete verwendet, z.B. Reproduktionstechnologie, während „Technik" als das Abstrakte gefasst wird (vgl. Wajcman 1994: 30). Ich verwende die Begriffe im Deutschen ebenso.

> There is nothing inherently or naturally masculine about technology. The representation of men´s native and women´s exotic relationship with technology elaborates on a historical, if relatively recent and twentieth-century Western tendency to view technology as an exclusively masculine affair. The public association between technology and manliness grew when male middle-class attention increasingly focused its gaze on the muscular bodies of working-class men and valorized middle-class athletes, but disempowered the bodies of Native Americans, African Americans, and women. (...) Focussing one´s gaze on men helps to understand why technology developed into a powerful symbol of male, modern, and western prowess; how machines like cars, bridges, trains, and planes have become the measures of men, from which women have been excluded as a matter of course; why corsets have been banished to the basements of the modern classification systems of technology (...)(Oldenziel 1999: 10f).

Oldenziel zeigt in ihrer Untersuchung, wie der Begriff *technology* im Verlauf des 19. und 20. Jahrhunderts von einem „ill-defined, little-used, and narrow concept to a keyword of American culture" (Oldenziel 1999: 15) avanciert ist. Von zentraler Bedeutung hierfür war die Art und Weise

> how American engineers began to lay claim to a new knowledge domain called technology while making universal claims for it; (and) how Americans and their allies employed discourse, language, narrative strategies and practiced a style of engineering that came to support this gendered division of cultural labor (Oldenziel 1999: 15).

Somit versteht sie den Konnex von Männlichkeit und Technologie sowohl als intellektuelles Konstrukt als auch als materiale Praxis, durch die eine bestimmte Form von Männlichkeit konstruiert wird, nämlich eine weiße, akademisch gebildete Mittelschichts-Männlichkeit, die sich in den Dienst einer „useful application of scientific knowledge for the benefit of humankind" stellt (Oldenziel 1999: 14). Die Figur des Ingenieurs wird zum Prototyp dieses (Berufs-)Menschen.

Als ähnlich gelagert wie in den USA erscheinen infolge Karin Zachmann die Entwicklungen in Deutschland in den Jahren von 1850 bis 1950. Ein entscheidender Schritt auf dem Weg zur Professionalisierung des Ingenieurberufs war die Gründung des Vereins Deutscher Ingenieure (VDI) im Jahr 1856. Erklärtes Ziel der Organisation war „ein inniges Zusammenwirken der geistigen Kräfte deutscher Technik zur gegenseitigen Anregung und Fortbildung im Interesse der gesamten Industrie Deutschlands" (König 1994, zit. n. Zachmann 2004: 119). Wesentliche programmatische Weichen wurden in dieser Phase von Franz Grashof (1826–1893) gestellt, dem ersten Vorsitzenden des VDI, der „zu den Protagonisten einer strikt theorieorientierten Ingenieurausbildung" zählte (Gispen 1990, zit. n. Zachmann 2004: 119). Zachmann schreibt hierzu:

> Grashofs Programm zur Akademisierung der Ingenieurausbildung (zielte) ganz explizit auf eine Aufwertung des Ingenieurberufs durch soziale Homogenisierung mittels Ausgrenzung von Praktikern oder Aufsteigern aus nicht bürgerlichen Schichten. Im Unterschied zu späteren Entwürfen des Berufsbildes von Ingenieuren fokussierte Grashof seine Anforderungen an den Ingenieur auf bürgerliche Herkunft und akademische Bildung. Der Bildungsbürger war sein Leitbild des Ingenieurs. Indem er die homosoziale Herkunft zur Voraussetzung für den Zugang

zu technischem Wissen erhob, band Grashof Technikkompetenz an soziale und das hieß in der bipolar konstruierten Geschlechterordnung auch geschlechtliche Exklusivität. Bürgerliche Herkunft und männliches Geschlecht avancierten damit zu tragenden Elementen der Berufsidentität der Ingenieure (2004: 121).

Ebenso wie es Ruth Oldenziel für die USA tut, situiert Karin Zachmann die Genese des modernen Ingenieurberufs im Kontext der bürgerlichen Gesellschaft der zweiten Hälfte des 19. und der ersten Hälfte des 20. Jahrhunderts. Die bürgerliche Sphärentrennung von Öffentlichkeit und Privatheit und der dafür konstitutiven Geschlechtertrennung und „Polarisierung der Geschlechtscharaktere" (Hausen 1976) erscheint somit als ein wesentliches Moment, das die ideologische Verknüpfung von Männlichkeit und Technik erklärt. Es bleibt auch dann der Referenzrahmen und damit die Grundlage für die symbolische Ausgrenzung des Weiblichen aus der Technik, als sich in den 1890er Jahren das Leitbild für die Ingenieursarbeit ändert. Unter Bezugnahme auf die Schriften des Berliner Maschinenbauprofessors und Wortführers der Technikerbewegung Alois Riedler arbeitet Karin Zachmann die in dem neuen Leitbild des „akademischen Praktikers" angelegte Verknüpfung von Praxis, Kriegskunst, Körpererfahrung und Männlichkeit heraus. Das Leitbild

> verlagerte sich vom Bildungsbürger und Staatsbeamten auf den akademisch gebildeten Praktiker, der die Anwendungsorientierung seines Wissens nicht mehr als Makel, sondern als distinkten Bestandteil seiner Berufsidentität begriff. (...) Am klarsten formulierte (...) Alois Riedler (1850–1936) in seinen Streitschriften zur Reform der technischen Hochschulbildung seit Mitte der 1890er Jahre das neue Leitbild des Ingenieurs. Zentrale Bedeutung erlangte darin Riedlers Konzept von Praxis. Mit dessen Hilfe konstruierte er einerseits eine Parallelität zwischen Ingenieur- und Kriegskunst; damit grenzte er andererseits den Ingenieur von der akademischen Geisteselite ab und versuchte parallel dazu der aufkommenden Konkurrenz der technischen Fachschulbildung zu begegnen. (...) Die Aufwertung der Praxis zum zentralen Bezugspunkt der Berufsidentität des Ingenieurs ging einher mit Anforderungen, die auf ein neues Männlichkeitsideal verwiesen, das stark am Rollenmodell des Offiziers orientiert war. (...) Das aber führte (...) zu einer Vertiefung des Grabens zwischen Technikkompetenz und Weiblichkeit (Zachmann 2004: 127–130).

Diese in der historischen Analyse aufscheinende Pluralität der Leitbilder für die Ingenieursarbeit bildet die Grundlage für die wissenssoziologische Untersuchung des Ingenieurs und der modernen Technikwissenschaften, die Tanja Paulitz 2012 vorgelegt hat.

Dabei greift sie das von Judy Wajcman (1991; dt. 1994) für die Geschlechter- und Technikforschung fruchtbar gemachte Konzept der hegemonialen Männlichkeit (Connell 1987) auf, um eine Perspektive auf mögliche Vergeschlechtlichungen von Feldern zu eröffnen, ohne dass Zweigeschlechtlichkeit der zentrale Referenzrahmen sein muss. Denn aus der Perspektive auf hegemoniale Männlichkeit als kulturell dominanter Form ergibt sich die Frage nach dem Verhältnis konkurrierender und in machtvollen Aushandlungen stehender Formen von Männlichkeit. Vor diesem Hintergrund resümiert Paulitz ihre Untersuchungsergebnisse über die bereits von

Zachmann (s.o.) erwähnte diskursive Verschiebung vom „Maschinenwissenschaftler zum Mann der Tat" wie folgt:

> Zwar werden beide Varianten unter Rückgriff auf jeweils unterschiedliche dualistische Gegensatzpaare profiliert, doch erweist sich Zweigeschlechtlichkeit in beiden Fällen nicht als maßgebliche diskursive Referenz. (...) Der zeitgenössische Diskurs über die Emanzipation von Frauen und über deren Zugang zu Bildung überschneidet sich nicht oder nicht nennenswert auf einer symbolischen Ebene mit den professionspolitischen Bemühungen der Ingenieure um sozialen Aufstieg in die akademische Welt. In den Schriften der modernen Technikwissenschaften ist daher nicht die Exklusion der Frau erkennbar, sondern die Exklusivität eines unhinterfragt von Männern dominierten Tätigkeitsgebiets, dessen geschlechterpolitische Unantastbarkeit gerade in der nahezu vollständigen Ausblendung des Geschlechterverhältnisses zum Ausdruck kommt. (...) Hinsichtlich geschlechtlicher Codierungen in den Technikwissenschaften hat sich daher gezeigt, dass der Blick auf den Wettbewerb unter Männern und auf konkurrierende Männlichkeitskonstruktionen wesentlich ist, um den spezifischen Ausprägungen des ‚männlichen' Ingenieurs auf die Spur zu kommen (Paulitz 2012: 344).

Ähnlich wie bereits frühe Stimmen im Feld der Geschlechter- und Technikforschung, aber mit einer stärkeren Akzentuierung von Professionalisierungsdynamiken im beruflichen Feld, wird hier ein Verständnis der Ko-Konstruktion von Geschlecht und Technik entfaltet, durch das Paulitz die historische Gemachtheit von Technikbegriff sowie von Berufskonzeption herausarbeitet:

> Nicht spezifische, feste Inhalte, sondern Relationen zu anderen Berufen und sozialen Feldern ‚machen' den Ingenieur zum Ingenieur. (...) Was Technik ist, erscheint in der Konsequenz weniger als etwas Spezifisches und ‚Eigenes' denn als flexibles Resultat historisch kontingenter Abgrenzungen und Annäherungen. Hegemoniale Männlichkeit kommt in diversen Spielarten als generatives Prinzip zum Tragen. Folglich handelt es sich sowohl beim Maschinenwissenschaftler als auch beim Mann der Tat eindeutig nicht um Berufskonstruktionen, die einfach nahtlos aus außergesellschaftlichen, rein fachlichen Anforderungen der Technikwissenschaften ableitbar wären. Sie erweisen sich hingegen als relational hergestellt und verdanken ihre Kontur diskursiven Referenzen auf zeitgenössisch privilegierte Vorstellungen von Männlichkeit, wie etwa die normative Subjektkonstruktion des objektiven Wissenschaftlers der bürgerlichen Moderne im Fall des Maschinenwissenschaftlers oder die Konstruktion des Künstlers als geniales Ausnahmesubjekt der Moderne im Fall des Mannes der Tat. Ebenso wie der ‚männliche' Ingenieur auf diskursiver Ebene keiner spezifischen, sondern einer jeweils ‚geborgten', als hegemonial wahrgenommenen Männlichkeitskonstruktion entspricht, erscheinen die Technikwissenschaften als Fach und die Technik als Gegenstand stets im diskursiv ‚geliehenen Gewand'. Auf diese Weise führt die genealogisch-wissenssoziologische Rekonstruktion von Ingenieur und Technikwissenschaft geradewegs in ihre Dekonstruktion. Die Analyse der Diskurse der modernen Technikwissenschaften zeigt, wie Beruf, Fach und Gegenstand als instabiles, in gewisser Weise zufälliges – wenngleich ganz sicher nicht beliebiges – Resultat aus den historischen Varianten der boundary work hervorgehen (Paulitz 2012: 346f).

Für die hier vorliegende Arbeit, die ja weder historische Diskurse noch Verberuflichung zum zentralen Gegenstand hat, bilden die aktuellen Erkenntnisse der Geschlechter- und Technikforschung, wie sie etwa von Paulitz (s.o.) formuliert werden, deshalb einen wichtigen Bezugspunkt, weil sie für die spezifischen Bedingungen sensibilisieren, unter denen auf Verständnisse von „Technik" als Ressourcen der geschlechtlichen Grenzziehung Bezug genommen wird. Indem ich mein Augenmerk auf solche Grenzziehungsprozesse innerhalb von Haushalten, also zunächst fernab des beruflichen Handelns von AkteurInnen richte, wird in der Analyse des empirischen Materials sichtbar werden, welche Rolle Bezugnahmen auf (technische) Berufe spielen sowie damit einhergehend die Selbstzuschreibung von Technikkompetenz.

Der vorangegangene Abschnitt hat gezeigt, wie die Kategorie Geschlecht in Wechselwirkung mit Berufsstrukturen steht und dadurch identitätswirksam werden kann. Im Folgenden richtet sich die Aufmerksamkeit auf die Art und Weise, wie Geschlecht in materiale Artefakte eingeschrieben sein kann. Ein zentrales Konzept ist dabei das der „gender scripts", das in den 1990er Jahren von niederländischen und skandinavischen Technikforscherinnen entwickelt wurde. Es geht zurück auf den akteur-netzwerktheoretischen und semiotisch orientierten Begriff der Skripte, welcher beschreibt, wie technische Objekte „participate in building heterogeneous networks that bring together actants of all types and sizes, whether humans or nunhumans" (Akrich 1992 zit. nach Oudshoorn und Pinch 2003: 10). Die konzeptionelle Erweiterung hin zum Begriff der *gender scripts*

> emphasizes the importance of studying the inscription of gender into artifacts to improve our understanding of how technologies invite or inhibit specific performances of gender identities and relations. Technologies are represented as objects of identity projects – objects that may stabilize or de-stabilize hegemonic representations of gender (Oudshoorn und Pinch 2003: 10).

Die Annahme ist, dass Objekte (auch) Repräsentationen von Geschlecht enthalten können, wodurch sie für die Personen, die mit den Objekten umgehen, identitätsstiftende Wirkung entfalten können und bestehende Geschlechterbeziehungen stabilisieren oder eben destabilisieren können. Nelly Oudshoorn verdeutlicht beispielsweise den Zusammenhang von Empfängnisverhütung und Geschlechtsidentität sowie Geschlechterbeziehungen:

> The predominance of modern contraceptive drugs for women has disciplined men and women to delegate responsibilities for contraception largely to women. Contraceptive technologies thus constituted strong alignments between femininity and taking responsibility for reproduction. (…) Masculinities that ask men to take responsibility for their reproductive bodies became excluded from hegemonic masculinity and were constituted as a subordinate form of masculinity (Oudshoorn 2003: 111ff).

Weitere Untersuchungen widmen sich Informations- und Kommunikationstechnologien (vgl. Rommes, van Oost et al. 2001; Oudshoorn, Rommes et al. 2004) und zeigen „how specific practices of configuring the user may lead to the exclusion of specific users" (Oudshoorn und Pinch 2003: 10), in den untersuchten Fällen Nutzerinnen und Nutzer des Internets.

In ihrer historisch angelegten Untersuchung über die Rasiertechnologie zeigt Ellen van Oost, wie Repräsentationen bestimmter Formen von Männlichkeit und Weiblichkeit in Objekte eingeschrieben werden. Wurden Rasierapparate für Frauen zunächst ähnlich wie die Modelle für Männer gestaltet, änderte sich in den späten 1950er Jahren das Designparadigma: Die weibliche Rasur wurde dem Bereich der Kosmetik zugeordnet, wodurch der technische Charakter der Geräte in den Hintergrund rückte.

> The premise of the Ladyshave design philosophy became – and still is – that women dislike the association with technology. As a consequence, the Ladyshave was designed and marketed as a cosmetic device, not as an electric appliance. This development is in strong contrast to the design philosophy of Philishaves which can be characterized by an emphasis on technology (van Oost 2003: 202f).

Seitdem bestehen die Genderskripte von Philips-Rasierapparaten darin, Technikaffinität und -kompetenz als männlich zu konstruieren und deren Fehlen als weiblich:

> The script of the Ladyshaves hides the technology for its users both in a symbolic way (by presenting itself as a beauty set) and in a physical way (by not having screws that would allow the device to be opened). (...) Whereas the script of the Ladyshave aimed to conceal the technology inside for the user, the Philishave design principle was the other way round. The new internal technology of Double Action was made visible on the outside to emphasize the latest technology. (...) In the design culture of shavers certain elements were preserved only for men's devices, including black and metallic materials, displays with information and control possibilities, and references on the outside to the technology inside. The new domain of electronics was put fully in the service of developing the gender script of masculine control and technological competence. These types of interfaces and materials were unthinkable in the design culture of the Ladyshave (van Oost 2003: 206f).

Die Analyse der Designpraxen von Philips zeigt die Bedeutung, die einer machtkritischen Perspektive auf Geschlecht und Technik zukommt. Denn die Unterscheidung von Technik und Ästhetik impliziert im Fall der Rasierapparate auch eine Hierarchie von geschlechterdifferent zugeschriebener Technikkompetenz und -inkompetenz. Die stereotype Annahme von höherer Technikkompetenz und größerem Technikinteresse von Männern einer ideologiekritischen Untersuchung zu unterziehen, die nach den Ursachen sowie den Folgen dieser Verknüpfung fragt, ist daher ein wichtiges Verdienst der feministischen Technikforschung.

Die Ideologie, die Technik und Männlichkeit miteinander verknüpft, hat innerhalb der Technikforschung selbst dazu geführt, dass die Gruppe der Nutzerinnen und Nutzer als Akteure des technischen Wandels lange vernachlässigt wurde. In ihrer Einleitung zu dem Sammelband „How Users Matter. The Co-Construction of Users and Technologies" betonen Nelly Oudshoorn und Trevor Pinch den Beitrag, den feministische Forschung zur Berücksichtigung von Nutzerinnen und Nutzern in der Technikforschung geleistet hat:

> Feminist scholars have played a leading role in drawing attention to users. Their interest in users reflects concerns about the potential problematic consequences of technologies for women and about the absence of women in historical accounts of technology. Since the mid 1980s, feminist historians have pointed to the neglect of women´s role in the development of technology. Because women were historically underrepresented as innovators of technology, and because historians of technology often focused exclusively on the design and production of technologies, the history of technology came to be dominated by stories about men and their machines (Oudshoorn und Pinch 2003: 4).

Die Arbeiten der amerikanischen Technologiehistorikerin Ruth Schwartz Cowan gelten als ein Meilenstein auf dem Weg zur stärkeren Berücksichtigung von Technik-NutzerInnen. In dem 1987 von Wiebe Bijker, Thomas Hughes und Trevor Pinch herausgegebenen Sammelband, der die Grundlage für den Ansatz der „Social Construction of Technology" bildet (Bijker, Hughes et al. 1987), unterbreitet Schwartz Cowan den Vorschlag, den Fokus auf die „consumption junction" zu richten. Gemeint ist damit „the place and the time at which the consumer makes choices between competing technologies" (Schwartz Cowan 1987: 263). Von dieser Warte aus lässt sich die Ko-Konstruktion von Nutzerinnen und Nutzern und von Technik empirisch reichhaltig untersuchen, weil sichtbar wird, welche Wahlmöglichkeiten Konsumentinnen und Konsumenten haben bzw. wahrnehmen, und wie Technik Wahlmöglichkeiten strukturiert. Somit gilt die *consumption junction* auch als „interface where technological diffusion occurs, and it is also the place where technologies begin to reorganize social structures" (ebd.: 263). In dem programmatischen Aufsatz wird die Einbeziehung von NutzerInnen als Akteure im Prozess der sozialen Konstruktion von Technik begründet. Damit wird die Auffassung in Frage gestellt, dass der Prozess der Technikentwicklung in dem Moment abgeschlossen sei, wenn ein Objekt seine Produktionsstätte verlässt. Statt eines determinativ gedachten Verhältnisses von Technik und ihrer Nutzung öffnet sich somit der Blick auf die interpretative Flexibilität (Pinch und Bijker 1984) und auf die (von Entwicklern und Produzentinnen) nicht-intendierten Folgen von technischen Entwicklungen.

Die Aneignungsprozesse, durch die Nutzerinnen und Nutzer neue Technologien in Gebrauch nehmen, ihnen Sinn zuschreiben und sie zum Bestandteil ihres alltäglichen Lebens machen, werden in der Wissenschafts- und Technikforschung mit dem Konzept der *domestication* bezeichnet (Silverstone und Hirsch 1992; Lie und Sörensen 1996). Dieser Prozess der „Zähmung" bzw. Verwandlung des Neuen und Fremden in Gewohntes und Vertrautes umfasst symbolische, praktische und kognitive Arbeit der Aneignung: Objekten wird symbolische Bedeutung zugeschrieben, sie werden in handlungspraktische Vollzüge integriert, und ihre Funktionsweise wird erlernt (Oudshoorn und Pinch 2003: 14). Margarethe Aune hat beispielsweise unter Bezugnahme auf dieses Konzept untersucht, wie Stromspargeräte, die an Haushalte verteilt wurden, in die alltägliche Lebensführung und in die Sinnwelt von VerbraucherInnen integriert werden. Damit konnte sie erklären, weshalb diese Geräte in ihrer Verbreitung nicht erfolgreich waren:

> The sign of a successful integration of technology in the household sector, as e.g. with computers, mobile phones, and other 'life-style products', is that the product has a symbolic aspect in addition to the utility aspect. This symbolic aspect seems to be lacking in energy technologies. They must symbolise more than just saving (Aune 2002: 402).

Der Vorteil dieser konsequenten Einnahme der Perspektive von Nutzerinnen und Nutzern liegt darin, dass mit ihr eine Kontextualisierung von Mensch-Technik-Interaktionen gelingt und technische Innovation nicht als linearer Prozess gedacht wird, der von Technikentwicklerinnen und Designern gesteuert werden kann. Somit kann das Dilemma umgangen werden, die Nutzung von Technik in der binären Logik „intendierte Nutzung" und „nicht-intendierte Nutzung" zu konzipieren, und NutzerInnen wird zugestanden, dass die Aneignung von Technologie mit spezifischer Sinnstiftung verbunden ist. Oudshoorn und Pinch unterstreichen diesen Aspekt im Vergleich von *domestication*-Ansätzen und semiotischen Ansätzen wie dem der Skripte oder der Konfiguration von NutzerInnen durch TechnikentwicklerInnen:

> Domestication approaches conceptualize the user as a part of a much broader set of relations than user-machine interactions, including social, cultural and economic aspects. By employing cultural approaches to understand user-technology relations, this scholarship aims to go beyond a rhetoric of designers' being in control. Semiotic approaches tend to reinforce the view that technological innovation and diffusion are successful only if designers are able to control the future actions of users. (...) The semiotic approaches have therefore been criticized for staying too close to the old linear model of technological innovation and diffusion, which prioritizes the agency of designers and producers over the agency of users and other actors involved in technological innovation (Oudshoorn und Pinch 2003: 15).

Diese Perspektive einzunehmen halte ich auch in der sozial-ökologischen Konsumforschung für wichtig, weil ohne sie VerbraucherInnen immer als tendenziell defizitär, irrational und belehrungsbedürftig eingestuft werden. Damit soll nicht die Bedeutung von Verbraucherinformation und -aufklärung als eine mögliche Intervention im Sinne von Nachhaltigkeitstransformation in Frage gestellt werden. Vielmehr argumentiere ich hier insofern für ein Bemühen um Wertfreiheit bei der Untersuchung von Verbraucherverhalten, als nicht durch die Art der theoretischen Vorannahmen die Kritik daran (z.B. als „irrational") bereits impliziert sein sollte.

Wenn mit dem Ansatz der *domestication* von Technologie dafür plädiert wird, die sozio-kulturelle Einbettung von Techniknutzung in alltagspraktische Vollzüge zu berücksichtigen, stellt sich die Frage, welcher Rahmen gewählt werden sollte, um die Nutzung von Energietechnologien in Haushalten angemessen zu untersuchen. Für die vorliegende Arbeit hat sich der Prozess der Entstehung von „Zuhause" als zentraler Rahmen für das Verständnis von Aneignungs- und Nutzungsprozessen erwiesen. Deshalb richte ich im folgenden Kapitel den Blick auf das Haus und untersuche, wie frühere Arbeiten den Begriff „Zuhause" konzeptualisiert haben. Außerdem steht die Entstehung von Komfort im Zentrum, sowohl aus ideengeschichtlicher als auch empirischer Perspektive.

6 Zur sozialen Konstruktion von „Zuhause" und (thermischem) Komfort

Pierre Bourdieu und andere haben mit „Der Einzige und sein Eigenheim" eine klassische Studie vorgelegt, die modernes Wohnen im Eigenheim auch in seiner symbolischen Funktion analysiert. Dabei wird auf die doppelte Bedeutung des Wortes „Haus" verwiesen als zugleich materiales Objekt und Gemeinschaftsform. Entsprechend wird der Bau eines Hauses oder der Erwerb eines Eigenheimes als Prozess der Vergemeinschaftung seiner Bewohnenden betrachtet, für den der gemeinsame Entwurf von Zukunft zentral wird:

> Mit dem Bau eines Hauses behauptet sich im Stillen der Wille zur Bildung einer bleibenden, durch stabile Sozialbeziehungen vereinten Gruppe, einer Nachkommenschaft von ebenso großer Beständigkeit wie der ortsfeste Dauerwohnsitz; es ist ein Gemeinschaftsvorhaben oder eine gemeinsame Wette auf die Zukunft der Haushaltseinheit, d.h. auf ihren Zusammenhalt, ihre Integration oder, wenn man so will, auf ihre Widerstandsfähigkeit gegen Zerfall und Zerstreuung. Schon das Unternehmen, zusammen ein Haus auszuwählen, es einzurichten und auszugestalten zu einem ‚Zuhause', wo man sich unter anderem deswegen wirklich ‚zu Hause' fühlt, weil man die hineingesteckte Arbeit und Zeit hochschätzt und weil es als sichtbares Zeugnis für ein gemeinsam verwirklichtes Gemeinschaftsvorhaben immer wieder neue gemeinsame Befriedigung spendet, ist ein Produkt des affektiven Zusammenhalts und verstärkt wiederum diesen affektiven Zusammenhalt (Bourdieu u.a. 1998: 51).

Die Ausgestaltung eines Hauses zu einem Zuhause wird zu einem Symbol der Vergemeinschaftung und somit zu einem sichtbaren Zeichen von familialer oder anderer Gruppenidentität. Bourdieu und andere betonen dabei, dass die vergemeinschaftenden Aktivitäten und die Herstellung von Zuhause sowohl verbaler als auch praktischer Natur sein können:

> Das Haus ist Objekt einer ganzen Menge von Aktivitäten, die wohl nach einem Lieblingsausdruck Ernst Cassirers ‚mythopoietisch' zu nennen sind, seien sie nun verbal, wie die verzückten Wortwechsel über getätigte oder vorgesehene Ausgestaltungen, oder praktisch wie die Heimwerkelei, dieser Bereich wahrhaft poetischer Kreationen (…). Diese schöpferischen Eingriffe tragen dazu bei, das bloß technische Objekt, das immer neutral und unpersönlich, oft auch enttäuschend und nicht angemessen ist, in ein Stück unersetzlicher und geheiligter Realität zu verwandeln (…) (Bourdieu u.a. 1998: 56).

Das Konzept der *domestication* lässt sich aus dieser – anthropologisch und ethnologisch angereicherten – Perspektive um eine existenzielle Dimension erweitern: Der tätige Umgang mit Objekten (seien es Häuser oder ihr Inventar) erscheint hier als „religiöse" Praktik, durch die eine rituelle Verwandlung von Objekten und Orten vollzogen wird, in deren Folge ein Haus zu einem „Eigenheim" bzw. einem „Zuhause" wird.

In ähnlicher Weise interpretieren Hitzler und Honer in ihrer Untersuchung von Heimwerkern das „Do It Yourself" als ganz elementare sinnstiftende und identitätsbildende Praxis. Expliziter als Bourdieu verorten sie diese Arbeit vor dem Hintergrund moderner Produktions- und Konsumptionsverhältnisse, die durch „profitorientierte Warenästhetiken" geprägt seien:

> Die Empirie der ‚kleinen' Kultur des Do-It-Yourself (erschließt) einen theoretischen Zugang zur ‚großen' Kultur der Moderne, denn Heimwerken erweist sich, so gesehen, auch als eine Form des ‚Bastelns' in einem sehr viel umfassenderen, eher mentalen Sinne (...): Der Mensch in modernen Gesellschaften ist typischerweise in eine Vielzahl disparater Beziehungen, Orientierungen und Einstellungen verstrickt. Er ist mit ungemein heterogenen Situationen, Begegnungen, Gruppierungen, Milieus, Teil-Kulturen konfrontiert. Er muss folglich mit vielfältigen und vielschichtigen, nicht aufeinander abgestimmten Deutungsmustern und Sinnschemata umgehen. Er muss seine alltäglichen Sinn-Partikel in mannigfaltigen, gesellschaftlich vororganisierten Bedeutungsfeldern einsammeln. Die Rede von den Teilzeit-Perspektiven, die das individuelle Leben in der Moderne charakterisieren, verweist somit auf das, was wir – im Anschluss an Benita Luckmann (Luckmann 1978) – immer wieder als ‚kleine Lebens-Welten' beschrieben haben (...): auf intersubjektiv konstruierte Zeit-Räume situativer Sinn-Produktion und -Distribution, die im Tages- und Lebenslauf aufgesucht, durchschritten, gestreift werden, und die wesentliche Bau-Elemente für das ‚Zusammenbasteln' des modernen Daseins als problematisch gewordener persönlicher Identität bilden (Hitzler und Honer 1988: 275f).

Das Heim und Heimwerken gelten Hitzler und Honer als Orte und Praktiken, an denen und durch die Menschen ihre Existenz be-gründen und ihr Sinn verleihen. Als Ort von Privatheit erhält das Eigenheim für diese Praktiken eine besondere Bedeutung, weil es gemeinhin mit Vorstellungen von Selbstbestimmung und Freiheit verknüpft ist. Diese diskursive Konstruktion von Zuhause als Zufluchtsort vor der Welt liegt beispielsweise auch den Sprichwörtern *my home is my castle* oder *trautes Heim, Glück allein* zugrunde. Die Arbeit am Eigenheim wird bei Hitzler und Honer ebenso wie in der Perspektive von Bourdieu auf die gesamte Existenz bezogen und als Versuch interpretiert, sich in der Welt ontologische Sicherheit und einen persönlichen Ort zu schaffen.

Als „engine room" und als „one of the most basic institutions in contemporary Western societies" bezeichnen Peter Saunders und Peter Williams das Zuhause (home) (Saunders und Williams 1988). Sie bringen es in Verbindung mit der Entstehung von „ontologischer Sicherheit" von Menschen, verstanden als „confidence or trust that the natural and social worlds are as they appear to be, including the basic existential parameters of self and social identity" (Saunders 1989: 186).

Vor allem die Arbeit von Peter Saunders trug dazu bei, dass die *urban studies* sowie die *housing studies* seit den späten 1980er Jahren der Unterscheidung von „Haus" und „Zuhause" größere Bedeutung beimessen bzw. dem „Zuhause" als Untersuchungsgegenstand überhaupt erst die nötige Aufmerksamkeit zuteilwerden lassen (Saunders 1989; für daran anschließende Untersuchungen vgl. z.B. Easthope 2004; Gram-Hanssen und Bech-Danielsen 2004; Gorman-Murray 2007). Die analytische Perspektive auf *home* im Gegensatz zu *house* wird bei Saunders und Williams unter Rückgriff auf Anthony Giddens' Begriff von *locale* entwickelt, mit dem das Zuhause sowohl als soziale als auch als physisch-räumliche Interaktionseinheit gefasst wird. Für die britische Gesellschaft der späten 1980er Jahre stellen Saunders und Williams fest, was sicherlich auch heute noch Gültigkeit für westeuropäische Gesellschaften hat:

> The 'home', at least in contemporary British society, is a crucial 'locale' in the sense that it is the setting through which basic forms of social relations and social institutions are constituted and reproduced. We (...) argue that gender and age relations are centrally structured through the home, and that the home is also a medium through which class differentiation, ethnic inequality, the status order and even distinctive regional and national cultures and identities are reproduced (Saunders und Williams 1988: 82).

King (2004) hat die begriffliche Differenzierung von „housing" und „dwelling" vorgeschlagen, um die Außenperspektive der „housing policy" – „the concern for the production, consumption, management and maintenance of a stock of dwellings" – zu unterscheiden von einer Binnenperspektive auf „dwelling", wobei das Wohnen in Gebäuden nur als eine Form von „dwelling" betrachtet wird:

> Dwelling is about being settled on the earth, where we are accepted by the environment and where we ourselves can accept it. Part of it, what I term private dwelling (King 2004), is an activity in which we use dwellings to meet our ends and fulfil our interests, to such an extent that this singular dwelling becomes meaningful to us (King 2009: 42).

Gemeinsam ist diesen Perspektiven auf das Phänomen „Wohnen", dass sie subjektiv sind, also bei der Perspektive von Menschen ansetzen, die im und durch das Wohnen und damit verbundenen Aktivitäten wie Heimwerken, Reparieren, Renovieren oder Einrichten ihr Leben gestalten. Davon ausgehend wird Identitätsbildung ebenso nach Sinnstiftungsprozessen befragt wie nach der Reproduktion oder Veränderung von Merkmalen der Sozialstruktur wie Geschlecht, Alter oder Klasse. Außerdem halten die erwähnten Begriffe das Potenzial bereit, verschiedene Prozesse aus der Perspektive zu beleuchten, wie dadurch jeweils „Zuhause" von Menschen entsteht. Diese eben skizzierte Perspektive auf die Herstellung von Häuslichkeit bildet im Folgenden die Grundlage für die Untersuchung von Wärmekonsum. Dabei gehe ich davon aus, dass die Herstellung von thermischem Komfort ein zentraler Bestandteil von Häuslichkeitspraktiken ist. Dieser Zusammenhang wird an den folgenden Ausführungen über die historische Entwicklung des Komfortbegriffs deutlich.

Die Auffassung davon, was „Komfort" sei, unterscheidet sich im Verlauf der Geschichte sowie zwischen verschiedenen Gesellschaften. Im Deutschen taucht der Begriff erst im 19. Jahrhundert als Lehnwort aus dem Englischen auf, wo er, ebenso wie im Französischen, ursprünglich „Trost, Stärkung" bedeutete und häufig religiös konnotiert war. Seine neuzeitliche Bedeutung, die im Herkunftswörterbuch mit „luxuriöse Ausstattung, Einrichtung; Bequemlichkeit" umschrieben wird (Duden-Redaktion 2001), erhielt der Begriff im Zuge der gesellschaftlichen Transformation hin zum bürgerlichen Zeitalter. In seiner ideengeschichtlichen Untersuchung von

„Home" fasst Witold Rybczynski diese umfassenden Veränderungen zusammen und zeigt den Zusammenhang des modernen Verständnisses von Komfort mit der Entstehung von Privatheit, familialer Intimität und Häuslichkeit auf:

> Privacy and domesticity, the two great discoveries of the Bourgeois Age, appeared, naturally enough, in the bourgeois Netherlands. By the eighteenth century they had spread to the rest of Northern Europe – England, France, and the German states. The household has changed, both physically and emotionally; as it had ceased to be a workplace, it had become smaller and, more important, less public. Since there were fewer occupants, not only its size but also the very atmosphere within the house was affected. It was now a place for personal, intimate behavior. This intimacy was reinforced by a change in the attitude toward children, whose extended presence altered the medieval, public character of the 'big house'. The house was no longer a shelter against the elements, a protection against the intruder – although these remained important functions – it had become the setting for a new, compact social unit: the family. With the family came isolation, but also family life and domesticity. The house was becoming a home, and following privacy and domesticity the stage was set for the third discovery: the idea of comfort (Rybczynski 1987: 77).

Während die Bedeutung des Komfort-Begriffs zunächst noch umfassender war und einen Zustand der Behaglichkeit einschloss, verengte sie sich im Laufe des 18. Jahrhunderts und wurde als Vorstellung von „Wohnkomfort" zu einer Eigenschaft der Inneneinrichtung (vgl. hierzu Rybczynski 1987: 77ff). Der Begriff erfuhr somit eine Bedeutungsverschiebung von einem eher mentalen Konzept bzw. Zustand zu einer materialen Eigenschaft von Gegenständen. Diese Bedeutungsverschiebung hin zur Betonung von „physikalischem Komfort" erwähnt auch Shove (2003a: 24):

> In following the terminology of comfort from its initially spiritual meaning through to its modern incarnation as ‚self-conscious satisfaction with the relationship between one's body and its immediate physical environment' (Crowley 2001: 142), the historian John Crowley notices that the explicit valuing of physical comfort represented an important shift of emphasis. With this shift, the terminology of comfort was applied to the means by which that state might be achieved as well as to the state itself. As Heijs explains, from being a subject-bound concept having to do with relations between people, comfort, 'developed into a more object bound term, also denoting worldly goods which could enhance mental and physical well-being' (Heijs 1994: 43). Redefined in this way, comfort had to do with things, conditions and circumstances.

Dieses Verständnis von Komfort als bezogen auf Gegenstände, Bedingungen und Umstände war die Grundlage dafür, dass in der Folgezeit wissenschaftlich-technische Innovationen für das Leben in der häuslichen Sphäre entwickelt wurden, nicht zuletzt mit dem Ziel der Herstellung von thermischem Komfort.

Die Vorstellung von thermischem Komfort wurde im 18. Jahrhundert entscheidend geprägt durch technologische Veränderungen des häuslichen Heizwesens. Zentral ist dabei die Entwicklung von Schornsteinen: Weil sich mehrere Feuerstätten im Haus an sie anschließen lassen, ermöglichen Schornsteine „die Beheizung des ganzen Hauses einschließlich der Dienstbotenkammern, womit sich eine späte Revolution des Heizungswesens vollzieht" (Braudel 1990: 320; vgl. Rybczynski

1987: 91). Diese Entwicklung bildet die Grundlage für die Verwissenschaftlichung des häuslichen Heizungswesens in Europa und Nordamerika, das sich in der Folgezeit durch technologische Innovationen immer weiter ausdifferenziert. Dies hat zum einen zur Folge, dass sich die Funktionen von Kochen und Heizen auseinanderentwickeln, und zum anderen, dass „Komfort" zum Gegenstand wissenschaftlicher Beschäftigung wird. Die Leistung von Benjamin Franklin und Count Rumford gelten hierfür als zentral (vgl. Rybczynski 1987: 130ff; Schwartz Cowan 1997: 194ff; Brewer 2000: 42ff; Crowley 2001: 171ff; Harris 2008: 341ff).

Was diesen technologischen Entwicklungen zur Herstellung von thermischem Komfort zugrunde liegt, ist eine wissenschaftliche Definition von menschlichen Bedürfnissen. Die damit verbundenen Praktiken von Naturalisierung und Standardisierung werden in aktuellen wissenschafts- und techniksoziologischen Untersuchungen kritisch hinterfragt und im Hinblick auf die zugrundeliegenden Interessenskonstellationen untersucht. Auf diese Weise wird die soziale Konstruktion von Bedürfnissen sichtbar, wodurch einer Rede von „natürlichen Bedürfnissen" mit Skepsis begegnet wird. Gleichzeitig öffnet sich der Raum für die Frage nach möglicherweise nachhaltigeren Formen von Bedürfnisbefriedigung. So argumentiert etwa Elizabeth Shove (2003a: 21f)

> that despite and partly because of the seemingly innocent goal of meeting peoples' needs, technical research (allied to commercial interests) has contributed to the convergence of indoor environmental conditions and the naturalization of ultimately unsustainable expectations and arrangements. In figuring out why meanings of comfort take the form they do today, I pay particular attention to the assumptions and priorities that have structured the scientific specification of human need. Whose knowledge and interests are embedded along the way and what difference has this made to the sizing and specification of heating and cooling technologies and the design of the built environment?

Diese kritische Perspektive auf die impliziten grundlegenden Annahmen des Komfortbegriffs zeigt auf, dass heutige Gewohnheiten und Standards in die Gestaltung der materialen Umgebung und in unsere Normalvorstellungen eingelassen sind.

Einer solchen materialisierten und fixen Definition von Komfort setzt Elizabeth Shove ein relationales Verständnis entgegen. Es entspricht der Perspektive der *Science and Technology Studies* auf die Verwobenheit von Technischem und Sozialem:

> In a subtle but critical switch of perspective it is possible, and perhaps sensible, to view chairs, dressers, tables, and so forth, not as embodying comfort but as the tools with which this state is achieved. It is obviously difficult to specify the relation between objects and the meanings and experiences they make possible. Yet it is clear that the process of being and making oneself comfortable stretches beyond the appropriation and use of individual commodities, even when those objects are imbued with attributes of comfort (Shove 2003a: 25f).

Damit rücken die Dynamiken der Herstellung von Komfort ebenso in den Fokus wie die Praktiken der Anpassung an gegebene Umstände, etwa eine gegebene Vielfalt von Temperaturverhältnissen. „Komfort" wird hierbei als soziale Praktik konzipiert und – wiederum aus Interesse an größerer Nachhaltigkeit von Produktions- und Konsumverhältnissen – in Hinblick auf mögliche Transformationspfade hin zu einer *low carbon society* untersucht (vgl. Shove, Chappells et al. 2008). Zum einen werden die „politics of technology and design" daraufhin befragt, „how the infrastructures of the indoor climate come to be as they are and how they might change in the future" (Shove, Chappels et al. 2008: 308). Zum anderen richtet sich die Aufmerksamkeit auf die

> everyday negotiability of such systems [thermische Komfortregime, U.O.] and the extent to which ideas and realities of comfort are made by and through our day to day engagement with them and with a host of other devices, including cardigans, trees, cups of tea, and even our own bodies (ebd.).

In ihrem Beitrag zu dem von Shove u.a. herausgegebenen Sonderheft der Zeitschrift „Building Research and Information" fragen Brown und Walker (2008) etwa nach der Entstehung von „heat wave vulnerability". Sie untersuchen die Herstellung von thermischem Komfort in Altenpflegeheimen und beleuchten die Komplexität von Mensch-Umwelt-Beziehungen, die auch die Fähigkeit zur Anpassung an thermische Komfortbedingungen beeinflusst. Ein zentrales Ergebnis ist, dass

> the achievement of comfort (or failure to achieve it) in care homes is criss-crossed by dozens of other considerations: the need to prop the door open for visitors; the arrival (or not) of teatime; the availability, or not, of a cardigan and changes in shifts of staff. How these moments and 'adaptive opportunities' are actually handled depends on a further raft of personal and collective considerations that have to do with notions of dignity, decorum and social order (Shove, Chappels et al. 2008: 309).

Diese Perspektive auf die „soziale Einbettung" von Komfortpraktiken lässt sich nicht nur fruchtbar machen für potenziell schwächer gestellte Gruppen wie pflegebedürftige ältere Menschen. Vielmehr kann eine Perspektive auf die Herstellung von Komfort im Alltagshandeln auch Aufschluss geben über den Umgang mit technologischen Standards und die verschiedenen Handlungsspielräume von Verbraucherinnen und Verbrauchern in Haushalten. Mit der u.a. bei Shove (2003a) herausgearbeiteten Unterscheidung von Komfort als Erwartung und als Herstellung lassen sich verschiedene Formen von Interaktionen zwischen NutzerInnen, Wärmetechnologien und anderen Objekten (z.B. Häuser, Kleidung) unterscheiden und daraufhin befragen, wie sich die Strukturierung von Alltagshandeln und die Nutzung von Technologie wechselseitig durchdringen.

Für die vorliegende Untersuchung von Wärmekonsum auf Basis von erneuerbaren Energien lässt sich die Unterscheidung von Komfort als Erwartung und als Herstellung u.a. dafür nutzen, um unterschiedliche Arten des Heizens analytisch zu trennen. Was den Grad an körperlicher Involviertheit für die Arbeit des Heizens angeht, reicht das Spektrum von der Nutzung vollautomatisierter Systeme einerseits hin zum Erfordernis körperlicher Eigenarbeit für die Beschaffung und den Einsatz von Brennmaterial (etwa Stückholz) andererseits. Komfort wird hier jeweils unterschiedlich konfiguriert, d.h. Wärmetechnologien beinhalten verschiedene Skripte für die Involvierung von NutzerInnen in die Erzeugung von Wärme als einer Grundlage für die Entstehung von Komfort. Welche Rolle diese verschiedenen Formen für die Herstellung von Häuslichkeit spielen, wird im empirischen Teil der Arbeit näher untersucht. Bevor mit den Ausführungen über das Sample sowie die Methoden der Datengewinnung und -auswertung weitere Grundlagen für die intersubjektive Nachvollziehbarkeit der Analyseergebnisse des empirischen Teils geliefert werden, fasse ich die wesentlichen konzeptionellen Bausteine, die in den drei vorangegangenen Kapiteln entfaltet worden sind, zusammen und formuliere im Anschluss daran die forschungsleitende These dieser Arbeit.

7 Zusammenfassung und Formulierung der forschungsleitenden These

Die in den vorangegangenen Abschnitten erfolgte Sichtung bestehender Forschung hatte zum Ziel, konzeptionelle Bausteine für die empirische Analyse zu sammeln und dadurch auf eine Theoriebildung über das Phänomen „Wärmekonsum in Haushalten" hinzuarbeiten. Zunächst ging es darum, für die Untersuchung von Konsumdynamiken in (Paar- und Familien-)Haushalten die Paardynamik als Gegenstand in eigenem Recht zu etablieren. Denn das Paar bildet eine eigenständige Interaktionsebene, in der die Partner einander zum bedeutungsvollen Gegenüber werden, so dass Haushaltsentscheidungen sich nur unter Berücksichtigung dieser Ebene verstehen lassen. In einem weiteren Schritt wurde der Zusammenhang von Paarförmigkeit und Geschlecht expliziert. Mit Goffman wurde gezeigt, wie die Heterosexualität bei Paaren zu einem Moment der institutionellen Reflexivität von Geschlecht werden kann: Die Paarförmigkeit wird dabei zur Bühne, auf der die unterschiedliche „Natur" der Geschlechter immer wieder hervorgebracht und bestätigt wird. Die Herstellung von Geschlechterdifferenz kann somit nahtlos in die verschiedensten alltagspraktischen Vollzüge im Paarleben integriert sein, ohne dass dies bewusst abläuft. Zentrale Bedeutung erlangen hierfür „Genderismen" (Goffman), die sich mit Bourdieu auch als „inkorporierte soziale Strukturen" bezeichnen lassen, und die die Geschlechterdifferenz für die Alltagswahrnehmung in den Bereich des Natürlichen verlagern (vgl. Kapitel 4).

Für die vorliegende Untersuchung ist die Frage nach dem Zusammenhang von Geschlecht und Technik von besonderer Bedeutung, weil Technikaffinität gemeinhin als ein männlicher Genderismus gilt und weil das Forschungsinteresse der Aneignung und alltäglichen Nutzung von Energietechnologien gilt. Um die historische Genese der Verknüpfung von Technik und Männlichkeit zu verstehen, wurde der Ingenieurberuf als prototypische Relation zwischen Technikbezug, Männlichkeit und Berufsmenschentum näher betrachtet. Technikhistorische und wissenssoziologische Analysen zeigen dabei, dass Technikverständnisse sowie Berufskonstruktionen kontingent sind und sich in einem sozialen Feld formieren. Hegemoniale Männlichkeit als eine in einem sozialen Feld machtvolle Form von Männlichkeit erweist sich für solche relationalen Konstruktionen als generatives Prinzip. Eine solche Perspektive verdeutlicht, dass die Verknüpfung von „Technik" und „Männlichkeit" inhaltlich flexibel sein kann, dass historisch betrachtet jedoch genau darin ihre Hartnäckigkeit liegt. Für die empirische Analyse dieser Arbeit bedeuten diese Befunde, dass Verständnisse von „Technik" und „Technikkompetenz" als Ressourcen der geschlechtlichen Grenzziehung betrachtet werden (vgl. Kapitel 5).

Um die Bedeutung technischer Objekte für das Phänomen Wärmekonsum in Haushalten zu erfassen, führte ich das akteur-netzwerktheoretische Konzept der Skripte ein, dessen Weiterentwicklung zum Konzept von Genderskripten die Analyse der Vergeschlechtlichung von Artefakten ermöglicht. Das Interesse galt dabei den in das Design von Objekten eingeschriebenen impliziten Annahmen über zukünftige NutzerInnen, etwa über Geschlechterdifferenzen in Bezug auf Kompetenzen, Interessen, Zuständigkeiten und Geschmackspräferenzen. Solche Repräsentationen von Weiblichkeiten und Männlichkeiten werden im Prozess der Nutzung deinskribiert. Allerdings wurde mit dem für den Ansatz der *Social Construction of Technology* zentralen Konzept der interpretativen Flexibilität von Technologie betont, dass Techniknutzung kein deterministischer Vorgang ist. Aus diesem Grund ist das Stadium der Nutzung ein ebenso bedeutsames Feld für Fragen der Ko-Konstruktion von Technik und Gesellschaft wie die Bereiche der Entwicklung und Distribution. Dass Fragen der Techniknutzung von konsumtheoretischen Betrachtungen profitieren können, wurde an dem Konzept der *domestication* deutlich; es erfasst die Aneignung neuer Objekte (z.B. Technologien) in alltäglichen Verwendungszusammenhängen und hebt dabei die Eigenlogik von Aneignungsprozessen hervor (vgl. Kapitel 5).

Für das Verständnis solcher Aneignungsprozesse wurde gezeigt, dass der spezifische Kontext der Aneignung in die Betrachtung aufgenommen werden muss. In der vorliegenden Arbeit bezeichne ich diesen Kontext als das Zuhause von Haushaltsmitgliedern, und ich fragte in einer ideengeschichtlichen Perspektive nach den Spezifika dieses Begriffs, insbesondere nach seiner Verknüpfung mit Konzepten von Privatheit und familialer Vergemeinschaftung. Die Arbeit am eigenen Heim erweist sich vor diesem Hintergrund als ein Sich-Verorten in der Welt und als elementare sinn- und identitätsstiftende Praxis, die mit der Entstehung von ontologischer Sicherheit verbunden ist. Als eine Form solcher Arbeit am eigenen Zuhause fasste ich die Herstellung von Komfort. Zunächst wurde die enge Verknüpfung moderner Konzeptionen von Häuslichkeit mit dem Begriff von (Wohn-)Komfort herausgearbeitet, die der Begriffsverschiebung hin zu einem Verständnis von Komfort als materialer Eigenschaft von Gegenständen zugrunde liegt. Für Fragen von thermischem Komfort im Besonderen zeigte ich ferner, wie die Verwissenschaftlichung der häuslichen Sphäre durch Neuerungen im Heizungswesen seit dem 18. Jahrhundert zu einer Normierung und Standardisierung menschlicher Bedürfnisse geführt hat. Komfort ist aus einer solchen ingenieurswissenschaftlichen Perspektive konzipiert als eine Erwartung an die Funktionstüchtigkeit technischer Anlagen. Wissenschafts- und techniksoziologische Perspektiven betonen demgegenüber die Bedeutung, Komfort als eine Herstellung zu betrachten, die in aktiver Auseinandersetzung mit Körpern, Objekten und der Umwelt erfolgt (vgl. Kapitel 6).

Mit dieser Zusammenschau von relevanten Befunden aus bestehender Forschung lässt sich eine vorläufige Antwort formulieren auf die Frage danach, wie sich Anschaffung und Nutzung von erneuerbaren Wärmetechnologien in Haushalten mit Wohneigentum beschreiben und erklären lassen. Ich formuliere diese vorläufige Antwort als forschungsleitende These für die weitere empirische Analyse: Die Prozesse von Anschaffung und Nutzung erneuerbarer Wärmetechnologien in Eigentümerhaushalten lassen sich in ihrer Bedeutung für Nutzerinnen und Nutzer umfassender verstehen, wenn sie in einem grösseren Zusammenhang betrachtet werden. Die vorliegende Arbeit versteht diesen Zusammenhang als den Prozess der Entstehung von „Zuhause"; die Prozesse von Anschaffung und Nutzung von Wärmetechnologien bilden demnach einen Bestandteil einer Entwicklung, in der das Eigenheim von Menschen in deren eigenes Heim oder „Zuhause" verwandelt wird. In die Entstehung eines „Zuhauses" fliessen die verschiedensten Aushandlungen ein, und verschiedene Elemente der Handlungssituation werden relevant. In diesen Aushandlungen werden Relationen etabliert und stabilisiert, etwa zwischen Menschen und Objekten, zwischen Objekten und Räumen, zwischen Räumen und Menschen und zwischen Menschen untereinander.

Die forschungsleitende These dieser Arbeit steht am Ende eines Prozesses der kontinuierlichen Auseinandersetzung mit theoretischen Konzepten und empirischem Datenmaterial. Das klingt zunächst wie ein Widerspruch: Wenn die These forschungsleitend war, muss sie ja bereits zu Beginn formuliert gewesen sein. Doch zu Beginn der Arbeit stand zunächst einmal nur die Idee, sich der Frage nach Wärmekonsum in Hauhalten und insbesondere der Anschaffung erneuerbarer Energietechnologien aus der Perspektive der *Science and Technology Studies* sowie der *Gender and Technology Studies* zu nähern. Welche Konzepte aus dem reichen Fundus dieser Forschungsrichtungen für die Untersuchung einschlägig sein würden, und insbesondere dass die Perspektive auf die Entstehung von „Zuhause" sowie die damit verbundene Ko-Konstruktion von Geschlecht und Gemütlichkeit zur Schlüsselkategorie der Untersuchung werden würden – dies war zu Beginn der Untersuchung bei weitem noch nicht klar. Insofern suggerieren der Aufbau und die Linearität dieses Buches eine Stringenz des Untersuchungsprozesses, die für den Prozess der Erkenntnis nicht charakteristisch ist. Die Besonderheit dieses Textes liegt folglich darin, den Prozess der Untersuchung rückblickend zu reflektieren und ihn dabei zu glätten und zu rationalisieren. Erst in dieser Darstellungs- und Syntheseleistung des Abschlussberichtes erhält die Forschungsarbeit eine Form, die sie sichtbar und intersubjektiv nachvollziehbar macht.

Im folgenden Methodenteil wird das Handwerkszeug für die Gewinnung und Analyse des empirischen Datenmaterials vorgestellt. Zunächst gebe ich Einblick in die Zusammensetzung des Samples und die Methoden der Datengewinnung. Daraufhin werden die Beschaffenheit der Daten und zentrale Schritte des Analyseverfahrens beschrieben und reflektiert. Dabei versuche ich so viel wie möglich Einblick darin zu gewähren, was ich im Forschungsprozess gemacht habe und wie ich zu meinen Ergebnissen gekommen bin. Ganz bewusst zwinge ich den Methodenteil nicht in das Prokrustesbett einer strengen Systematik, wie sie in methodentheoretischen Abhandlungen entwickelt wird. Denn eine solche Überformung der Erzählung dient häufig dazu, den nicht selten spontanen, kreativen und intuitiven Charakter des Forschungsprozesses zu leugnen. Gleichwohl soll im Folgenden deutlich werden, dass mir die Regeln der Grounded Theory als Leitlinien für das forschungspraktische Vorgehen gedient haben.

8 Forschungsdesign

8.1 Datengewinnung und Sample

Ein Merkmal der Forschungsarbeit im Stil der Grounded Theory ist ihre Organisation in einem „Kreislauf zwischen Datenerhebung, Kodieren und Memoschreiben" (Strauss 1998 [1994]: 47). Durch die kreisende Bewegung bzw. durch die Parallelität von Datenerhebung und -analyse werden diese beiden Phasen dicht miteinander verwoben. Die Konstruktion von Forschungsfeld und Theorie darüber erfolgen somit in Wechselwirkung miteinander (zur iterativ-zyklischen Forschungslogik der Grounded Theory vgl. z.B. Strübing 2008: 290ff). Das Ziel derart organisierter Forschungsarbeit ist eine in Daten gegründete Theoriebildung, eben die Entwicklung einer „Grounded Theory", wobei der Begriff „Grounded Theory" sowohl den Prozess als auch das Ergebnis umfasst.

Dass der Ausgangspunkt für die Forschung dabei nicht als *tabula rasa* gedacht wird, wird schon dadurch deutlich, dass bestehende Forschung in Form von sensibilisierenden Konzepten eingeführt wird (vgl. Kapitel 3 sowie Kapitel 4, 5 und 6). Zum anderen bringt die Forscherin oder der Forscher frühere Erfahrungen aller Art mit, wenn sie oder er die Arbeit an einem neuen Projekt aufnimmt. Dazu gehören sowohl Erfahrungen und Kenntnisse der Sozialforschung als auch Alltagswissen und die dadurch geprägte Perspektive auf die Welt. Diese Form von Subjektivität gilt in der qualitativen Forschung nicht als Verzerrung von Erkenntnis, sondern als Bedingung *sine qua non*. In der methodologischen Debatte wird inzwischen verstärkt auf die Bedeutung hingewiesen, die einer Reflexion dieser Positionalität aller Forschenden zukommt. Pointiert formuliert etwa Adele Clarke (2012b: 64):

> [i]n der neueren Forschung zu qualitativen Methoden und verwandten Feldern [wird] der Standpunkt vertreten, die Wissenden seien immer und unweigerlich verkörpert, ungeachtet der Leugnungsstrategien. (...) Diese Verkörperung schlägt sich im produzierten Wissen nieder, trotz der Objektivitätsansprüche. Das so lang verleugnete Embodiment ist daher heute umso augenfälliger und muss in Zukunft stärker und reflexiv berücksichtigt werden.

Wo soll ich anfangen, wenn ich diesem Erfordernis Genüge tun möchte, und wo aufhören? Allzu selbstreflexive Nabelschauen von Forschenden, vor denen das Thema der Arbeit in den Hintergrund rückt, halte ich für keine besonders attraktive Lösung des Problems. Doch der allwissende Erzähler oder neutrale Beobachter – Clarke (2012: 63) spricht vom „bescheidenen Zeugen" – ist und bleibt eine Fiktion.[11]

Für den Moment sehe ich eine Lösung darin zu betonen, dass die theoretische Sensibilität, die man im Verlauf aktueller und vorangegangener Studien- und For-

---

[11] Zur „epistemologischen Selbstbesinnung" verschiedener kulturwissenschaftlicher Disziplinen vgl. Breuer (2010: 107f).

schungsarbeit entwickelt (hat), eine (bildungs-)biographisch spezifische Ausprägung hat, die jedoch kontingent ist. Sie prägt das Erkenntnisinteresse, die Auswahl sensibilisierender Konzepte sowie die Entwicklung der forschungsleitenden These. Die Ausführungen in den vorangegangenen und den folgenden Kapiteln sind somit schwer zu trennen von Fragen nach dem Gewordensein der Person der Forscherin: Wo und bei wem hat sie studiert? Welche Lektüre hat sie besonders gefesselt? Woher kommt die persönliche Affinität zum akademischen Feminismus? Aber auch Fragen nach den konkreten Umständen der jeweiligen Forschung tragen zur Verortung der gewonnenen Erkenntnisse bei: Welche Fokussierungen der Fragestellung werden von Geldgebern erwartet? Welche Interessen werden mit der Forschungsarbeit verfolgt? Was interessiert die zukünftige LeserInnenschaft dieses Textes? Diese und ähnliche Fragen fließen auch dann in die Gestaltung der Forschung ein, wenn man sich redlich darum bemüht, die Lektüre und die Auswahl von Methoden gegenstandsangemessen zu wählen und die Daten systematisch zu gewinnen und zu analysieren.

Über jene Bemühungen im Umgang mit Methoden und Daten geben die folgenden Ausführungen Aufschluss. Der vorliegenden Arbeit liegen mit leitfadengestützten Paarinterviews, teilnehmenden Beobachtungen, Text- und Bilddokumenten sowie Experteninterviews unterschiedliche Arten empirischen Datenmaterials zugrunde, die durch die Methode des theoretischen Sampling (Glaser und Strauss 1967; Strauss und Corbin 1990) miteinander verknüpft sind. Das theoretische Sampling steht in enger Verbindung mit dem oben erwähnten Kreislauf von Datengewinnung und -analyse. Es hat zur Folge, dass das Sample nicht vorab festgelegt wird, sondern schrittweise erfolgt, indem erste Analysen durchgeführt werden, an die sich Entscheidungen über weiter zu gewinnende Daten anschließen. Außerdem hängt das Sampling mit den verschiedenen für die Grounded Theory typischen Kodierverfahren – offenes, axiales und selektives Kodieren – zusammen: Je spezifischer im Verlauf der Analyse kodiert wird, desto mehr orientiert sich das theoretische Sampling an entwickelten Konzepten und führt zu einer Suche nach unterschiedlichen Dimensionen der Konzepte im vorhandenen Datenmaterial. Theoretisches Sampling bezieht sich also sowohl auf Entscheidungen über neu zu gewinnende Daten als auch auf den Umgang mit bereits gewonnenem Material. Hierin liegt eine wesentliche Differenzierung: Im Prozess des Sampling wird mitunter bereits erhobenes Material erst zu *Daten*material, indem seine Relevanz für die Forschungsfrage erkannt wird. Deshalb ist der Begriff der Datenerhebung genau genommen unzutreffend, weil er suggeriert, Daten lägen herum und müssten nur aufgesammelt werden (vgl. Strübing 2004). Dass Daten in einem aktiven Herstellungsprozess entstehen, kommt hingegen mit dem Begriff der Datengewinnung stärker zum Ausdruck. Die folgenden Erläuterungen über die verschiedenen Arten des gewonnenen Datenmaterials, nämlich Beobachtungen, Dokumente, Experteninterviews und Paarinterviews, sollen gleichzeitig einen Einblick in den Vorgang des theoretischen Samplings gewähren, wie er sich aus der rückblickenden Perspektive auf den Forschungsprozess darstellt.

Zu Beginn meiner Feldarbeit[12,13] war mir daran gelegen, mich in die Situation von Menschen hineinzuversetzen, die ein Eigenheim bauen oder sanieren und sich dabei mit Fragen von Wärmeverbrauch und erneuerbaren Energien auseinandersetzen. Denn in meinem Leben im eigenen Haushalt habe ich bislang nur Erfahrung als Mieterin und stand selbst noch nie vor Entscheidungen, die das Eigenheim und dessen Energieversorgung betreffen.[14] Daher erkundete ich zunächst Situationen, in denen die interessierte Öffentlichkeit, insbesondere aber BauherrInnen, sich über neue Entwicklungen und Technologien für erneuerbare Wärmeversorgung informieren und mit Experten z.B. in Handwerksbetrieben in Verbindung setzen können. In dieser ersten Phase des Forschungsprozesses in den Jahren 2008 und 2009 habe ich auf verschiedenen süddeutschen Verbrauchermessen zum Thema Bauen und Wohnen teilnehmend beobachtet. In den angefertigten Feldnotizen und Beobachtungsprotokollen achtete ich auf die Inszenierung von Energietechnologien auf den verschiedenen Messeständen, auf die Repräsentation von Objekten auf Bildern und Plakaten, auf die Rahmung der Veranstaltungen und Publikumsmagnete, die die Aufmerksamkeit der Besuchenden auf sich ziehen sollten. Außerdem führte ich Interviews mit StandbetreuerInnen wie Handwerkern, Ingenieuren, Marketing- und VertriebsexpertInnen, um deren Sicht auf die Gruppe der KonsumentInnen zu erfassen.

Auf den Messen erhielt ich viele Dokumente und Werbebroschüren über Energietechnologien. Einige dieser Dokumente analysierte ich ausführlich, ebenso wie ich Webseiten von Heizungsfirmen (wie Viessmann, Buderus, Brunner oder Wodt-

---

12 Ich lege hier einen sehr weiten Feldbegriff zugrunde, der nicht dem ethnographischen Feldbegriff im engeren Sinne entspricht (vgl. hierzu Gobo 2008: 117ff): Das Feld wird meines Erachtens zu Beginn der Projektarbeit betreten, sobald man sich erste Gedanken über das Forschungsthema macht. Alle Reflexionen und Ideen dazu, also auch die, die in lockeren Gesprächen mit neugierigen Tanten oder pelletheizungsaffinen Nachbarn entstehen, können zu relevanten Ereignissen werden, die den Blick auf das erhobene Datenmaterial schärfen. Insofern sind auch solche Interaktionen Teil des Feldaufenthaltes (zur Frage danach, was und wer zum Feld gehört, vgl. z.B. auch Przyborski und Wohlrab-Sahr 2010: 54ff).
13 Eine klare Lokalisierung ist für das von mir untersuchte Feld nicht möglich, vielmehr gibt es viele Schauplätze und Orte, die für Fragen von Energieverbrauch relevant sind. Dennoch halte ich die für die Chicago School klassische Beschreibung des Aufenthaltes im Untersuchungsfeld als „Nosing Around" für treffend – auch wenn die Begriffe, die es als „aufmerksames aber relativ zielunspezifisches Herumhängen, Mitfließen, Bummeln und Schnüffeln im Feld" (Breuer 2010: 62) erklären sollen, eine geographische Einheit des Forschungsfeldes suggerieren, die in heutigen Untersuchungen kaum noch angenommen wird.
14 Weil mit Eigenheimerwerb und -besitz im Vergleich zu Miete wesentlich weiterreichende Entscheidungsspielräume eröffnet werden und die Verantwortung für getroffene Entscheidungen bei den WohneigentümerInnen liegt, beschränkt sich diese Untersuchung auf Haushalte, die Eigentum bewohnen.

ke) und Verbänden für erneuerbare Energien (z.B. dem Deutschen Energieholz- und Pellet-Verband) einer genaueren Betrachtung unterzog. Diese Analysen schärften den Blick dafür, wie erneuerbare Energien und Energietechnologien repräsentiert werden: Welche Verknüpfungen werden durch Texte und Bilder geschaffen, welche Eigenschaften von Energieträgern und Technologien werden hervorgehoben, welche Diskussionsräume werden eröffnet? Diese und ähnliche Fragen an das Datenmaterial öffneten meinen Blick auf tieferliegende Phänomene, was die symbolische Konstruktion von Energie und Energietechnologie angeht.

Darüber hinaus führte ich vier ca. einstündige Experteninterviews: drei mit EnergieberaterInnen und eines mit einem Ingenieur für Gebäudetechnik. Diese Interviews wurden transkribiert und kodiert und lieferten, ähnlich wie die teilnehmenden Beobachtungen, kontextuierendes Material für die Analyse der Paarinterviews (zur Randstellung von ExpertInneninterviews im Forschungsprozess vgl. Meuser und Nagel 2001). Mit Hilfe dieser Interviews gewann ich ein Bild davon, wie VerbraucherInnen von anderen Gruppen im Prozess der Entwicklung und Distribution von Energietechnologien wahrgenommen und adressiert werden, und wie das Thema Wärmeverbrauch in Haushalten aus einer „Außenperspektive" behandelt wird. Als Experten gelten die von mir Interviewten deshalb, weil sie qua Beruf Verantwortung tragen für energieverbrauchsbezogene Problemlösungsprozesse und daher über „einen privilegierten Zugang zu Informationen (...) über Entscheidungsprozesse" (Meuser und Nagel 2001: 73) verfügen. Gleichwohl ist der ExpertInnenstatus ein „relationaler Status" (ebd.), der sich aus der Bedeutung ergibt, die das von den GesprächspartnerInnen mitgeteilte Wissen für die Forschungsfrage besitzt. So gesehen ist die Bezeichnung „Experten" für die hier interviewten Angehörigen von Bauberufen zwar kongruent mit der Alltagswahrnehmung von professionell geschulten Menschen, die als Experten in Anspruch genommen werden. Aber die „eigentlichen" ExpertInnen für die Beantwortung meiner Forschungsfrage sind die Bewohnerinnen und Bewohner von Eigenheimen, die in ihrem Wohnalltag Energietechnologien nutzen.[15]

Die Perspektiven dieser Akteursgruppe im Prozess der sozialen Konstruktion von Technik – Paare, die im Eigenheim wohnen – stehen im Mittelpunkt meines

---

15 Wie flüssig in meinem Fall die Grenze zwischen der herkömmlichen Unterscheidung von Experte und Laie bzw. Privatperson ist, wird an folgender Definition von Cornelia Helfferich deutlich (Helfferich 2009: 163): „Ein Experte oder eine Expertin wird aufgrund ihres speziellen Status und nicht als Privatperson befragt. (...) Das interaktive Signal bei der Verabredung des Interviews ist ein besonderes: Wird jemand als Experte oder Expertin adressiert, erwartet die Person nicht, dass sie über ihre sehr persönlichen Angelegenheiten sprechen soll, sondern über fachliches, abstraktes ‚Sonderwissen', das sie sich in besonderer Weise angeeignet hat." In der Tat gilt ein zentrales Interesse in den Interviews mit den Eigenheimbesitzenden dem fachlichen Sonderwissen über Energietechnologien, aber dieses haben sich die GesprächspartnerInnen eben *als Privatpersonen* erworben.

Forschungsinteresses.[16] In Paarinterviews mit HauseigentümerInnen vertiefte ich daher die in den ersten Runden der Datengewinnung erzielten Ergebnisse des Kodierens. Somit ging ich von Fragen danach, in welchen Situationen (z.B. Messen), von welchen Akteuren (z.B. Energieberaterinnen, Handwerkern) und mit welchen Artefakten und Medien (z.B. Teile von Heizanlagen, Broschüren, Webseiten) NutzerInnen im Distributionsprozess angesprochen werden, über zu Fragen danach, wie der Prozess der Aneignung neuer Technologien aus Sicht der NutzerInnen aussieht. Die dabei gewonnenen Daten bilden die zentrale Grundlage für die vorliegende Untersuchung; die anderen Datenarten – Experteninterviews, Dokumentenanalysen und Beobachtungsprotokolle – lieferten im Kodierprozess flankierendes Material und Kontextwissen, das mir half, die spezifische Perspektive der NutzerInnen zu rekonstruieren und mit anderen zu kontrastieren, etwa den von EnergieberaterInnen eingenommenen Perspektiven auf Energiekonsum. Außerdem konnte ich Konzepte, die ich aus Materialien wie Dokumenten und Beobachtungsnotizen entwickelt hatte (z.B. Wärmekonsum als sinnliche Erfahrung; fossile Rohstoffe als fremd), in den Paarinterviews weiterentwickeln und mit anderen Konzepten verknüpfen (z.B. Herstellung familialer Gemeinschaft; der heimische Kachelofen als Gegenentwurf zur fernen Welt).

Über Handwerkerkontakte auf den Verbrauchermessen und ähnlichen Informationsveranstaltungen zum Thema erneuerbaren Wärmekonsums in Haushalten gelangte ich an Paare und Familien in Süddeutschland, die in der jüngeren Vergangenheit – meist im Jahr vor dem Interview – eine neue Heizanlage im Eigenheim erworben hatten, die mit erneuerbaren Energien betrieben wurde. In jeweils etwa einstündigen, leitfadengestützten Paarinterviews wurden im Untersuchungszeitraum 2008 bis 2011 insgesamt neun heterosexuelle Paare mit und ohne Kinder (die „typischen" Bewohnerinnen und Bewohner von Eigenheimen) interviewt, die im Rahmen eines Neubaus oder einer Gebäudesanierung wärmetechnologiebezogene Kauf- oder Investitionsentscheidungen getroffen hatten. Ein weiterer Fall besteht aus einem Einzelinterview, da der männliche Gesprächspartner zum Interviewzeitpunkt kurzfristig verhindert war. Im Sample enthalten sind so verschiedene Maßnahmen wie Gebäudedämmung, der Bau eines Passivhauses oder der Einbau einer Heizanlage, die mit erneuerbaren Energien wie Holzpellets, Stückholz, Geothermie oder Solarthermie (bzw. Kombinationen aus diesen) betrieben wird. Die Paarinterviews, in denen die beiden Partner angehalten sind, die Erzählung gemeinsam zu organisieren und eine gemeinsame Sicht auf die Dinge zu etablieren, zielten auf eine Nacherzählung des Entscheidungsprozesses sowie der Schilderung des alltäglichen Umgangs mit der neuen Technologie. Zwar orientierte ich mich im Interview an einem Leitfaden, doch legte ich größeren Wert auf die Entwicklung eigener Erzählungen

---

16 Dieses Interesse geht nicht zuletzt auf eine frühere Auseinandersetzung mit Paarsoziologie zurück (Offenberger 2008).

durch die GesprächspartnerInnen (vgl. zum Problem der „Leitfadenbürokratie" Hopf 2007; Przyborski und Wohlrab-Sahr 2010). Diese bewusst locker gehaltene Strukturierung der Erzählsituation erlaubte den GesprächspartnerInnen eigene Relevanzen zu setzen, so dass im Interviewverlauf auch andere Themen rund um Hausbau, Sanierung oder Inneneinrichtung zur Sprache kamen. Erst dadurch konnte ich in der Analyse den Rahmen ausweiten und die wärmeenergiebezogenen Maßnahmen in Zusammenhang mit den Häuslichkeitspraktiken der GesprächspartnerInnen bringen. Eine solche Offenheit für die eigenen Strukturierungen der GesprächspartnerInnen erfordert von Interviewenden Improvisation und einen flexiblen Umgang mit Leitfäden. Wenn dies gelingt, können in der späteren Analyse neue Zusammenhänge entwickelt werden.

Die Fallauswahl organisierte ich nach dem Prinzip der minimalen und der maximalen Kontrastierung: Ergab etwa die Analyse eines ersten Falls, dass die ländliche Wohnumgebung ein zentrales Kriterium für die Form des Energieverbrauches bzw. die gewählte Technologie war, führte ich daraufhin ein Interview mit einem Paar, dessen Wohnhaus in einer Stadt lag. Ebenso achtete ich darauf, dass verschiedene Wärmekonzepte im Sample enthalten sind, weil die unterschiedlichen Technologien des Wärmekonsums (etwa Vollautomatisierung im Vergleich zu Handfeuerung von Öfen) unterschiedliche Nutzungspraktiken implizieren. Dass Biomasse und insbesondere Stückholz im Sample eine so zentrale Rolle spielt, war zu Beginn gar nicht beabsichtigt, ist aber auch kein Zufall, denn es ist im Untersuchungsfeld tatsächlich von herausragender Bedeutung, wie sich in der späteren Analyse zeigen wird. Ein interviewtes Paar bildet einen besonderen Kontrast zu den anderen Fällen, indem es ein Passivhaus bewohnt, das nicht mit einer Heizanlage ausgestattet ist, sondern mit einer Lüftungsanlage, die die Luft bei Bedarf erwärmt. Allerdings habe ich das Sampling ganz bewusst nicht um solche Wohn- und Energiekonzepte herum zentriert, die wie Niedrigenergie- oder Passivhäuser den Gesamtenergiebedarf von Gebäuden minimieren. Für Neubauten gelten zwar gesetzliche Vorschriften zur Reduzierung des Gebäudeenergiebedarfs, etwa durch Dämmstandards. Aber angesichts einer Neubaurate des Gebäudebestandes von etwa einem Prozent pro Jahr leisten Untersuchungen, die sich auf Wohnen und Wärmekonsum nach dem neuesten Stand der (Energie- und Gebäude-)Technik beschränken, einer Verzerrung der Wahrnehmung Vorschub, was die Bedeutung neuer und avancierter Technologie für die breite Bevölkerung angeht. Deshalb kombiniert und vergleicht das Sample dieser Arbeit Wohnen im Neubau und Wohnen im (sanierten) Altbau.[17]

---

[17] Der von mir interviewte Bauingenieur drückt dies im Interview so aus: „Und wenn wir jetzt versuchen würden, den heutigen technischen Stand durch Neubautätigkeit in den Markt zu verbreiten, dann müssen wir zur Kenntnis nehmen, dass unsere Neubauquote in der Größenordnung von 1% *per anno* bezogen auf den Bestand ist. Mit 1 % *per anno* bezogen auf den Bestand sind wir in Deutschland noch relativ gut."

Diese „Methode des ständigen Vergleichens", also des Herausarbeitens von Gemeinsamkeiten und Unterschieden zwischen den einzelnen Fällen, öffnete den Blick für die jeweilige Einzelfalltypik und für fallübergreifend typische und verallgemeinerbare Merkmale. Dadurch stellte sich im Verlauf der Analyse ein Maß an theoretischer Sättigung ein, das in meinen Augen den Abschluss des Samplings rechtfertigte: Unter Abwägung von einerseits inhaltlichen und andererseits forschungspragmatischen Gesichtspunkten beschloss ich, dass das Datenmaterial ausreiche, um den Qualifikationsanforderungen einer Dissertation Genüge zu tun. Für den Geltungsbereich der Aussagen bedeutet dies, dass ich manche Ergebnisse nur in vorsichtiger Thesenform formuliert habe und darauf verweise, dass für eine Überprüfung weitere Fälle gewonnen werden müssten. Gerade die Befunde zum Verhältnis von Technikkompetenz und paarinterner Arbeitsteilung bedürften weiterer Fallvergleiche, um in ihrem Geltungsbereich besser eingeschätzt werden zu können. Das Sample hat in meinen Augen drei Biasse: 1. einen Nord-Süd-Bias, was die Nutzung von Öfen angeht (ich vermute eine weitere Verbreitung in Süd- als in Norddeutschland, habe aber dazu keine Angaben und habe nur Fälle aus dem süddeutschen Raum vorliegen. 2. einen Heterobias und 3. einen Standesamt-Bias. Mit der Eingrenzung des Samples auf heterosexuelle und (bis auf einen Fall) verheiratete Paare beschränkt sich die Untersuchung auf die statistisch betrachtet größte Gruppe von Eigenheimbesitzenden; im Sinne des theoretischen Sampling hätte der Einbezug anderer paar- oder gruppenförmiger Vergemeinschaftungsweisen weiteren Aufschluss über die Konstruktion von Geschlecht geliefert, worauf hier jedoch zugunsten anderer Samplingkriterien verzichtet wurde.

Die folgenden knappen Interviewsteckbriefe (die Namen sind verändert) geben einen Überblick über die interviewten Haushalte und analyserelevante Kriterien. Dabei wird deutlich, dass ein Fall – verstanden als ein interviewtes Paar – immer ein „Gesamtpaket" mit bestimmten Eigenschaften bildet. Zwei Fälle ähneln sich in Bezug auf das eine Merkmal und unterscheiden sich in Bezug auf das andere. Hieran zeigt sich nochmals die Bedeutung, die dem theoretischen Sampling innerhalb des bereits erhobenen Materials zukommt (s.o.).

Das Ehepaar *Zoller* bewohnt, gemeinsam mit dem jüngsten Sohn und den Eltern von Herrn Zoller, ein altes Bauernhaus auf dem Land, etwa 15 km von einer größeren Stadt in Süddeutschland entfernt. In dem Dorf stehen weitere Bauernhöfe. Die Interviewten sind Anfang bzw. Mitte Fünfzig Jahre alt und arbeiten bei der Post. Sie haben den alten Ölkessel inzwischen ersetzt und heizen das Gebäude mit einer kombinierten Anlage für Öl- und Scheitholzfeuerung. Zur Heizungsunterstützung sind auf dem Dach Solarzellen installiert. Die Familie besitzt ein Stück Wald, und Herr Zoller verarbeitet dort mit seinem Vater Brennholz zur eigenen Nutzung.

Das Ehepaar *Dreher* hat ein Haus mit Baujahr 1920 gekauft und dort die alte Heizanlage durch eine Kombination von Öl- und Scheitholzkessel ersetzt. Hauptsächlich wird mit Stückholz geheizt, das die Interviewten in Eigenarbeit sowie von Herrn Drehers Herkunftsfamilie beziehen. Über die Rauchabgase wird ein Kachelofen im Wohnzimmer beheizt, auf dessen Entwicklung und Gestaltung das Paar im Interview großen Wert legt. Zusätzlich liefern Solarzellen Energie für Heizung und Warmwasser. Dieses Interview ist das einzige, das nicht im Zuhause der Interviewten stattfindet, sondern in den Büroräumen des mittelständischen Handwerksbetriebs, den das Ehepaar gemeinsam leitet. Herr Dreher (49 Jahre, Bauingenieur) ist Geschäftsführer, Frau Dreher (45 Jahre, Stuckateurmeisterin und Betriebswirtin) ist die Assistenz der Geschäftsleitung. Sie haben zwei Kinder im Schulalter.

Das Ehepaar *Volkmann* bewohnt ein saniertes Altbau-Reihenhaus am Stadtrand einer mittelgroßen süddeutschen Industriestadt. Herr Volkmann führt ein Elektrogeschäft, Frau Volkmann arbeitet im Einzelhandel. Beide sind Mitte Vierzig. Neben einer Dämmung der Gebäudehülle und der Installation von Solarthermie haben die Interviewten einen Kachelofeneinsatz mit Wassertaschen eingebaut. Vom lokalen Förster beziehen die Interviewten Festmeter, die Herr Volkmann zu Brennholz verarbeitet, das im Garten gelagert wird. Eine Luftwärmepumpe im Außenbereich des Hauses soll als Notfallversorgung dienen, ist aber zum Interviewzeitpunkt noch nicht in Betrieb genommen.

Beim Interviewtermin mit Herrn und *Frau Fischer* war Herr Fischer kurzzeitig verhindert, so dass das Gespräch mit Frau Fischer alleine geführt wurde und immer wieder unterbrochen wurde, um die beiden Kleinkinder zu versorgen. Die Familie bewohnt ein altes Bauernhaus am Rand eines Dorfes ca. 20 km von einer größeren Stadt in Süddeutschland entfernt. Die Partner sind Anfang und Mitte Vierzig Jahre alt, beide haben ein Ingenieurstudium absolviert und arbeiten in der Qualitätsleitung von Firmen, die Medizinprodukte entwickeln. Das Haus wird mit einem kombinierten Pellets- und Stückholzkessel geheizt.

Herr und Frau *Seibold* sind Anfang und Ende Dreißig und bewohnen eine Eigentumswohnung in einem Neubau, der im Rahmen einer Baugemeinschaft in einer süddeutschen Stadt entstanden ist. Die Auflagen für das Wohnquartier am Stadtrand beinhalteten einen Anteil erneuerbarer Energien für die Wärmeversorgung. Das Gebäude ist energiesparend gebaut und wird mit Geothermie beheizt. Herr Seibold, der selbst beruflich mit Geothermieanlagen zu tun hat, hat die Installation der Anlage im Wohngebäude mitgeplant und ausgeführt.

Das Ehepaar *Sirius* bewohnt eine Eigentumswohnung in demselben Wohnviertel wie Herr und Frau Seibold, in einem Gebäude, das mit einer Pelletzentralheizung ausgestattet ist. Herr Sirius, Mitte Vierzig und beruflich IT-Experte, ist einer der „Heizungsbeauftragten" der Baugemeinschaft. Frau Sirius ist ebenfalls Mitte Vierzig und freiberuflich tätig.

Im selben Gebäude bewohnen *Frau Anker* und *Herr Lannert* eine Wohnung mit ihren zwei jugendlichen Kindern. Beide Partner sind um die 50, Frau Anker ist als Sozialpädagogin tätig, ihr Mann ist ebenfalls Experte für soziale Arbeit. Mit diesem und dem Fall des Paares Sirius liegen zwei Fälle vor, die am Hausbau in derselben Baugemeinschaft beteiligt waren und in den Interviews ihre Perspektive auf die Entscheidungsprozesse darstellen, an denen im Vergleich zum Bau von Einfamilienhäusern mehr Akteure beteiligt sind.

Ebenfalls im Rahmen einer Baugemeinschaft im selben Wohnquartier wie die drei eben genannten Paare haben Herr und Frau *Zehnder*, die zwei Kinder haben, eine Eigentumswohnung gebaut, die mit Geothermie beheizt wird. Die Partner sind Mitte Vierzig, Frau Zehnder ist künstlerisch tätig und Herr Zehnder als Ökonom tätig.

Familie *Eisele* bewohnt einen sanierten Altbau in einem Gründerzeitviertel einer süddeutschen Stadt. Das Haus wurde von der Familie im unsanierten Zustand erworben; zum Interviewzeitpunkt sind die Sanierungsarbeiten im Inneren und an der Fassade noch im Gange. Das Haus wird mit einer Pelletzentralheizung geheizt, zusätzlich stehen in jeder Etage holzbefeuerte Zimmeröfen. Herr Eisele arbeitet als Nachrichtentechniker, Frau Eisele als Kosmetikerin. Beide sind Mitte Vierzig und haben eine jugendliche Tochter.

Frau und Herr *Zölch* leben seit ca. zehn Jahren gemeinsam mit zwei Kindern in einem Passivhaus in einer süddeutschen Stadt, das sie in Zusammenarbeit mit einem Kompetenzzentrum für Passivhausbau errichtet haben. Das Haus benötigt keine Heizung, sondern hat eine Lüftung, die bei Bedarf die Luft erwärmt. Die Energie hierfür stammt aus dem Anschluss ans Fernwärmenetz des Wohnviertels. Beide Partner sind Mitte Vierzig und haben beruflich mit Energie- und Gebäudetechnik zu tun: Frau Zölch als Journalistin und Redakteurin einer Zeitschrift für Energiethemen rund um Bauen und Wohnen, und Herr Zölch als Elektroingenieur.

Zusammenfassend lässt sich festhalten, dass die Fälle der WohneigentümerInnen sich insbesondere nach folgenden Kriterien ähneln und unterscheiden: wohnräumliche Verortung (städtischer/ländlicher Raum), Art des Gebäudes (Altbau/Neubau; Einfamilienhaus/Mehrfamilienhaus), Art der Wärmeversorgung des Gebäudes und der genutzten Energieträger, Alter und berufliche Hintergründe der GesprächspartnerInnen. Der folgende Abschnitt wird die Methoden der Datenanalyse vertieft behandeln, wobei zunächst über die Beschaffenheit der zentralen Datenquelle, der Paarinterviews, reflektiert wird. Dieser Schritt spiegelt ein Stück weit den Analysevorgang wieder, weil die Reflexion über die Beschaffenheit der Daten auch dort immer wieder bedeutsam wurde: Mit was für einer Art von Daten haben wir es hier zu tun, was kann man damit herausfinden, und was nicht?

8.2 Datenanalyse

Im Blick auf die für diese Arbeit wesentliche Datengrundlage der Paarinterviews sind zwei Punkte besonders bedeutsam: zum einen der Umstand, dass Paare und (bis auf einen Fall) nicht Einzelpersonen interviewt wurden, und zum anderen die Frage danach, wie die retrospektiven Erzählungen der Interviews in ihrem Wert für die Rekonstruktion sozialer Prozesse einzuschätzen sind.

Neben dem Inhalt des Gesagten bilden Paarinterviews auch deshalb eine wertvolle Datenquelle, weil die Organisation der Erzählung und die Art der Darstellung eine Leistung ist, die das Paar gemeinsam bewältigen muss. Somit ist das Paarinterview gleichzeitig eine Situation, in der ein Stück Paarwirklichkeit vorexerziert wird. Elemente wie Redezugwechsel, Umgang mit Uneinigkeit, gegenseitige Unterbrechungen oder Redeanteile werden somit auch zu Datenmaterial, das Rückschlüsse über die Paardynamik im Entscheidungsprozess erlaubt (vgl. hierzu auch die Ausführungen von Przyborski und Wohlrab-Sahr 2010: 122ff; s. auch Offenberger 2008).[18] Hierzu ein Beispiel: Frau Zoller (s.o.) wollte zunächst gar nicht am Interview teilnehmen, weil sie annahm, nichts Relevantes zu den Fragen von Heizungskauf und -nutzung beitragen zu können. Sie nahm erst auf nachdrückliche Ermutigung hin teil, und es zeigte sich, dass die Paardynamik und die darin verwobenen Geschlechterkonstruktionen hochrelevant für die Anschaffung und den alltäglichen Umgang der beiden Partner mit der neuen Heizung waren.

Die Paarinterviews schienen mir deshalb eine probate Methode der Datengewinnung, weil Entscheidungsfindung und alltägliche Nutzung von Technologien Prozesse sind, die der sozialwissenschaftlichen Beobachtung nur schwer zugänglich sind: Sie sind in Raum und Zeit und auf verschiedene Akteure verteilt, sie sind teilweise unsichtbar, und wenn sie sichtbar sind, sind sie Bestandteil des Privatlebens von Menschen, was methodische Schwierigkeiten eigener Art mit sich bringt. Man denke nur an den norwegischen Film „Kitchen Stories", der demonstriert, dass teilnehmende Beobachtung in Privathäusern absurde Züge annehmen kann.[19]

Es ist allerdings zu bedenken, dass Interviews ihre Grenzen haben, was die Beobachtbarkeit alltagspraktischer und körperlicher Vollzüge angeht, etwa in der Handhabung von Heiztechnologien. Der Analyse zugänglich sind ‚nur' die eigenen bzw. gemeinsamen, retrospektiven Sinnstiftungen der GesprächspartnerInnen, deren Relevantsetzungen und Wahrnehmungen, wie sie sich in der Interviewsituation ausnehmen. In diesem interaktiven Setting des Interviews, das seine eigene situative, die Interviewerin mit umfassende Dramatik entfaltet (Hermanns 2007; Kvale 2007; Helfferich 2009) werden somit Erinnerungen erzählt und konstruiert. Dies ist bei der Analyse des Materials angemessen zu reflektieren, etwa mit Atkinson und Coffey, die betonen, dass Erinnerungen soziale Handlungen sind:

> [M]emory and experience are social actions in themselves. They are both enacted. Seen from this perspective, memory is not (simply) a matter of individual psychology, and is certainly not only a function of internal mental states. Equally, it is not a private issue. (...) Memory is a cultural phenomenon, and is therefore a collective one. (...) When we conduct an interview, then,

---

18 Hirschauer, Hoffmann und Stange (2015) betrachten das Paarinterview als teilnehmende Beobachtung.
19 Auch Breuer (2010: 35ff) verweist auf diesen Film, um das „Bemühen um Störungs-Vermeidung" bei der Beobachtung von Abläufen in Privathaushalten zu illustrieren.

we are not simply collecting information about nonobservable or unobserved actions, or past events, or private experiences. Interviews generate accounts and narratives that are forms of social action in their own right (Atkinson und Coffey 2001: 810f).

Wie erfolgte die systematische Analyse des Datenmaterials? Die Paarinterviews lagen für die Analyse in vollständig transkribierter Form vor und wurden zunächst offen kodiert, d.h. über weite Strecken Wort für Wort und Zeile für Zeile durchgegangen und befragt (zu den verschiedenen Formen des Kodierens vgl. Strauss und Corbin 1990; Strauss 1998 [1994]).[20] Die folgenden Fragen, die in dieser Phase an das Material gestellt wurden, halfen dabei, das Material aufzubrechen und das Gesagte nicht einfach für „bare Münze" zu nehmen, sondern in seiner Bedingtheit zu hinterfragen: Weshalb ist die Aussage so formuliert? Hätte sie anders lauten können? Was würde sich ändern? Erfolgt eine besondere Wortwahl? Welcher Assoziationsraum wird durch eine Begriffsverwendung eröffnet? Wie stimmen die Partner ihre Aussagen aufeinander ab? Wie organisieren sie die Erzählung? Die Kodierergebnisse wurden in Memos festgehalten, und im Lauf der Zeit entstanden erste Konzepte und analytisch verdichtete Begriffe.

In Bezug auf die Erzählungen über die Anschaffung und Nutzung von Wärmetechnologien besonders ergiebig scheinende Interviews wurden nach einiger Zeit des offenen Kodierens zu Fallanalysen ausgearbeitet: „dichte Beschreibungen" (Geertz 2003) der Merkmale eines Falles, die bereits erste Konzepte und Bezüge zu Literatur enthielten und die Charakteristika eines Falles klar herausarbeiteten. Die einzelnen Fallanalysen gerieten dabei umso dichter, je mehr ich von den jeweils anderen Fällen wusste und verstand – d.h. der kontinuierliche Vergleich der Fälle schärfte den Blick für die Besonderheiten der Einzelfälle. Diese Fallanalysen sowie Memos und Kodes der nicht zu Fallanalysen verarbeiteten Fälle bildeten in der vorliegenden Arbeit die Grundlage für die weiteren Kodierarbeiten des axialen und selektiven Kodierens. Um den Analyseprozess ein Stück weit nachvollziehbar zu machen und um die Komplexität der Situation in einem Fall, also einem Haushalt, aufzuzeigen, wird der folgende Ergebnisteil mit einer Darstellung zweier ausgewählter Fallanalysen beginnen. Eine weitere Fallanalyse findet sich veröffentlicht in Offenberger und Nentwich 2011; 2012.

Beim axialen Kodieren nahm ich einzelne Phänomene in den Blick und analysierte sie in Anlehnung an das Kodierparadigma (Strauss 1998 [1994]: 57), wo dies sinnvoll und möglich erschien. So entwickelte sich ein Netzwerk von Konzepten, in dem Kodes und einzelne Memos miteinander verknüpft wurden. Kategorien, um die herum im offenen Kodieren entwickelte Kodes in einen Zusammenhang gebracht wurden, waren dabei beispielsweise „ökonomisches Kalkül" (wobei man sich hier ein Fragezeichen dazu denken sollte) als ein Bestandteil des Entscheidungsprozes-

---

20 Für die Organisation von Daten und Analysevorgängen bot das Programm *atlas.ti* eine hilfreiche Struktur.

ses. Damit verbundene Kodes waren etwa „der Wunsch nach Unabhängigkeit"; „das Öl und die Angst vor (dem) Fremden"; „erneuerbare Energien als Risikoschutz" und „demonstrativer Konsum". Mit der so eingestellten konzeptuellen Linse erfolgte dann ein genauer Vergleich der Fälle. Ähnlich verfuhr ich mit der Kategorie „Sinnesempfindungen": Alle Kodes, die mit emotionalen Aspekten und Berichten über sinnliche Erfahrungen von Wärme oder Energieträgern verknüpft waren (z.B. „Zufriedenheit mit Spareffekt"; „Heizung als Haustier"; „die andere Wärme des Holzofens"; „Holz als Sympathieträger"; „Ölgestank"), wurden auf ihre Zusammenhänge hin befragt, und die Fälle wurden miteinander verglichen. Eine weitere Kategorie, die sich im Kodierverlauf bildete, lautete „Eigenarbeit". Hierzu in Beziehung setzte ich Kodes wie „Do it Yourself: Holzmachen"; „Eigenarbeit: Entscheidungsgrundlagen schaffen"; „Interaktion mit materialer Substanz"; „Holzmachen: Vergemeinschaftung, Männlichkeit, Identität" oder den unübertroffenen *in-vivo-Code* aus dem Munde von Frau Eisele, die dasjenige Haus bewohnt, das zum Interviewzeitpunkt von aussen noch eine Baustelle ist: „Das wird nachher weltbest, wenn wir fertig sind".

Auf der Grundlage dieser analytischen Verdichtungen des empirischen Materials, in denen weitere Bezüge zu theoretischen Konzepten aus der Literatur hergestellt wurden, ereilte mich eines Tages etwas, das man möglicherweise mit Dewey als „suggestion" und mit Peirce als „abduktiven Blitz" bezeichnen könnte (Strübing 2005; Kelle 2011; Reichertz 2011)[21]: nämlich die Idee, dass es sinnvoll sein könnte, die bisher gewonnenen Ergebnisse zu Entscheidungsfindung und Alltagsarbeit rund um die Herstellung von thermischem Komfort als Bestandteil eines größeren Bündels von Aktivitäten zu betrachten, die als „Entstehung von Zuhause" konzeptionell gefasst werden können. Das Konzept „homemaking" hatten wir bereits in einer Analyse von Genderskripten von Heiztechnologien verwendet und dem Konzept des „facility management" gegenübergestellt (Nentwich und Offenberger 2013). Nun hielt ich den Begriff für angemessen, um ihn zur Schlüsselkategorie der Analyse zu entwickeln und die anderen Ergebnisse dazu in Bezug zu setzen. Diese Bezüge sowie die Querverbindungen der Kategorien entfalten die folgenden Kapitel, in denen die

---

[21] In seiner Auseinandersetzung mit dem induktivistischen Selbstmissverständnis der Grounded Theory erklärt Udo Kelle, gestützt auf Charles S. Peirce, die abduktive Schlussfolgerung als „innovative[n] Prozess, bei dem verschiedene Elemente des Vorwissens modifiziert und neu kombiniert werden – 'it is the idea of putting together what we had never before dreamed of putting together which flashes the new suggestion before our contemplation' (Peirce 1979 [1974]: 5.182)" (Kelle 2011: 249). Auch Jo Reichertz, der ebenfalls in Auseinandersetzung mit dem Werk von Charles S. Peirce nach „Strategien zur Herbeiführung von Abduktionen" fragt (Reichertz 2011: 286ff), betont einerseits die Bedeutung des theoretisch-analytischen Nährbodens, um die Wahrscheinlichkeit eines solchen Blitzschlages zu erhöhen. Andererseits aber betont er die Bedeutung von Muße, der „Befreiung von dem aktuellen Handlungsdruck" und von „Tagträumerei", um in einen geistigen Zustand zu kommen, der die kreative Verbindung vorhandener Analyseelemente ermöglicht (ebd.: 287).

Diskursive Konstruktionen individueller und/oder kollektiver menschlicher Akteure

- VerbraucherInnen als Laien und „irrational" aus Perspektive der Energieeffizienz
- Öl-/Gaslieferanten als unzuverlässig, z.T. feindlich (Zuschreibung: weit weg, globalisierte Versorgungsinfrastrukturen)
- Holz- und Pelletslieferanten als vertrauenswürdig (Zuschreibung: lokal, heimisch, lokale Wirtschaftskreisläufe, Holz: Natürlichkeit)
- Männlichkeit als technikinteressiert und -kompetent
- Weiblichkeit als nicht technikinteressiert

Individuelle menschliche Elemente/Akteure

- Paare und Familien, die ein Haus bauen oder sanieren (EigenheimbesitzerInnen)
- Handwerker
- Energieberater
- Architekten
- Nachbarn und soziales Umfeld (Freunde und Bekannte)
- Herkunftsfamilien

Kollektive menschliche Elemente/Akteure

- Technologieunternehmen (Heizungs- und Ofenbaufirmen)
- Deutsches Institut für Normung (DIN)
- GIH und andere Verbände der Energieberatung
- Architekten- und Handwerkskammern
- Messeveranstalter
- Lobbyvereinigungen für Erneuerbare Energien
- Verbraucherberatung

Die Handlungssituation:

Diskursive Konstruktionen nicht-menschlicher Aktanten

- Erneuerbare Energietechnologien als umweltfreundlich
- Heizung als Föhn
- Anschaffung von Erneuerbaren Energietechnologien als „Investition"
- erneuerbare Energie als sicher, als sympathisch, als lokale Ressourcen und als Beitrag zur Wirtschaftsförderung
- Fossile Energien als unsicher, fremd, unsympathisch
- Ofenwärme als heimelig und gemütlich

Nichtmenschliche Elemente/Aktanten

- Gebäude: Zustand, Eigenheiten, Alter, Lage
- Heiztechnologien
- Energieträger/Brennstoffe und ihre Eigenschaften (z.B. flüssig – fest)
- Messgeräte (z. B. für die Verschattung von Dächern oder für die Luftdichtigkeit von Gebäudehüllen oder für die Heizleistung einer Anlage)
- Standards und Normen im Bereich der Gebäudetechnologie
- Google/Internet
- Holz als vielfältiges Element von Häuslichkeit/Wohnen (Möbel, Instrumente, Böden, Balken, Pflanzen, Garten)

Abb. 3: Handlungssituation „Entstehung von Zuhause"

Entstehung von Zuhause

Hauptthemen/Debatten (meist umstritten)

- Energieeffizienz im Gebäudebereich
- Nachhaltigkeit
- Versorgungssicherheit
- Unabhängigkeit

Verwandte Diskurse (historisch, narrativ und/oder visuell)

- Klimawandel
- „Trautes Heim, Glück allein"
- „My home is my castle"

Politische/wirtschaftliche Elemente

- Nationaler Aktionsplan: Erneuerbare Energien als Wachstumsmarkt und Faktor im europäischen/internationalen Wettbewerb
- Erneuerbare Energien und klimapolitische Ziele

Soziokulturelle/ symbolische Elemente

- Holz und Öfen als Bezug zur Tradition (Inszenierung von Tradition)/Sinnbild/ Demonstration von Traditionsverbundenheit
- Sonne und Wald als Symbole für Natur
- Wohnideale
- Eigenheim als Symbol für Etabliertheit und Kontinuität

Implizierte/stumme Akteure/Aktanten

- Natur
- Umwelt(-Freundlichkeit)
- Zukunft
- Dominanz fossiler Rohstoffe

Räumliche Elemente

- Lage des Wohngebäudes (Siedlung, Stadt/ Land)
- Unterschiedliche Räume innerhalb des Hauses (z.B. Wohnraum vs. Keller)
- Platzierung von Energietechnologie z.B. im Haus oder außerhalb, sichtbar oder unsichtbar
- Region in D: Süd-West-Deutschland (Waldreichtum)

Zeitliche Elemente

- Zuhause sein oder außer Haus sein (z.B. um Holz nachzulegen oder Handwerker hineinzulassen)
- Vollautomatisierung der Heizung vs. manuelle Befeuerung
- Das Haus ist tagsüber warm aber leer
- Raumzeitliches Element: Kaminfeuer als Versammlungsort und -zeit für die Familie

gegenstandsbezogene Theorie entwickelt wird. Die Ergebniskapitel sind auch der Ort, an dem die systematische Rückbindung der Schlüsselkategorie an das empirische Material erfolgt.

Im besten Fall – der dann auch eine Validierung der hier vorgelegten Ergebnisse wäre – ist die so entwickelte Theorie brauchbar, um damit weiterzuarbeiten und bspw. andere Bereiche des Wohnens wie Ernährungsgewohnheiten oder Hygienepraktiken daraufhin zu untersuchen, wie hierdurch Häuslichkeit hergestellt wird, und welche Rolle dabei Intimität, Körperlichkeit oder etwa Tischrituale spielen. Das Verfahren der Theoriebildung kann im Prinzip endlos verlaufen; hier wird das für die Perspektive von Anselm Strauss so typische prozessuale Theorieverständnis deutlich. Das Verständnis von Theorie als Prozess impliziert also, dass es keinen endgültigen Schlusspunkt der Forschung geben kann, sondern nur Setzungen, die für die geleistete Arbeit ein gewisses Maß an theoretischer Sättigung ausmachen. Dies ist dann erreicht, wenn neue Daten keine substanziell neuen Ergebnisse zutage fördern und sich Befunde im Material wiederholen. Allerdings ist auch dies kein hartes Kriterium, denn mithilfe maximaler Kontrastierungen (etwa Fällen von Wohnungslosen und Fragen danach, wie dort Häuslichkeit im Sinne der Markierung von Raum als eigenes Territorium hergestellt wird) lässt sich „theoretischer Hunger" aufrechterhalten. Vorläufig wird aber mit dem Fokus auf die Herstellung thermischen Komforts und der Bedeutung für die Entstehung von „Zuhause" ein Schlusspunkt in der Analyse gesetzt, deren Ergebnisse die folgenden Kapitel darstellen.

Bei der Systematisierung der einzelnen in Memos ausgearbeiteten Befunde und bei der darauf aufbauenden Einteilung der Ergebniskapitel dieses Textes half mir die Erstellung einer Situationsmatrix, wie es Adele Clarke als Alternative zur Bedingungsmatrix von Strauss und Corbin empfiehlt (vgl. Kapitel 3, insbesondere Abb. 2, S. 25). Abbildung 3 zur Handlungssituation „Entstehung von Zuhause" zeigt die Begriffe, mit denen Clarke die Situationsmatrix füllt, und die Konkretisierungen der Elemente von Handlungssituationen, die mein Forschungsfeld Wärmeenergieverbrauch in Haushalten betreffen (vgl. S. 66/67).

An jeden Begriff und dessen Spezifizierung kann man eine Fülle von Fragen stellen, um den Zusammenhang zur Forschungsfrage herauszuarbeiten. In der folgenden Ergebnisdarstellung sind nicht alle Elemente gleich intensiv eingearbeitet, weil ich nicht allen Pfaden dieser Matrix gefolgt bin. Die Übersicht zeigt daher, dass das Untersuchungsfeld noch mehr analytische Geschichten als die bereithält, die im Folgenden erzählt werden. Eine stärkere theoretische Sensibilität für Fragen der „Fabrikation von Erkenntnis" (Knorr Cetina 1984) hätte vermutlich dazu geführt, dass die Frage ins Zentrum rückt, wie mit Hilfe von technischen Geräten etwa zur Verschattungsmessung oder zur Messung von Luftdichtigkeit Wissen über Energie und die energetische Performanz von Gebäuden geschaffen wird. Das Anfertigen von Situationsmatrizen ist daher auch eine gute Übung, um den Forschungsgegenstand breit aufzuspannen und die Möglichkeiten abzubilden, die in seiner Erschließung stecken.

Es wurde bereits erwähnt, dass die Anfertigung von Fallanalysen einen zentralen Schritt in der Analyse des Datenmaterials darstellte. Ein Einblick in diesen Prozessschritt im Verfahren der empirisch begründeten Theoriebildung erlaubt daher den Forschungsverlauf ein Stück weit nachzuvollziehen: Was war die Grundlage für den Fallvergleich? Wie setzt sich ein Fall – hier verstanden als die auf Energietechnologien bezogene Entscheidungs- und alltägliche Nutzungssituation in einem Haushalt – zusammen, welche Eigenlogik liegt ihm zugrunde? Im Rahmen qualitativer Verfahren kommt der Einzelfallanalyse ein unterschiedlicher Stellenwert zu: Manche Verfahren verstehen sich dezidiert als einzelfallanalytisch, andere hingegen bemühen sich stärker, auf dem Wege des Fallvergleichs von spezifischen, einzelfallbezogenen, Aussagen zu fallübergreifenden Verallgemeinerungen zu gelangen und somit die Reichweite von theoretischen Aussagen zu erhöhen. Immer aber hat der Einzelfall in der qualitativen Sozialforschung bereits allgemeinen Charakter:

> Das, was im Einzelfall stattfindet, sofern es für den Soziologen interpretierbar ist, ist immer allgemeiner Natur. Über das, was sozial ‚determiniert' ist und – wie auch immer – entäußert wird, sagt der Einzelfall im Prinzip genauso viel aus, wie ein Kollektiv. Setzt das Kollektiv sich doch, wenn es fassbar werden soll, zusammen aus lauter unterschiedlichen Einzel-‚Fällen' zu einer ‚Struktur', die dann den Einzelnen und sein Handeln wiederum transzendiert (Honer 1991: 325).

Dem Einzelfall soll aus diesem Grund auch in der vorliegenden Arbeit ein besonderer Stellenwert zukommen. Denn ein Ergebnis der Frage nach Entscheidungs- und Nutzungsprozessen von Energietechnologien in Haushalten ist ja, dass die Grundlagen, auf denen Entscheidungen getroffen werden, aus vielen verschiedenen einzelnen Elementen bestehen, deren Zusammenfügung jede Situation in einem Haushalt zu einer individuellen macht. Diese Vielfalt und Komplexität einzufangen ist ein Vorzug gerade der qualitativen Forschung, die sich bemüht, die Perspektive von AkteurInnen zu rekonstruieren. Um also einen Eindruck davon zu vermitteln, wie komplex eine Situation in einem Haushalt ist, werden im Folgenden zwei Fälle ausführlicher dargestellt. Es geht mir in der hier vorgelegten Arbeit nicht um Typenbildung – daher sind die Fälle nicht in idealtypisierender Absicht erarbeitet. Die Wahl gerade dieser beiden Fälle für die folgende Darstellung hat andere Gründe: Familie Zoller wurde zu Beginn der Phase der Paarinterviews interviewt, Familie Zölch am Ende. Die unterschiedlichen Zeitpunkte beeinflussten auch die Interviewsituation: Auch wenn ich mich von Anfang an um eine größtmögliche Offenheit gegenüber den Erzählungen und deren Eigenlogik bemüht habe, so orientierte ich mich in den ersten Interviews doch noch stärker am Leitfaden als später. Darüber hinaus entwickelte sich der Leitfaden im Lauf der Zeit weiter und bezog in den späteren Interviews stärker die Fragen nach der Gesamtsituation des Wohnens bzw. des Baus und der Sanierung des Wohnhauses oder der Wohnung ein. Die Darstellung je einer Fallanalyse eines früh geführten und eines spät geführten Interviews vermag diese Entwicklung im Forschungsprozess widerzuspiegeln.

Ein zweiter Grund für die Auswahl der Fälle von Familie Zoller und Familie Zölch liegt darin, dass in ihnen mit Solarthermie und Passivhausbauweise zwei Energietechnologien im Mittelpunkt stehen, die in den nachfolgenden Ergebniskapiteln nicht ebenso stark fokussiert werden wie die Nutzung von Biomasse. Dies liegt ebenso an der Zusammensetzung des Samples wie an der – für mich überraschenden – Entdeckung während der Analyse, dass die Nutzung von Scheitholz ein auch statistisch betrachtet nicht unerhebliches Phänomen darstellt. Daher suchen die späteren Analysekapitel aus verschiedenen Perspektiven nach Erklärungen für dieses Phänomen. Der Schieflage, dass damit andere Formen erneuerbarer Wärme nur am Rande zur Sprache kommen, soll durch die beiden Fallanalysen entgegengewirkt werden.

Schließlich ist die Gegenüberstellung der beiden folgenden Fälle deshalb reizvoll, weil wir es hier mit ganz unterschiedlichen partnerschaftlichen Arrangements zu tun haben: Herr und Frau Zoller gehören eher einem traditionellen Milieu an – sie wohnen im ländlichen Raum, sind Mitte Fünfzig und erzählen im Interview ihr Arrangement der häuslichen Arbeitsteilung als strikt nach Geschlecht getrennten Bereichen. Dagegen gehören Frau und Herr Zölch dem bildungsbürgerlich-urbanen Milieu an, wohnen in einer Stadt, sind Mitte Vierzig und bringen im Interview ihr Ideal von partnerschaftlicher Arbeitsteilung zum Ausdruck. Somit gibt die Darstellung der beiden Fälle einen kontrastreichen Einblick in das sozialstrukturelle Spektrum des Interviewsamples. Der eine oder andere Aspekt, der in den Fallanalysen auftaucht, wird sich in den daran anschließenden Kapiteln wiederholen. Das liegt in der Natur des Analyseprozesses, bei dem durch Fallvergleiche neue theoretische Konzepte entwickelt werden.

9 Fallanalyse Eins: „dann machen wir das jetzt auch" – Kontroversen um die Solaranlage

Familie Zoller lebt auf einem Hof, den sie von Herrn Zollers Eltern geerbt haben, in einem Dorf ca. 15 km entfernt von einer größeren Industriestadt in Süddeutschland. Herr Zollers Eltern wohnen im selben Haus, der volljährige Sohn des Paares ist inzwischen ausgezogen. Die Familie betreibt einen kombinierten Öl- und Scheitholzkessel und hat außerdem eine Warmwassersolaranlage auf dem Dach. Die Kombination von Öl- und Holzheizung wird vom Paar mit größerer Unabhängigkeit in zwei Richtungen in Verbindung gebracht. Zum einen wird die unsichere Entwicklung von Ölpreisen angeführt (von der Endlichkeit dieser Ressource ist nicht die Rede). Zum anderen aber verbindet das Paar mit der Ölnutzung einen Komfortgewinn, weil sie von der Notwendigkeit körperlicher Eigenarbeit entbindet. Die Familie verfügt über Waldbesitz, und der Mann sowie sein im Haus lebender Vater fertigen dort ihr eigenes Brennholz. Bei der Entscheidung für den Ölkessel werden altersbedingte körperliche Einschränkungen antizipiert, was darauf hinweist, dass die Kaufentscheidung in einen größeren biographischen Kontext eingebettet wird. Die Nutzung von Öl verheißt dabei die Unabhängigkeit von (in diesem Fall: männlicher) Körperkraft und steht für Versorgungssicherheit des Paares im Alter (vgl. P2, Abs. 38–42)[22]:

> Herr Zoller: Und dann haben wir uns entschieden, wir wollten auf jeden Fall Öl, weil, da ist man halt doch unabhängig, sagen wir jetzt mal/ wir haben Holz und Öl genommen, Holz mach ich jetzt noch etwas oder kann noch machen, wer weiß, was in zehn Jahren ist: kann ich das noch körperlich, überhaupt Holz noch machen? Somit können wir den Ölofen noch nutzen, ohne dass man muss in den Wald gehen. Wir haben zwar noch selber etwas Wald, und wir kaufen auch sonst noch Sterholz auf, und mein Vater ist auch noch etwas rüstig, der macht auch noch ein wenig mit, und daher bietet sich es halt jetzt noch an, und wir haben auch noch etliches am Lager an Holz, drum haben wir uns auch für den Holzkessel noch zusätzlich entschieden. Wir hätten jetzt auch können sagen: wir nehmen jetzt nur eine Ölheizung, dann wäre alles vielleicht zwischen zwölf- und 15tausend Euro gekommen. Aber das wollten wir jetzt eigentlich nicht.
> Frau Zoller: Ja, da war auch der Ölpreis (...)
> Herr Zoller: Ja, der Ölpreis war natürlich grad dort auf fast einem Euro der Liter, jetzt ist er ja wieder zwischen 50 und 60, und dann hat man halt gesagt, ja, was machen wir mit dem vielen Holz, das wir noch haben, und/ gut, man hätte es können verkaufen, aber das wollten wir dann selber nutzen, dann haben wir halt einfach den Holzkessel auch noch dazu gekauft.

Herr Zoller kennt in etwa den Ölpreis zum Zeitpunkt der Anschaffung der neuen Anlage sowie zum Zeitpunkt des Interviews (das ungefähr ein Jahr nach dem Kauf

---

[22] In *atlas.ti* werden hermeneutische Einheiten angelegt, in denen alle empirischen Dokumente eingepflegt und dann analysiert werden. Die folgenden Angaben verweisen jeweils auf die Dokumentnummer und den Absatz, dem die Interviewzitate entnommen sind.

stattfindet). Ob Frau Zoller eine Zahl nennen wollte, als sie den Ölpreis erwähnt, bleibt unklar, da ihr Mann sie unterbricht und ihr Argument aufgreift. Jedenfalls deuten beide Äußerungen auf ein gewisses Kostenbewusstsein in Bezug auf die laufenden Energiekosten hin.

Während der Installation des Kombikessels mit Öl- und Holzfeuerung kommt Herr Zoller auf die Idee, zusätzlich eine Solaranlage anzuschaffen. Nachdem er sich „auch schon übers Internet ein wenig schlau gemacht" hat (P2, Abs. 40), trägt er diesen Vorschlag an den Heizungsbauer heran. Während an dieser Stelle im Interview ein direkter Zusammenhang zwischen seinen Recherchen und der Kaufentscheidung suggeriert wird, ändert sich dieses Bild auf genauere Nachfrage, auf die sich die Internetrecherchen als recht unspezifisch erweisen. An der Antwort fällt die unpersönliche Art zu formulieren auf, was den Rückschluss erlaubt, dass die Informationen für den Gesprächspartner doch eher unverbindlichen Charakter haben (Abs. 92):

> Herr Zoller: Gut, man hat sich/ Verbraucherinformation, wie soll ich jetzt sagen/ man hat halt mal eingegeben unter Google äh Heizung, und dann kommt ja jede Menge, dann kann man sich schon mal irgendwo einklicken und schauen, was der eine oder andere da dazu sagt, ja.

Der Effekt der Recherchen besteht in gefühlter Informiertheit und in sicherem Halbwissen. Die Tatsache, dass er sich unabhängig von den Beratungen des Handwerkers selbstständig Informationen verschafft hat, gibt ihm gegenüber dem Handwerker das Gefühl von Souveränität bei der Einschätzung der Beratungsleistungen – und im Umgang mit dem Medium Internet. Seine Bemerkung „hab mich auch schon übers Internet ein wenig schlau gemacht" erweist sich eher als Ausdruck von Faszination über die scheinbar unendlichen Möglichkeiten der Informationsgewinnung durch das *world wide web* denn als Hinweis auf die Entscheidungsrelevanz seiner unsystematischen Recherchen. Was diese angeht, ist sich der Gesprächspartner der nachgeordneten Bedeutung seiner Informationsbeschaffung bewusst; darauf lässt die Unverbindlichkeit seiner Darstellung schließen („Gut, man hat sich...", „man hat halt mal eingegeben", „dann kann man sich schon mal irgendwo einklicken"). Zentral für die Entscheidung scheinen aber vor allem zwei Aspekte gewesen zu sein. Auf den ersten weist seine Frau hin und macht damit explizit, was ihr Mann bereits andeutet, nämlich dass das Internet zwar Verbrauchersouveränität in Bezug auf Informationsbeschaffung versprechen mag, diese jedoch nicht „automatisch" in Entscheidungs- und Handlungskompetenz übergeht (Abs. 93f):

> Frau Zoller: Aber im Endeffekt hast du halt genommen, was der [Name des Handwerkers] dir/
> Herr Zoller: Indirekt hat man dann schon genommen, was der Herr [Name] einem geraten hat, das ist keine Frage.

Als zentral für die Kaufentscheidung erweist sich hier die Tatsache, dass ein Vertrauensverhältnis zum ausführenden örtlichen Handwerker besteht, der die Familie bei allen Fragen zur neuen Heizung berät, und dessen Ratschläge im Interviewverlauf häufig wiedergegeben werden.[23] Da dieser nach Angaben des Interviewpartners „ja schon seit 20 Jahren Sonnenkollektoren bei sich auf dem Dach" habe (Abs. 40), erscheint Herrn Zoller die Installation als sinnvolle Ergänzung der Wärmeenergieversorgung der eigenen vier Wände. Dazu kommt, dass der Interviewte in seiner Umgebung einen Trend zur solaren Energienutzung wahrnimmt. Da will er sich, salopp gesagt, nicht lumpen lassen; die Sonnenkollektoren auf dem Dach werden für ihn zu etwas, das er gern haben möchte – das kommt nicht zuletzt in der Änderung der Formulierung vom unpersönlichen „man" zum affirmativen „wir" zum Ausdruck (Abs. 40):

> Man hat sich auch umgehört, was andere so haben, was sie machen, und/ also Sonnenkollektoren an sich sieht man jetzt auch viel auf den Dächern, hauptsächlich über Wasser. Und dann haben wir gesagt: dann machen wir das jetzt auch (...).

Bei der Schilderung der Anschaffung der Solaranlage entsteht der Eindruck, es gehe beim Kauf eher um ‚die Anderen' und ums Dazugehören als um die Überlegung, ob eine Solaranlage für die konkreten räumlichen Gegebenheiten des Eigenheims überhaupt sinnvoll sei. Denn die Frage nach den individuellen Bedingungen wie Dachausrichtung und -neigung, Verschattung oder durchschnittlicher örtlicher Sonnenscheindauer wird im Interview gar nicht erwähnt. Für die Überlegung zur Anschaffung scheint diese Frage also wenig relevant gewesen zu sein, was wieder auf das (unkritische) Vertrauen auf den Handwerker verweist, von dem man sich die zuverlässige Berücksichtigung der spezifischen Parameter erhofft. Der Kauf wirkt somit eher wie ein Reflex auf einen aktuellen Trend, der in dem Moment ausgelöst wird, als die Heizanlage ohnehin erneuert wird. Bemerkenswert an diesem „Zusatzkauf" sind vor allem die hohen Anschaffungskosten. Offenbar wurde für die Heizkessel bereits so viel Geld in die Hand genommen (oder bei der Bank aufgenommen, das bleibt im Interview ein Rätsel), dass es auf eine fünfstellige Summe mehr oder weniger nicht mehr ankommt.

Möglicherweise ist die Demonstration von Kaufkraft und Reichtum sogar ein erwünschter Nebeneffekt der weithin sichtbaren Installation auf dem Dach, denn anders als bei den neuen Heizkesseln können hier ‚die Anderen' auch sehen, dass man „das jetzt auch" gemacht hat (Abs. 40). Somit verbindet sich mit der Anschaffung der Solaranlage die Hoffnung auf Prestigegewinn, wie es für den von Thorstein Veblen (1994 [1899]) beschriebenen ‚demonstrativen Konsum' charakteristisch ist. Die Zurschaustellung von Reichtum erhält hier zentrale Bedeutung, zumindest nach außen hin, denn haushaltsintern verbindet sich mit der Anschaffung eine deutliche

---

23 Die Kategorie ‚Vertrauen auf Experten' ist auch an anderen Stellen zentral und steht in einem Zusammenhang zur Kategorie der Unabhängigkeit: Dort wo Vertrauen in Akteure, evtl. auch in Infrastrukturen, besteht, werden Abhängigkeitsverhältnisse kaum problematisiert oder nicht einmal wahrgenommen.

Sparsamkeitsorientierung. Diese bezieht sich nicht auf die Höhe der Anschaffungskosten; es wird z.B. nicht die billigste Anlage gewählt, sondern diejenige, die der Handwerker als die beste empfiehlt. Die Sparsamkeit zeigt sich vielmehr daran, dass die laufenden Kosten, etwa für Heizöl, sehr genau im Blick behalten werden und sich mit der neuen Anlage die Hoffnung verbindet, diese laufenden Kosten einzudämmen.

Dass sich das Preisbewusstsein für laufende Kosten so von der hohen Zahlungsbereitschaft für die neue Heizanlage unterscheidet, erklärt sich zum einen mit der oben beschriebenen symbolischen bzw. demonstrativen Funktion, die ein sichtbares Objekt wie die Solaranlage erfüllen kann. Zum anderen ist die Solaranlage anders als das Verbrauchsgut Öl ein Gebrauchsgut, dessen Anschaffung eher als Investition denn als Konsum gilt. Der Duden beschreibt eine Investition als „langfristige Kapitalanlage", und hieran knüpft sich die Vorstellung von dauerhaftem Werterhalt. Somit erscheint eine Investition in ein Gut ökonomisch sinnvoller als der Güterverbrauch. Mit dieser gängigen Vorstellung der Höherwertigkeit von Investitionen gegenüber der Konsumption lässt sich auch die unterschiedlich hohe Zahlungsbereitschaft für die Anlage im Vergleich zu bspw. Öl erklären. Da der Begriff der Investition eine pauschale ökonomische Sinnhaftigkeit suggeriert, scheint er die individuelle Prüfung der Kosten-Nutzen-Relation oftmals überflüssig zu machen. Sie wird entweder nicht für nötig gehalten, weil andere Motive einen höheren Stellenwert für die Anschaffung besitzen (z.B. der Wunsch nach umweltfreundlicher Energieproduktion), oder weil sie ersetzt wird durch das optimistische Gefühl, dass sich eine Anschaffung langfristig schon lohnen werde. Das sozial-ökologische Forschungsprojekt „ENEF Haus" bezeichnet diese Haltung als „gefühlte Wirtschaftlichkeit" und beschreibt damit einen Zusammenhang, der auch in meinen Daten immer wieder auftaucht (Projektverbund ENEF Haus 2010: 11):

> Aus Expertensicht wird Wirtschaftlichkeit in der Regel an der Rendite gemessen, die eine Investition abwirft. Im Falle von energetischen Sanierungsmaßnahmen bedeutet das, dass man die Einsparungen, die sich aus der Maßnahme ergeben, den Ausgaben für die Maßnahme selbst gegenüberstellt. Je größer der Überschuss der Einsparungen zu den Ausgaben ist – also der Kapitalwert der Investition – desto höher ist die Wirtschaftlichkeit. Diese Sichtweise liegt den Förderprogrammen zur energetischen Sanierung zugrunde und sie prägt häufig auch die Beratungspraxis.
> Faktisch sehen das die Betroffenen oft anders. Hier dominiert das Motiv, sich gegen Risiken abzusichern. Allen voran das Preisrisiko – wie entwickeln sich die Energiepreise in der Zukunft? Und das Lieferrisiko – wird man auch in Zukunft noch zuverlässig mit fossilen Energieträgern wie Gas und Öl beliefert?

Da sich die Einschätzung von Wirtschaftlichkeit als eine Rechnung mit vielen Unbekannten darstellt, fassen die AutorInnen der ENEF-Haus Studie die Perspektive von Alltagsmenschen wie folgt zusammen:

> Die Preise für Energie werden auf jeden Fall steigen – da ist es ein Bestandteil der Daseinsvorsorge, sich gegen dieses Risiko abzusichern. Allerdings sollte man nur so viel Geld in die Hand nehmen, dass man die Investition nicht bedauern muss, wenn hinterher die Preise nicht so stark steigen wie befürchtet. Kurzum: Die Richtung muss stimmen. Es muss ein positives Gefühl bei der Bewertung der Wirtschaftlichkeit vorhanden sein (ebd.).

Dieses positive Gefühl setzt sich nicht zuletzt aus Optimismus und Vertrauen zusammen. Und so steckt hinter der hohen Zahlungsbereitschaft für die neue Heizanlage auch eine große Portion Vorschussvertrauen in die neuen Technologien und ihren Nutzen. Dieses Vorschussvertrauen legt vor allem Herr Zoller an den Tag, was etwa an seiner persönlichen Kosten-Nutzen-Bilanz für die neue Solaranlage deutlich wird. Der entscheidende Faktor in dieser Bilanz ist bei Herrn und Frau Zoller die subjektive Bewertung der Sonnenscheindauer. Während sie bei Herrn Zoller positiv ausfällt, kommen bei seiner Frau eine kritischere Distanz zur Technologie sowie größere Skepsis darüber zum Ausdruck, was die „gefühlte Sonnenscheindauer" angeht (Abs. 327–333):

> Herr Zoller: Wenn es warmes Wetter ist, ist es eine feine Sache, wirklich wahr. Und wenn es so sonnige Tage sind wie heute, ja: nichts Besseres, wirklich nichts Besseres. Dann kann man vollauf zufrieden sein. Das Wasser reicht/ wir sind jetzt im Moment fünf Personen im Haushalt, ansonsten sechs, und die Sonne macht uns das Wasser warm was wir brauchen. Weder Öl noch Holz müssen wir dazu machen.
> Frau Zoller: Doch, die letzten Wochen
> Herr Zoller: Klar, jetzt, wo es natürlich so fest bewölkt war, dann reicht es natürlich nicht, dann müssen wir Öl dazu schalten.
> Interviewerin: Eine halbe Stunde
> Herr Zoller: Halbe Stunde circa.
> Frau Zoller: Ja gut, aber da hast du dann länger müssen, wo es/
> Herr Zoller: Gut, auch mal eine Stunde, klar. Kann auch mal passieren, dass man eine Stunde muss, aber ansonsten, ja, sind die Sonnenkollektoren/ würde ich so schon jedem empfehlen.

Zweimal wird hier der Gesprächspartner in seiner Bilanz von seiner Frau korrigiert, worauf er mit Zugeständnissen reagiert. Schließlich beendet er die Bilanzierung, indem er sich in die Position eines Ratgebenden begibt, der eine allgemeine Empfehlung ausspricht. Damit übergeht er die konkreten Einwände und wendet sich stattdessen an Jedermann. Dabei geht er davon aus, dass Jedermann der Solarenergie und ihrem Image als ökologischer Vorzeigebranche grundsätzlich positiv gegenübersteht, denn sonst würde seine rhetorische Strategie nicht aufgehen, vom konkreten Fall (und der Meinungsverschiedenheit mit seiner Frau) abzulenken, indem er allgemeine Empfehlungen ausspricht.

Um die subjektive Bewertung der Sonnenscheindauer entspinnt sich im Interview immer wieder ein paarinterner Konflikt. Bereits zu Beginn des Interviews hatte Frau Zoller – die sich ansonsten wenig äußert – auf meine Frage nach den Erfahrungen mit der neuen Heizanlage ihre Enttäuschung darüber geäußert, dass sich die

Versprechen der Werbung nicht mit den eigenen Erfahrungen decken würden (P2, Abs. 23–25):

> Ah, vom Solar hätte man sich eigentlich mehr versprochen, also jetzt die letzten Tage/ sobald die Sonne knallt, ist es gut, aber wenn es bloß so bedeckt ist, reicht es halt einfach nicht, dann muss man trotzdem noch das Öl einschalten oder sonst mit Holz heizen.
> Interviewerin: Für Warmwasser.
> Frau Zoller: Ja, genau. Also so wie das immer beworben wird überall und so, also da braucht man bloß noch an/ 250 Tage reicht die Sonnenenergie, und dann braucht man bloß noch praktisch für 100 Tage/ also dem können wir nicht ganz zustimmen.

Frau Zoller äußert Erwartungen an die Anlage, die sie nicht erfüllt sieht. Indem sie daraus anders als ihr Mann die Vermutung ableitet, dass sich die Anlage niemals rentieren werde (vgl. Abs. 41), wirft sie die Frage nach der grundsätzlichen Sinnhaftigkeit der Anschaffung auf. Für ihren Mann dagegen scheint die Sinnfrage durch den Aspekt des demonstrativen Konsums und die damit verknüpfte Hoffnung auf Prestigegewinn bereits weitgehend beantwortet zu sein. Außerdem scheinen seine Erwartungen an die energetische Leistung der Anlage weniger hoch zu sein als die seiner Frau. Entsprechend zieht sich die paarinterne Auseinandersetzung um diese Streitfrage wie ein roter Faden durchs Interview; immer wieder lässt sich dieses als mehr oder weniger subtil geführter Kampf lesen, den die Ehepartner um die Deutungshoheit über den Sinn und Unsinn der Solaranlage führen. Dabei steht die Frage im Raum, ob die Anlage im Grunde nicht einfach ein teures Spielzeug sei, das Freude auslöst, sobald es funktioniert, ansonsten aber nicht den gewünschten Effizienzgewinn bringt (z.B. Abs. 317–325):

> Interviewerin: Möchten Sie noch was sagen zu den vielen Themen, die wir jetzt hatten?
> Herr Zoller: Also sagen wir mal so: Im Moment sind wir so zufrieden wie es jetzt läuft. Wenn die Sonnentage noch mehr werden
> Frau Zoller: Wirds besser [LACHEN]
> Herr Zoller: Dann ist es noch besser. Also die Sonnenkollektoren an sich, die hat man jetzt nicht aus Spaß und Tollerei draufgemacht, sondern da sieht man jetzt einfach, wenn wir am Abend duschen, das Wasser hat 55 Grad/ wenn alle geduscht haben, dann hat es vielleicht nachher noch knappe 40 Grad, das Wasser, am Abend. Dann gehen wir ins Bett, am Morgen früh
> Frau Zoller: dass am Morgen wieder Sonne
> Herr Zoller: und das hoffen wir, dass am Morgen früh wieder die Sonne scheint, und wir brauchen/ haben keine Auslagen mehr, damit das Wasser warm wird. Und, also ich muss jetzt echt sagen, das ist, ja, das freut uns dann auch, wenn die Sonne einfach scheint, dann weiß man: jetzt kommt Energie runter wo wir nichts mehr ausgeben müssen, das war eine einmalige Anschaffung
> Frau Zoller: Für das hättest du aber auch viel Heizöl können kaufen [LACHEN]
> Herr Zoller: Klar, für die 10.000 Euro kann man viel Heizöl kaufen, aber/ ja, vom Umwelt her und vom Verträglichen her
> Frau Zoller: Sollte man halt richtig ausrechnen können, wie sich das/ wann sich das mal amortisiert

> Herr Zoller: Ja, das müsstest du richtig/ Aber ja, es wird ja immer propagiert: äh Umweltfreundlich und/ undundund, und mit dem Solar ist man jetzt einfach umweltfreundlich, finde ich jetzt.

Den impliziten Vorwurf, dass die Solaranlage überwiegend Spielzeugcharakter habe und aus „Spaß und Tollerei" angeschafft worden sei, möchte der Gesprächspartner nicht auf sich sitzen lassen. Zum Zwecke der Verteidigung trumpft er deshalb mit dem Argument der Umweltfreundlichkeit und verweist wieder auf das gute Image von Solarenergie. Allerdings scheint er sie hier eher als Argument gegen die Bedenken seiner Frau bezüglich der Wirtschaftlichkeit der Anlage anzubringen denn als positive Motivation zur Anschaffung. Durch seine Formulierung „es wird ja immer propagiert" verweist er auf ein gesellschaftlich anerkanntes und normativ aufgeladenes Deutungsmuster und versucht damit, die von seiner Frau gestellte ökonomische Sinnfrage zu delegitimieren. Dabei trifft er allerdings keine Aussage darüber, welche Bedeutung die Umweltfreundlichkeit für ihn persönlich hat. Die persönliche Einschätzung zeugt eher von Unsicherheit, gepaart mit einer Portion Skepsis darüber, als wie umweltfreundlich die Solaranlage paarintern nun eigentlich gelten kann (P2, Abs. 333–335):

> Herr Zoller: Also auch wenn im Winter die Sonne scheint und draußen hat es einen halben Meter Schnee, wissen wir: obwohl es draußen kalt ist, aber die Sonne scheint, heizt uns das Wasser auf. Da braucht man einfach weniger Holz, weniger Öl, und äh das ist doch irgendwo schon umweltfreundlich, denk ich jetzt einmal. Oder nicht? [LACHEN]
> Frau Zoller: Mhm, wir hoffen es.
> Herr Zoller: Aber wie gesagt, die Herstellung von diesen Sonnenkollektoren und nachher die Entsorgung in 20 Jahren vielleicht, das wird dann wahrscheinlich weniger umweltfreundlich sein. Aber so weit wollen wir jetzt noch nicht denken.

Bemerkenswert finde ich hier die Reflexion über den gesamten Lebenszyklus der Anlage von der Herstellung bis zur Entsorgung, und die damit verbundene kritische Frage nach der Gesamtenergiebilanz der Anlage. Allerdings erlaubt das Schlusswort des Gesprächspartners zu dieser Thematik den Rückschluss, dass die Abwägung der umweltbezogenen Vor- und Nachteile von Solaranlagen für die ursprüngliche Kaufentscheidung nicht von zentraler Bedeutung gewesen ist. Denn das Umweltargument erfüllt in erster Linie seinen Zweck im paarinternen Konflikt um die Deutungshoheit. Die vermutete und erhoffte Umweltfreundlichkeit der solaren Energiegewinnung wird als ein angenehmer, aber nicht extra angestrebter Nebenaspekt der Nutzung in Kauf genommen. Handlungsleitend für die Anschaffung scheinen dagegen, wie oben herausgearbeitet wurde, eher das Vertrauensverhältnis zum lokalen Heizungsbauer sowie der Wunsch, es den Nachbarn gleichzutun und ein weithin sichtbares Zeichen davon zu geben, dass man sich dieser energietechnologischen Innovation nicht verschließen möchte.

Die Frage nach der Umweltfreundlichkeit wird hier überlagert davon, was die Technologie symbolisiert: nämlich Fortschrittlichkeit und Vernunft, hier verstanden als Sparsamkeit, denn „da braucht man einfach weniger Holz, weniger Öl". Die nach außen hin demonstrierte Kaufkraft wendet sich nach innen hin in eine Sparsamkeitsorientierung, die in dem Moment absurde Züge annimmt, als die Möglichkeit erwähnt wird, im Sommer über die Solaranlage nicht nur das Brauchwasser, sondern auch den Heizkreislauf erwärmen zu können (P2, Abs. 30f):

> Herr Zoller: Man hätte auch noch können zwei Quadratmeter mehr Sonnenkollektoren draufmachen, dass es noch mehr macht aber/ ja gut, das ist natürlich alles eine Kostenfrage, im Endeffekt, die Sonnenkollektoren an sich haben schon 10.000 Euro gekostet. Aber wenn es jetzt ein so Wetter wäre wie heute, den ganzen Sommer durch, dann brauchen wir auf jeden Fall nicht mit Holz oder Öl heizen. Weil das Brauchwasser, das reicht Ihnen auf jeden Fall. Wobei wir auch noch heizungsunterstützte Sonnenkollektoren haben, das heißt, wenn jetzt das Brauchwasser voll ist, mit 55 Grad, und die Sonne scheint immer noch, dann geht die Wärme in den Puffer rein. Und da könnten wir im Sommer zum Duschen, Baden, die Heizung noch aufmachen. Aber eben, im Sommer [LACHGERÄUSCH DER FRAU] braucht man das ja eigentlich weniger
> Frau Zoller: [LAUTES LACHEN] Genau.

Das Gefühl, etwas gespart zu haben, triumphiert hier im ersten Augenblick über die Frage nach dem tatsächlichen Bedarf nach der Leistung, die eingespart wurde. Wieder kommt hierin die positive Einstellung von Herrn Zoller zur prinzipiellen Leistungsfähigkeit der Solaranlage zum Ausdruck, die nur lose an die Frage nach dem konkreten Nutzen der Anlage für die Bedürfnisse des Haushalts gekoppelt ist.

Ob der Handwerker des Vertrauens das hier interviewte Ehepaar Zoller bei der Anschaffung der Solaranlage seriös beraten und auch über die Unsicherheiten z.B. der örtlichen Sonnenscheindauer aufgeklärt hat, kann hier nicht rekonstruiert werden. Jedenfalls ist Frau Zoller mit einem statistischen Konstrukt zur durchschnittlichen Sonnenscheindauer in Berührung gekommen, das Erwartungen ausgelöst hat, die zum Zeitpunkt des Interviews schwer enttäuscht sind. Für Herrn Zoller wiegt der Unterschied zwischen Verheißung und Realität der solaren Energiegewinne weniger schwer, weil die Technologie bei ihm einen größeren Vertrauensvorschuss genießt und sie für ihn bedeutsame demonstrative Funktionen erfüllt. Der paarinterne Konflikt um die Kosten-Nutzen-Bilanz zeigt, welche Bedeutung die subjektive Bewertung der Sonnenscheindauer für die mentalen Repräsentationen der Solaranlage besitzt.

In Bezug auf die Häuslichkeitspraktiken des Paares zeigt der Konflikt um die Solaranlage, dass sich die GesprächspartnerInnen bemühen, eine traditionelle Version von Geschlechterbeziehungen darzustellen, in der dem Mann Kompetenz und Entscheidungshoheit für technische Angelegenheiten am Haus zugesprochen wird und die Frau sich dieser Autorität unterordnet. Einer der Indikatoren hierfür ist die Organisation der Erzählung durch das Paar. Die bruchlose Darstellung dieses Arrangements misslingt jedoch und zieht im Interviewverlauf Reparaturversuche beider Partner nach sich. Daran wird deutlich, dass das Leitbild traditioneller Geschlechterbeziehungen für sie Gültigkeit besitzt für die Art und Weise, wie die häusliche

Gemeinschaft imaginiert wird. Die Analysekapitel, die der zweiten Fallanalyse folgen werden, greifen diesen Aspekt nochmals auf und vertiefen ihn im Hinblick auf die Frage nach dem Zusammenhang von Geschlecht und Technik(-Wissen).

10 Fallanalyse Zwei: „Also wir fanden das einfach cool, so ein hochentwickeltes Haus zu haben"

Herr und Frau Zölch wohnen mit ihren zwei Kindern in einer Doppelhaushälfte in einem modernen Wohngebiet einer mittelgroßen Stadt in Süddeutschland. Der Großteil des Hauses (bis auf den Sockel) wurde in Passivhausbauweise gebaut: Durch die Dämmung der Gebäudehülle, den Einsatz besonderer Fenster und die Nutzung von Wärmegewinnen aus dem Gebäudeinneren, etwa Körperwärme der Bewohnenden, reduziert sich der Primärenergiebedarf des Hauses auf ein Minimum. Anzahl und Ausrichtung der Fenster sowie die Durchlässigkeit der Gebäudehülle sind auf minimalen Wärmeverlust angelegt. Entsprechend benötigt das Haus nur eine kleine Heizanlage mit einer Leistung von ca. einem Kilowatt: Bei Bedarf wird die Luft, die über die automatische Belüftungsanlage zirkuliert, erwärmt, und zwar über einen Anschluss ans Fernwärmenetz. Die Familie bewohnt das Haus zum Interviewzeitpunkt seit zehn Jahren. Seit langem, und besonders intensiv seit der Planungs- und Bauphase, setzt sich das Paar mit Themen der Gebäudetechnik und insbesondere der Energieeinsparung am Bau auseinander: Herr Zölch, der von Beruf Elektroingenieur ist und in der Bauphase Erziehungsurlaub hat, arbeitet sich in die bauphysikalischen Grundlagen des Passivhausbaus ein und stellt mithilfe eines Computerprogramms eigene Berechnungen für die Gebäudeplanung an. Mit einem Verwandten, der kurz nach ihnen ein Passivhaus baut und beruflich mit Wärmeenergie am Bau zu tun hat, findet ein reger Austausch über energetisches Bauen statt. Frau Zölch ist gelernte Journalistin und betreibt inzwischen (d.h. nach der Hausbauphase) ein Online-Journal für gebäudebezogene Energiefragen. Beiden GesprächspartnerInnen ist es ein Anliegen, dass Wohnen bzw. Gebäudenutzung sowohl im Eigenheim als auch gesamtgesellschaftlich mit sparsamer und regenerativer Energienutzung verbunden ist. Aus dieser Motivation speisen sich sowohl das thematische Engagement von Frau Zölch als auch der bürgerschaftliche Einsatz von Herrn Zölch, der sich in einer Energiegenossenschaft engagiert.

Auf meine Anfrage hin sind beide Partner gern zum Interview bereit, denn sie sehen darin eine Möglichkeit, ihre ökologisch-gesellschaftspolitischen Überzeugungen zum Ausdruck zu bringen. Dass hiermit eine aufklärerische, bewusstseinsbildende Absicht verbunden ist, wird etwa daran deutlich, wie Frau Zölch auf die Eingangsfrage nach den Assoziationen zum Thema Heizen antwortet (Abs. 4-8):

> Frau Zölch: Verschwendung. Aber das hat mit meinem Job zu tun. Ja. Also bei mir/ ich assoziiere damit, dass halt ziemlich viel Energie aufgewendet wird, um Häuser zu heizen. Und dass das nicht so den Leuten bewusst ist. Also alle denken an Strom, und Stromsparen und Stromverbrauch, und dass sie eigentlich die Hauptenergie dafür benutzen, sehen viele Leute nicht.

Frau Zölch beginnt das Interview, indem sie eine moralische Kategorie einführt: Der Begriff der Verschwendung verweist auf etwas, das unnötig und illegitimerweise verbraucht wird. Sie begründet die Begriffsverwendung mit ihrem Job, also mit beruflicher Expertise und nicht etwa mit der eigenen privaten Praxis. Somit beansprucht sie für ihr Wissen eine höhere Gültigkeit als es für das Alltagswissen von „normalen VerbraucherInnen" in Anspruch genommen werden kann, denn berufliches Wissen wird mit ExpertInnentum, Objektivität und Deutungshoheit (wie der Interpretation einer Praxis als Verschwendung) in Verbindung gebracht. Im Folgenden wirft Frau Zölch eine kritische Perspektive auf weitverbreitete Denkmuster und das Common-Sense-Wissen von häuslichem Energieverbrauch, wodurch sie der „Allgemeinheit" ein „falsches Bewusstsein" attestiert. Durch diese Abgrenzung wird die eingangs markierte Position der Expertin nochmals verstärkt. Auch Herr Zölch trägt mit seiner Antwort zur gemeinsamen Markierung dieser Position bei, indem er meine Frage nach den Assoziationen mit dem Thema Heizen wie folgt beantwortet:

> Herr Zölch: Ein schöner Satz ist, dass Heizen die Beseitigung eines Baumangels ist. Wenn man ein Haus hat, will man es trocken und warm haben, und da das nicht von vornherein funktioniert, muss man heizen. Es ist einfach nichts, was direkt zum Haus dazugehört, sondern es ist einfach ein Zwang, um das, was nicht automatisch passiert, zu beseitigen (Abs. 5).

Was in allen anderen Fällen des Samples als selbstverständlich gilt (Bsp. „Eine Heizung braucht man einfach", P2, Abs. 191), wird hier in seiner Notwendigkeit zunächst grundsätzlich in Frage gestellt, indem der Blick auf das Gebäude an sich gerichtet wird. Die negative Konnotation, die das Heizen bereits durch den zuvor von Frau Zölch verwendeten Begriff der Verschwendung erfährt, wird hier verstärkt, indem Herr Zölch Heizen mit einem Baumangel sowie mit Zwang in Verbindung bringt. Ausgehend davon erweitert sich der Horizont der Problemlösung um die Bausubstanz und um vorhandene Wärmequellen im Hausinneren:

> Herr Zölch: Wir haben erstmal vor zehn Jahren ein Haus gebaut, was sehr wenig Heizung benötigt, ein Passivhaus, also meistens brauchen wir überhaupt nicht dafür sorgen, dass es warm ist, sondern es wird dadurch warm, dass die Leute/ wir da drin wohnen, und dann ähm ist das Haus luftdicht, absolut luftdicht gebaut, dadurch brauchen wir eine kontrollierte Lüftung. Und die Luft wird, wenn nötig erwärmt (Abs. 10).

Die somit auf ein geringes Maß reduzierte erforderliche Heizleistung vergleicht der Gesprächspartner mit einem Haushaltsgerät und führt damit ein anschauliches Beispiel an für den veränderten Stellenwert der Heizung im Passivhaus:

> Herr Zölch: Also wir haben eine Heizleistung von etwas mehr als ein Kilowatt, das ist ein <u>Fön</u>, für 150 qm beheizbare Fläche, das wird mit einem Fön beheizt. (Abs. 21).

Indem er durch den Vergleich mit einem Fön ein eindrückliches Beispiel wählt, das Wort „Fön" zudem betont spricht und gleich zweimal verwendet, unterstreicht Herr Zölch die Besonderheit ihrer Situation. Der Satz erhält durch diese Stilmittel eine rhetorische Qualität, die ihn beinahe als konsumpolitischen Slogan auszeichnet:

„Schaut her, wir beheizen unser Haus mit einem Fön, mehr Energie ist dafür gar nicht nötig!" Auch hier finden sich also Elemente eines demonstrativen Konsums.

Da der Sockel des Gebäudes, in dem eine Gewerbeeinheit untergebracht ist, nicht in Passivbauweise erstellt ist, fällt das gesamte Gebäude unter den Anschlusszwang ans Fernwärmenetz, mit dem der Stadtteil versorgt ist. Somit teilen sich die GesprächspartnerInnen mit den anderen Einheiten des Hauses (neben dem Gewerbe noch ein weiterer Privathaushalt) eine Übergabestation für die Fernwärme. Für Familie Zölch macht dabei der Fixkostenanteil den größten Posten für diesen Teil der Energieversorgung aus, während die Kosten für die tatsächlich in Anspruch genommene Wärmeenergie im Vergleich dazu verschwindend gering sind. Dieses Beispiel zeigt die komplexe Verwobenheit von Wohn- und Gebäudestandards mit Versorgungsinfrastrukturen: In dem Moment, in dem der Energiebedarf eines Gebäudes (hier der Bedarf an Wärmeenergie) drastisch reduziert wird, entsteht eine widersprüchliche Logik zur öffentlichen Daseinsvorsorge, die auf der kollektiven Bereitstellung und Nutzung von Gütern wie Wasser, Strom, Gas oder Wärme aufbaut.

Zwar ist dieses Beispiel nur bedingt geeignet, um die möglichen Dilemmata konsequent weiterzudenken, die z.B. die Veränderung technologischer Standards im Gebäudebereich im Hinblick auf die Nutzung öffentlicher Versorgungsnetze erzeugen können. Denn zum einen macht Fernwärme mit 11 % in den älteren Bundesländern (jedoch 37 % in den neueren Bundesländern und Berlin Ost) ohnehin nur einen recht geringen Anteil der Wärmeversorgung in Deutschland aus (bundesweit 16 %, vgl. Statistisches Bundesamt 2009). Und zum anderen gäbe es gar keinen Anschlusszwang, wenn das Haus vollständig als Passivhaus gebaut wäre. Aber dennoch zeigt diese Situation, dass die energieeffiziente Transformation von Wohn- und Gebäudestandards mit vielerlei Herausforderungen konfrontiert ist: dem Vorhandensein bestehender Infrastrukturen und der Frage nach deren sinnvoller Auslastung oder Transformation, der Frage nach den Einsparmöglichkeiten am Gebäude selbst sowie in den verschiedenen Energieverbrauchsroutinen der Bewohnenden.

Betrachtet man diese Zusammenhänge in einer historischen Perspektive, so fällt auf, dass der Ausbau von staatlich organisierten Versorgungssystemen zu Beginn der Urbanisierung die Entstehung des städtischen Konsumentenhaushaltes überhaupt erst ermöglicht hatte. Diese Entwicklung brachte einerseits eine gewisse Befreiung von Naturzwängen mit sich:

> In der Stadt muss man nicht täglich ums eigene Überleben mit einer unkultivierten Natur kämpfen. Man muss sein Wasser nicht vom Brunnen holen, kein Holz im Wald schlagen, um kochen zu können, und man braucht auch keinen Kartoffelacker zu bearbeiten, um etwas zum Essen zu haben. (…) Die Stadt verspricht ein Leben, das der Hoffnung auf ‚Freiheit jenseits der Notwendigkeit' näher kommt (Häußermann et al. 2004: 68f).

Andererseits führt diese öffentliche Versorgung der städtischen Haushalte dazu, dass die Selbstversorgung mit Wasser, Lebensmitteln, Energie und anderen Gütern sowie die eigenständige Entsorgung von Abwässern und Abfällen nur noch in Ausnahmefällen möglich sind. Somit entstanden neue Abhängigkeiten: von staatlichen und marktwirtschaftlichen Akteuren, von technischen Infrastrukturen, von Preisentwicklungen, von geopolitischen Verhältnissen. Der in Verbindung mit der Nutzung erneuerbarer Energien häufig geäußerte Wunsch nach größerer Unabhängigkeit bzw. Autonomie muss in Zusammenhang mit diesen Einbindungen und Systemzwängen gesehen werden, die nicht nur Abhängigkeiten schaffen, sondern auch per se energieintensiv sind, d.h. dem oder der Einzelnen gar nicht ermöglichen, über die Energieintensität einer Versorgungsdienstleistung zu entscheiden.

Bereits zu einem frühen Zeitpunkt (Abs. 17) erwähnen die GesprächspartnerInnen einen technischen Defekt der Heizanlage, aufgrund dessen die Innentemperatur zum Zeitpunkt des Interviews bei ca. 19 Grad liegt. Frau und Herr Zölch erwähnen diesen Umstand nicht etwa, um sich bei der Interviewerin für die ungemütliche Kälte zu entschuldigen (das Interview findet in einer Kälteperiode Anfang Februar statt) oder um sich gar über Komfortverlust zu beklagen. Vielmehr betonen die beiden, dass trotz des defekten Überdruckventils zur Regulierung der Heißwasserzirkulation die Temperatur nicht niedriger sei als 19,5 Grad. Das heißt, dass sie den Heizungsdefekt als Beleg verwenden für den relativ geringen Wärmeverlust der Gebäudehülle sowie für die Bedeutung des Wärmeeintrags durch die Personen im Haus. Statt also den Defekt zu einer Panne zu stilisieren, wird er zum Beweis für die energetische Qualität des Gebäudes.

Eine andere Strategie eines entdramatisierenden Umgangs wird deutlich, als ich nach dem Standort des Wärmetauschers frage und Herr Zölch nach dem Interview eine Besichtigung der Anlage im Dachgeschoss anbietet. Daraufhin wird er von seiner Frau unterbrochen, die darauf hinweist, dass die Anlage im Moment auch leicht defekt sei (Abs. 54-62):

> Interviewerin: Und wo steht dieser Wärmetauscher?
> Herr Zölch: Der steht im Dach. Also im vierten Stock. Können wir uns nachher mal ankucken, Lüftungsanlage.
> Frau Zölch: Also im Moment auch ein bisschen [LACHT]/ brummt ganz fürchterlich, also da muss auch was gemacht werden.
> Herr Zölch: Die ist auch kaputt. Also die Motoren sind ge/
> Frau Zölch: Auch grad ein bisschen [LACHT], nach zehn Jahren, das ist ein bisschen blöd.

Der Einwurf von Frau Zölch beginnt mit der Erklärungsfloskel „also", den zwei Relativierungen „im Moment" und „auch ein bisschen", gefolgt von einem Lachen und einem Satzabbruch. Im Satz zuvor ging es um einen Defekt am Luftwärmetauscher. Das kann bedeuten, dass Frau Zölch zunächst in etwa sagen wollte, dass die Lüftungsanlage im Dach „auch ein bisschen *defekt*" sei, ebenso wie der Wärmetauscher, doch davor unterbricht sie sich. Durch die Relativierungen und das Lachen soll bei der Zuhörerin bzw. Beobachterin offenbar der Eindruck einer harmlosen und undramatischen Situation entstehen. Nach dem Satzabbruch geht es weiter:

„brummt ganz fürchterlich, also da muss auch was gemacht werden". Wäre nach dem vorigen Satz auch ein Totalausfall der Anlage erwartbar gewesen, kommt hier nun die Nachricht von ihrem Brummen, was ja tatsächlich harmloser ist, als wenn sie gar nicht funktionieren würde. Frau Zölch weist auf die Reparaturbedürftigkeit hin, was gleichzeitig bedeutet, dass dieser Schaden behebbar ist. Möglicherweise unterbricht Frau Zölch ihren Mann mit diesem Einwurf, um im Sinne einer Offensivstrategie späteren Peinlichkeiten vorwegzugreifen, etwa wenn die Interviewerin bemerkt hätte, dass die Anlage aber seltsam laut brumme, und das in unmittelbarer Nähe zum Ehebett der GesprächspartnerInnen.

Nun beginnt Herr Zölch, an ihre Ausführung anzuschließen: „die ist auch kaputt. Also die Motoren sind ge/". Er hebt zu einer genaueren Erklärung des Fehlers an, wodurch er gleichzeitig signalisiert, dass er die Situation versteht und voll im Griff hat, dass also kein (kognitiver) Kontrollverlust über die Maschine besteht. Doch er wird ein weiteres Mal von seiner Frau unterbrochen: „auch grad ein bisschen (lacht) Ausfallerscheinungen, nach zehn Jahren, das ist ein bisschen blöd." Sie wiederholt ihre zweimalige Verharmlosung, indem sie auf die zeitlich („grad") und im Umfang („ein bisschen") beschränkte Qualität des Schadens verweist, diesen mit dem Alter der Anlage in Verbindung bringt („nach zehn Jahren"), und mit einer Bewertung der Konsequenzen abschließt: „das ist ein bisschen blöd". Die Situation ist also nicht weiter dramatisch, alles ist noch im grünen Bereich.

Sollen die verschiedenen Strategien der Normalisierung und Entdramatisierung im Erklärungsverhalten der GesprächspartnerInnen dazu dienen, einer kritischen Bestandsaufnahme den Wind aus den Segeln zu nehmen? Denn wenn das kombinierte Lüftungs- und Heizungssystem an mehreren Stellen gleichzeitig (Überdruckventil, Wärmetauscher und Lüftungsanlage) und wiederholt (zwei Jahre zuvor gab es bereits einmal einen Defekt am Kühler) Ausfallerscheinungen zeigt, könnte eine skeptische Beobachterin ja fragen, ob das mit dem Passivhaus und der dafür nötigen Lüftungs- und Wärmetechnik zwar eine schöne Idee sei, aber in der praktischen Umsetzung Probleme bereite, die den Wohnkomfort im Passivhaus nachhaltig beeinträchtigen (etwa durch unzuverlässige Wärmeversorgung oder störende Geräusche). Reagieren die GesprächspartnerInnen in ihren Ausführungen auf bestimmte Vorurteile von eingeschränktem Wohnkomfort im Passivhaus und bemühen sich deshalb besonders eifrig diese zu entkräften? Ich erhalte jedenfalls den Eindruck, dass die Schilderung der „privaten" Wohnsituation (und den dabei teilweise auftretenden Problemen) zusammenfällt mit der Artikulation der „politischen" Überzeugung, nach der das Passivhaus als ideales Gebäude gilt. Aufgrund dieser Überzeugung wird die Toleranz für Ungereimtheiten größer. Die Fehler der Heizungs- und Lüftungsanlage werden in diesem Fall in Relation gesetzt zu den Energiespar-Zielen, die mit der Anlage und dem gesamten Haus verfolgt werden; vor diesem Hintergrund verlieren die Defekte für die GesprächspartnerInnen an Bedeutung und Gewicht oder werden gar umgedeutet als Demonstration für die energetischen Qualitäten des Gebäudes.

Auf meine Frage, wie es zur Festlegung der Heizleistung von einem Kilowatt kam, antworten beide GesprächspartnerInnen auf unterschiedliche Weise: Herr Zölch verweist auf bauphysikalische Berechnungen, die er in Zusammenarbeit mit Experten für Passivhausbau erstellt hat und bemerkt knapp, dass die Heizleistung „ausgerechnet worden" (Abs. 23) sei. Die Antwort von Frau Zölch dagegen zielt auf die dahinterliegende Motivation ab, die Heizleistung so niedrig wie möglich auszulegen. Sie verweist auf den damaligen Ehrgeiz des Paares, nach dem neuesten Stand der Technik zu bauen:

> Frau Zölch: Für uns war vor zehn Jahren, als wir überlegt haben zu bauen/ war klar, wir wollen das technisch / wie soll man sagen, das Höchstentwickeltste, was diese Geschichte Wärmeverbrauch oder Energieverbrauch angeht, haben. Weil wir damals schon/ ja, ich weiß gar nicht, für uns war das eigentlich klar, dass wir das so machen wollen, weil wir/ wir wollen hier 30 Jahre wohnen, und es wird ne Menge Energie rausgeschleudert, und wir wollten halt etwas bauen, was nachhaltig ist und möglichst wenig von dieser wertvollen Energie verbraucht. Von daher war die Entscheidung erstmal da, ein Passivhaus zu bauen. Dann kommt noch dazu, dass wir beide ein bisschen/ ja, wie soll man sagen/ technikverliebt sind, ja? Also wir fanden das einfach cool. So ein hochentwickeltes Haus zu haben. Und das war die erste Entscheidung. (Abs. 24)

Ihre Ausführung beginnt mit den Worten „für uns", und kurz danach folgt ein Einschub: „als wir überlegt haben zu bauen". Damit betont sie das gemeinsame Interesse an der Sache und den gemeinsamen Entscheidungsprozess. Aus der Retrospektive scheint dieser nicht lange und kontrovers gewesen zu sein, denn es „war klar, wir wollen das technisch (...) Höchstentwickeltste" – sie stellt das als selbstverständlichen Konsens dar, dem keine Gegenargumente (wie z.B. Kosten oder Aufwand oder Unsicherheiten der Nutzung neuer Technologien) entgegenstehen. Auch in den Folgesätzen erscheint dieser Konsens – damals und heute – als selbstverständlich: „damals schon", „für uns war das eigentlich klar". Diese Einigkeit der Partner über die Prämissen für das Wohnen im Eigenheim, dazu die Auseinandersetzung mit Möglichkeiten des energetischen Bauens, der antizipierte Zeithorizont von dreißig Jahren und die bisherigen Erfahrungen mit dem eigenen Bauvorhaben schaffen ein starkes Moment der Paaridentifikation, wie sie im Interview dar- und hergestellt wird. In der Art, wie dieses Paar seine Erzählung von Hausbau und Wohnen gestaltet, stehen dabei weniger die Aspekte von Wohnlichkeit und Behaglichkeit im Vordergrund (wie in anderen Fällen), sondern die Überzeugung, dass das eigene Wohnen als Vorzeigebeispiel für energiepolitische Vernunft am Bau gelten kann.

Diese Überzeugung ist jedoch nicht ausschließlich auf ökologischer Vernunft gegründet. Mit ihrer Aussage: „Also wir fanden das einfach cool, so ein hochentwickeltes Haus zu haben", spricht Frau Zölch ein Lebensgefühl an, das mit dem Besitz eines besonderen Hauses einhergeht. Der Besitz eines „hochentwickelten" Hauses verweist auf die Besitzenden selbst: Sie sind modern, hochentwickelt in ihrem ökologischen Bewusstsein, und sie finden das cool, weil sie davon überzeugt sind, in einem zukunftsfähigen Haus zu wohnen. Dieses Selbstverständnis, schon seit geraumer Zeit einer „Energie-Avantgarde" anzugehören (nicht erst seitdem Fragen der Energieversorgung und des Energiekonsums durch aktuelle Ereignisse an Medienaufmerksamkeit gewonnen haben), ist ein wesentlicher Bestandteil sowohl der Paaridentität als auch der Zufriedenheit der GesprächspartnerInnen mit ihrer Wohnsituation. Die Entstehung von Zuhause ist hier also aufs engste verknüpft mit der Entwicklung einer Paaridentität, der ein gemeinsames gesellschaftspolitisches und auf moderne Umwelttechnologien bezogenes Interesse zugrundelegt, das sich in der Art des Wohnens widerspiegelt.

11 Technologische Ordnungen

Nachdem die beiden vorangegangenen Fallanalysen darauf abzielten, die Eigenlogik des vorliegenden Fallmaterials detailreich zu rekonstruieren, geht es in den folgenden Kapiteln 11, 12 und 13 darum, das Konzept „Entstehung von Zuhause" mit darauf bezogenen Kategorien zu verbinden und dadurch eine bereichsbezogene Theorie zu entwickeln. Im Folgenden werden somit zentrale Aspekte ausbuchstabiert, die sich auf Basis der zuvor eingeführten sensibilisierenden Konzepte (vgl. Kapitel 4, 5 und 6) in der empirischen Analyse entwickelt haben. Mit den Kapitelüberschriften „Technologische Ordnungen", „Wissensordnungen" und „Symbolische Ordnungen" werden die Ergebnisse anhand drei verschiedener Denkachsen strukturiert, wodurch der Gegenstand Wärmekonsum in Haushalten auf spezifische Weise rekonstruiert wird. Die von mir vorgeschlagenen Ordnungsweisen sind angelehnt an Straussens Ausführungen über „Orders: What Is Shaped" (Strauss 1993: 59), in denen er unter anderem von technologischen und von informationalen Ordnungen spricht:

> There is a technological order, easily seen if one thinks of action that requires machinery or equipment or other "hard" technology; but technological order is equally characteristic of any kind of action – there are always at least procedures that constitute significant "soft" technology. Also there is an informational order pertaining to the flow of information among the interactants. This includes type of information, amount, who sends and who receives, and how the information is passed.

Gleichwohl überkreuzen sich die verschiedenen Ordnungsweisen und bedingen gleichzeitig andere Ordnungen, nämlich räumliche, zeitliche, ästhetische und sinnlich-emotionale Ordnungen. Auf diese Wechselwirkungen werde ich im Fazit zu sprechen kommen.

Das folgende Kapitel geht zunächst auf technologiehistorische Entwicklungen und daraus entstehende Standards ein und beleuchtet dann das Zusammenspiel von politisch-ökonomischen Elementen (marktwirtschaftlichen und staatlichen Interessen an Energietechnologien), diskursiven Konstruktionen von Akteuren (VerbraucherInnen) und nichtmenschlichen Elementen (Technologien). Diese Bestandteile der Handlungssituation werden hinsichtlich ihrer Bedeutung für Häuslichkeitspraktiken analysiert, vor allem die historische Gewordenheit von Standards als Bedingungen für die Organisation häuslicher Wärmeversorgung. Das Kapitel zeigt, wie auf diese Standards Bezug genommen wird.

Wenn Konsumpraktiken in Haushalten auf der Grundlage von Einzelfallanalysen untersucht werden, geraten die von Fall zu Fall unterschiedlichen Bedingungen von Wärmekonsum detailreich in den Blick. Dann wird deutlich, dass sich Verbraucherverhalten und Konsumentscheidungen einzelner Haushalte nur dann ganz verstehen lassen, wenn die jeweils spezifischen Bedingungen wie etwa der Gebäudezustand, die verfügbaren Ressourcen (z.B. Beratung, Finanzen) oder die Planungshorizont von WohneigentümerInnen berücksichtigt werden. Es zeigt sich aber auch, dass fallübergreifende strukturelle Bedingungen für Wärmekonsum in Haushalten bestehen, die in allen Fällen des Samples in der einen oder anderen Form relevant werden. Um solche strukturellen Bedingungen wird es im folgenden Kapitel gehen: Zunächst wird in einem knappen technologiegeschichtlichen Abriss auf die Entstehung gegenwärtiger Komfortstandards eingegangen, die den Ausgangspunkt für derzeitige (staatliche) Bemühungen zur Veränderung von Wärmeversorgung und -verbrauch von Gebäuden bilden. Ein weiterer aktueller Befund wird im dritten Teil des Kapitels erörtert, nämlich die häufige Kombination von Zentralheizung mit Einzelraumfeuerstätten.

Wärme und Licht: das sind die zwei wesentlichen Elemente, die die Menschheit in ihre Verfügung brachte, als sie den Umgang mit dem Feuer lernte. Als das Feuer in die menschlichen Behausungen wanderte, brannte es zunächst an offenen Feuerstellen, bis die Gefahren, die von ihm ausgingen, durch Umbauten verschiedener Art eingedämmt wurden. Gleichzeitig differenzierte sich die Nutzung des Feuers aus: Diente es zunächst gleichzeitig der Beleuchtung, der Heizung sowie dem Kochen, sorgen heutzutage ganz unterschiedliche Technologien und Versorgungsinfrastrukturen dafür, dass Wohnstätten mit Wärme, Licht und Kochgelegenheiten versorgt sind. Kamine, Öfen und Herde sind geschichtlich betrachtet die wichtigsten Technologien der häuslichen Feuernutzung. Seit ihrer Entwicklung und Verbreitung in Mittelalter und Neuzeit bestimmen sie bis weit ins 20. Jahrhundert hinein die Art und Weise, wie und wo in Wohnungen geheizt, gekocht und gelebt wird.[24] Die für die vorliegende Arbeit entscheidenden Transformationen hin zu heutigen Wohnverhältnissen in Ländern wie Deutschland oder den USA ereignen sich zu Ende des 19. und im Verlauf des 20. Jahrhunderts. Sie stehen in Verbindung mit Veränderungen, die die amerikanische Technologiehistorikerin Ruth Schwartz Cowan (1976) als „industrielle Revolution im Zuhause" bezeichnet, und die mit den Begriffen Elektrifizierung, Technisierung und der Einbindung von Haushalten in Versorgungsinfrastrukturen charakterisiert werden können.[25]

---

24 Zur Entstehung, Entwicklung und sozialgeschichtlichen Bedeutung von Herden, Kaminen und Öfen in Europa vgl. Braudel (1990: 318–323). Zur technologie- und sozialhistorischen Bedeutung von Öfen in den USA vgl. Rybczynski (1987); Brewer (2000: 130f) sowie Crowley (2001).
25 Das Interesse von Schwartz Cowan gilt dabei der Frage, wie sich durch den technischen und sozialen Wandel die Art sowie der Umfang von Haushaltsarbeit verändert haben. Mit „More Work for Mother" hat Schwartz Cowan 1983 eine der prominentesten Untersuchungen von Öfen und anderen Haushaltstechnologien in der amerikanischen Sozial- und Technologiegeschichte vorgelegt. Darin untermauert sie ihre These von der Ironie und Widersprüchlichkeit von Haushaltstechnik, und sie fragt nach der unterschiedlichen Bedeutung von Technologie für das Leben von Männern und Frauen. Für den Übergang von Herden zu Öfen (der auch dazu führte, dass Kochen und Heizen voneinander getrennt wurden) stellt sie fest: „For women (both housewifes and servants), stoves meant more work rather than less. Unlike hearths, stoves had to be meticulously cleaned and coated because they were subject to rust. A stove also made the job description of a housewife more com-

Die Entwicklungen der verschiedenen Versorgungsinfrastrukturen haben dazu beigetragen, dass die Haushaltsarbeiten des Waschens, Kochens, Kühlens und Heizens entscheidend transformiert wurden. Was die Geschichte des Heizens im 20. Jahrhundert angeht, notiert Wolfgang König (2000: 236) über die Ausstattung von Wohnungen mit Heizungen:

> In den Jahrzehnten vor dem Ersten Weltkrieg besaßen die allermeisten Wohnungen eine Heizmöglichkeit. In den winterkalten Klimaten Deutschlands und der USA ließ es sich in Wohnungen ohne Kamin oder Kohleofen schwerlich aushalten. In den Wohnungen der Ärmeren beschränkte sich die Heizung allerdings auf einen gußeisernen Herd in einem Raum, das heißt meist auf die Wohnküche. Im Winter bot einzig die Küche wohnliche Wärme, die anderen Zimmer bekamen je nach der räumlichen Lage zur Küche oder zum Kamin ein mehr oder weniger großes Quantum Wärme ab. In den Schlafräumen krochen die Bewohner unter Decken oder das Federbett, in den Arbeitsräumen arbeitete man sich warm. Problematisch war ein sitzender Aufenthalt im Winter in unbeheizten Räumen. In der Zwischenkriegszeit schafften die beliebten Heizdecken, Heizkissen und sonstige elektrische Heizgeräte einen gewissen Ausgleich. Mit der Zeit dürfte die Zahl der beheizten Zimmer in der Wohnung zugenommen haben, ohne daß es hierzu genaue Zahlen gibt. Eine flächige Wärmeversorgung fand aber erst mit dem Übergang zur Zentralheizung statt, das heißt in der Zeit nach dem Zweiten Weltkrieg.

Mit dem Wandel von Heiztechnologien einher geht auch ein Wandel der typischen Heizmittel. Stellten Kamine, Öfen und Herde seit dem Mittelalter und bis zu Beginn des 20. Jahrhunderts die wichtigsten häuslichen Feuertechnologien dar, so war das Holz bis zu seiner Ablösung durch die Kohle das wichtigste Heizmittel. Die Kohle wiederum wurde im Verlauf des 20. Jahrhunderts zunächst vom Erdöl, dann vom Erdgas abgelöst, eine Entwicklung, die mit der Ausbreitung der Zentralheizung einhergeht:

> In der Bundesrepublik setzte die Ausrüstung der Wohnungen mit Zentralheizung massiv in den 1960er Jahren ein. Zwischen 1969 und 1970 stieg der Anteil der mit Zentralheizung ausgestatteten Wohnungen von 12 auf 40 %, um bis 1991 79,5 % zu erreichen. Parallel hierzu erfolgte die Ablösung der Kohle, dem seit dem 19. Jahrhundert dominierenden Brennstoff. Mit Heizöl ließ sich die Zentralheizung automatisieren (...). Heizöl versorgte bis 1970 mehr als die Hälfte der Wohnungen, um dann bis 1991 auf 42 % zurückzugehen. Ihre Anteile erhöhten mehr oder weniger kontinuierlich Fernwärme, Elektrowärme und Gas, welches 1991 mit 31 % versorgter Wohnungen hinter Heizöl an zweiter Stelle lag (König 2000: 238).

Das Erdölzeitalter und die nahezu flächendeckende Versorgung der Bevölkerung in Deutschland mit Zentralheizungswärme lassen sich nicht getrennt voneinander

---

plex because a stove made complex meals easier to prepare. (...) Thus the impact of the stove on women was the opposite of what it had been on men. The standard of living of the household went up, but so did the amount of work that women had to do" (Schwartz Cowan 1997: 195, vgl. dies. 1983). Mit dieser Perspektive hinterfragt Schwartz Cowan einen naiven Fortschrittsglauben, der häufig mit technologischer Innovation einhergeht, und sie zeigt die Ambivalenzen von Technologien auf, die mit dem Versprechen der Arbeitserleichterung daherkommen.

denken; massenhaft verfügbare Rohstoffe und die Etablierung von Versorgungsinfrastrukturen (etwa Pipelines, Öltanker und Tanklastwägen) bedingen Technologieentwicklung und -verbreitung. Hierdurch wiederum werden Komfortstandards von Gesellschaften etabliert, etwa die Möglichkeit, vollautomatisierte Heizanlagen zu nutzen und damit von der Notwendigkeit körperlicher Arbeit (etwa dem Tragen von Feuerholz oder Kohle) sowie der Anwesenheit Zuhause (etwa um Holz nachzulegen) freigesetzt zu sein: Solange die Heizanlage nicht ausfällt, lässt es sich ohne Sorge um ein warmes Zuhause leben und wohnen.

Diese technologiegeschichtliche Entwicklung findet ihren Niederschlag in den Interviews mit den WohneigentümerInnen: Die Verfügbarkeit von Zentralheizungswärme ist eine Selbstverständlichkeitserwartung und unhinterfragter Ausgangspunkt in den Erzählungen der GesprächspartnerInnen. Entsprechend formuliert etwa Frau Sirius ihre Erwartungen an die Heizanlage mit erneuerbaren Energieträgern:

> Eine Heizungsanlage muss ausfallsicher sein. Das ist für mich das A und O, weil was nützt mir irgendwie 'ne umweltfreundliche Anlage, wenn sie dann bei minus 20 Grad ausfällt. Also für mich ist einfach eine Betriebsstabilität das Wichtigste (P7, 13).

Im Mittelpunkt steht hier der Wunsch nach Funktionstüchtigkeit sowie Kontrolle und Beherrschbarkeit von Technik, wobei der Kontrollanspruch auf die Interaktion mit den Benutzungsschnittstellen im Wohnraum beschränkt bleibt: „Ich gehe hier an meine Heizung und regle das, und das funktioniert und das war es" (P7, 64). Für die Gesprächspartnerin bedeutet die Herstellung von Wärmekomfort idealerweise die Betätigung der Thermostatventile. Weitere Auseinandersetzungen mit der technischen Infrastruktur werden als außeralltägliche Störfälle empfunden (die von ihrem Mann behoben werden, ggf. unter Zuhilfenahme von Fachpersonal). Das Wohnideal, das hinter diesen Äußerungen zum Vorschein kommt, beinhaltet eine weitgehende Freisetzung von der Erfüllung körperlicher Bedürfnisse (hier: nach ausreichend Wärme) durch die technische Gebäudeausstattung.

Dieser technische Standard und die darin eingeschriebene Nutzung fossiler Energien ist für die folgenden Abschnitte dieses Kapitels in zweierlei Hinsicht von Bedeutung: Erstens erfolgen vor dem Hintergrund dieses technischen Sachstandes die gegenwärtigen staatlichen Bemühungen zur Erhöhung des Anteils erneuerbarer Energien am Wärmeverbrauch von Haushalten, wie im Folgenden ausgeführt wird. Und zweitens bildet der Standard der Zentralheizung einen im historischen Vergleich besonderen Hintergrund für die gegenwärtige Nutzung von Einzelraumöfen, von der im dritten Abschnitt dieses Kapitels die Rede sein wird.

Dem Statistischen Bundesamt zufolge bewohnte im Jahr 2009 die Mehrheit der Haushalte in Deutschland „Häuser, die in den Jahren von 1949 bis 1990 errichtet wurden; im Westen lag dieser Anteil bei 61 %, im Osten bei 49 %" (Statistisches Bundesamt 2009: 26). Nimmt man hier die Wärmeversorgung in den Blick, zeigt sich, dass sich auch seit der Jahrtausendwende an der weitgehenden Dominanz fossiler Energieträger nicht viel geändert hat: Anfang 2008 beheizten 55 % der deutschen Privathaushalte ihre Wohnungen überwiegend mit Gas, und knapp ein Drittel (31 %) verwendete Öl (Statistisches Bundesamt 2009: 28). Der Anteil der erneuerbaren Energien für den Wärmeverbrauch aller Gebäude in Deutschland liegt bei rund 7 %. Davon entfallen 82 % auf feste biogene Brennstoffe wie Holz, Hackschnitzel oder Pellets, dagegen nur 4 % auf Solarthermie und 2 % auf oberflächennahe Geothermie (Schmidt und Jinchang 2010: 77, Abb. 3 und 4).[26]

Staatliche Bemühungen zielen darauf ab, den Anteil erneuerbarer Energien am Wärmemarkt zu erhöhen. Hierfür wurde ein nationaler Aktionsplan für erneuerbare Energie erstellt, dessen zentrale Maßnahmen im Marktanreizprogramm, dem Erneuerbare-Energien-Wärmegesetz, verschiedenen Förderprogrammen der Kreditanstalt für Wiederaufbau (KfW) sowie der Energieeinsparverordnung bestehen (Bundesrepublik Deutschland 2010: 2) und somit ökonomische und ordnungsrechtliche Instrumente der gesellschaftlichen Steuerung umfasst (vgl. Kaufmann-Hayoz, Brohmann et al. 2011: 130ff).[27] Für Neubauten und Neubaugebiete bestehen Auflagen, was Energieträger und -verbrauch der Gebäude angeht, so dass veränderte Formen der Energienutzung sukzessive in die materialen Infrastrukturen des Wohnens eingeschrieben werden. Beispielsweise wohnen die Paare Seibold, Sirius, Anker/Lannert und Zehnder in einem Neubaugebiet, an dessen Wohngebäude Auflagen im Hinblick auf genutzte Energieträger gestellt wurden, etwa was einen Pflichtanteil erneuerbarer Energieträger angeht, wie Herr Lannert berichtet:

> Man muss ja wissen, dass in diesem Viertel hier bestimmte Restriktionen herrschen für einen Neubau, was man überhaupt für eine Heizanlage installieren darf. Und man durfte Gas zum Beispiel nur verwenden in Verbindung mit Solarthermie und ansonsten ist es verboten (P8, 26).

Durch behördliche Auflagen und Vorschriften werden Standards des Wohnens und von Energieverbrauch gesetzt; für Neubauten und für Altbausanierungen gibt es somit Regulierungsmechanismen, mit deren Hilfe der Energieverbrauch von Gebäuden gesenkt wird. Anreize wie etwa günstige Konditionen bei der Kreditaufnahme durch staatliche Geldgeber sollen die Bereitschaft von VerbraucherInnen erhöhen, sich an der Umsetzung energiepolitischer Ziele zu beteiligen.

Neben den umweltpolitisch motivierten Verpflichtungen zur Senkung des CO_2-Ausstoßes hat die staatliche Erwünschtheit der Diffusion von erneuerbaren Energietechnologien auch noch eine wirtschaftspolitische Seite: Politische und marktwirt-

---

26 Die restlichen Anteile entfallen auf biogene Brennstoffe anderer Konsistenz (flüssig, gasförmig, Abfall).
27 Sah der nationale Aktionsplan eine Erhöhung des Anteils erneuerbarer Energien am Endenergieverbrauch für Wärme und Kälte auf 15,5 % vor, so wurde im Erfahrungsbericht zum Erneuerbare-Energien-Wärmegesetz, den die Bundesregierung 2011 vorgelegt hat, die Zielmarke nach unten korrigiert und liegt derzeit bei 14 % (vgl. EnEV-online 2011).

schaftliche Akteure bemühen sich, erneuerbare Energietechnologien als den Beweis für die umwelttechnologische Innovationsfähigkeit des Wirtschaftsstandortes Deutschland in ein positives Licht zu rücken, um den Status von ‚Umwelttechnik' als einer der deutschen Vorzeigebranchen (vgl. Radkau 2008: 430) zu etablieren. Der Umwelttechnologie-Atlas des BMU etwa bezeichnet „umweltfreundliche Energien und Energiespeicherung" sowie „Energieeffizienz" als zwei von sechs Leitmärkten der Umwelttechnik in Deutschland, der insgesamt für die Wohlstandsproduktion und die internationale Wettbewerbsfähigkeit ein wesentlicher Stellenwert eingeräumt wird:

> Umwelttechnologien erwirtschafteten im Jahr 2007 rund 8 % des deutschen Bruttoinlandsprodukts, bis 2020 wird sich dieser Anteil auf 14 % erhöhen. Außerdem schafft Umwelttechnologie Arbeitsplätze in Deutschland. Zugleich ist Deutschland heute und bleibt auch zukünftig ein hochattraktiver Produktionsstandort und Absatzmarkt für Umwelttechnik (BMU 2009: 2f).

Deutsche Privathaushalte, die für solche Technologien einen wesentlichen Absatzmarkt bilden, werden als wichtige Akteure in die Prognosen einbezogen. Dies ist ein Ausdruck davon, dass die Seite des Konsums bzw. der Nutzung von (Haushalts-)Technologien nicht getrennt betrachtet werden kann von der Seite ihrer Produktion und den daran geknüpften politischen und ökonomischen Interessen staatlicher und marktwirtschaftlicher Akteure. Die enge Verzahnung von Produktion und Konsumption über die Versorgungsinfrastrukturen des fossilen Energieregimes erklärt auch die Schwierigkeiten bei der Transformation des Energiesystems.

Wie werden die staatlichen Bemühungen um erneuerbare Wärmeenergie von den Haushalten aufgenommen? Wie kommen die Energietechnologien dort zum Einsatz? Was verbirgt sich hinter den Statistiken, die uns von einem Anteil von 7 % erneuerbarer Energien am Wärmemarkt erzählen, von denen wiederum 82 % auf Biomasse entfallen? Blicken wir weiter in die Statistik, um zu sehen, welche Technologien, welche Brennstoffarten und welche Nutzergruppen dazu beitragen, dass Biomasse den Löwenanteil innerhalb des Segments der erneuerbaren Energieträger im Wärmemarkt bildet: Scheffknecht et al. vom Institut für Feuerungs- und Kraftwerkstechnik der Universität Stuttgart verzeichnen für Deutschland im Jahr 2005 einen Gesamtbestand von rund 34,5 Millionen Feuerungsanlagen, wobei Anlagen für feste Brennstoffe mit knapp 14 Millionen an der Zahl einen der bedeutendsten Anteile daran bilden. Die Anlagen für Festbrennstoffe bestehen überwiegend aus handbeschickten Hausbrandfeuerstätten, die beispielsweise als Stückholzkessel, Kaminöfen, Kachelöfen und Kamineinsätze installiert sind. In diesen handbeschickten Feuerstätten werden derzeit über 90 Prozent der festen Brennstoffe, die im Bereich der Haushalte genutzt werden, verfeuert (Scheffknecht, Schuster et al. 2010: 48f).

Die Fachagentur ‚Nachwachsende Rohstoffe' kommt zu ähnlichen Ergebnissen und konkretisiert diese im Hinblick auf die Art der Holznutzung und auf die typische Nutzungsgruppe:

> Mit mehr als zwei Dritteln Anteil [an den genutzten Holzarten] ist das Scheitholz aus dem Wald der wichtigste Biomassebrennstoff der privaten Haushalte. (...) In dieser Brennstoffverteilung spiegelt sich auch die überwältigend große Zahl an Einzelfeuerstätten wider, die im Gebäudebestand bereits vorhanden ist und derzeit weiter anwächst. Zugleich werden vorhandene Anlagen heute auch stärker als Zusatzheizung eingesetzt, um beispielsweise Heizöl oder Erdgaskosten zu sparen. (...) Scheitholz wird mit fast 80 % Anteil überwiegend durch Eigentümer von Einfamilienhäusern eingesetzt (Fachagentur Nachwachsende Rohstoffe e.V. 2007: 15f).

Noch ein letztes Mal soll die Statistik bemüht werden, um zu verdeutlichen, dass die Gruppe der Nutzerinnen und Nutzer, auf die der folgende Abschnitt fokussiert, nicht gering ist und folglich die Praktiken des Wärmekonsums für Überlegungen zu Nachhaltigkeitstransformationen im Bereich des privaten Wohnens nicht zu vernachlässigen sind: Nach Angaben des Statistischen Bundesamtes (2009: 23; 25) bewohnten im Jahr 2008 43 % der deutschen Haushalte Eigentum, wobei 66 % der Eigentümer in Einfamilienhäusern lebten. Bei 39,1 Millionen Haushalten in Deutschland bedeutet das: Ca. 11,1 Millionen Haushalte bewohnen Einfamilienhäuser als Wohneigentum, ein Viertel aller deutschen Haushalte. Da diese den Löwenanteil am deutschen Scheitholzverbrauch bilden, und da Scheitholz fast ausschließlich für Einzelfeuerstätten verwendet wird, muss ein Großteil der Einzelfeuerstätten in denjenigen Einfamilienhäusern zu finden sein, die von EigentümerInnen bewohnt werden.

Wovon reden wir also, wenn wir auf die 7 % erneuerbare Energien am Wärmemarkt blicken? Setzt sich diese Zahl ganz überwiegend aus den Holzöfen zusammen, die in den Wohnzimmern deutscher Einfamilienhäuser stehen, und die die Zentralheizungsanlage ergänzen? Und wenn ja, was bedeutet dann eine solche Nutzung erneuerbarer Energie in Hinblick auf die Energieeffizienz von Gebäuden? Neben der Nutzung von Zentralheizungen scheint es im Segment der WohneigentümerInnen, und möglicherweise darüber hinaus, einen Wohn- und Komfortstandard zu geben, der mit der Nutzung von Holzöfen verbunden ist. Was dies aus Energieeffizienzperspektive für den Wärmeverbrauch von Haushalten insgesamt bedeutet, lässt sich nicht ohne weiteres beurteilen, da der Gebäudebestand zu heterogen ist und Öfen ja auch immer wieder die Leistung von Zentralheizungen ersetzen oder ergänzen. Aber was dieser Standard in Hinblick auf Neubauten bedeuten kann, bringt ein Energieberater aus dem Bodenseeraum durchaus mit Unmut auf den Punkt:

> Ich mach ja auch Konzepte für Neubauten, das sind sehr gut gedämmte Neubauten, die einen sehr geringen Energieverbrauch haben. 90 % aller Neubauten werden ausgerüstet mit einer völlig umweltschädlichen, völlig übertreuerten, unsinnigen kleinen Holzofenheizung im Wohnzimmer, also da kommt immer noch so dieser Kaminofen/ da knattert dann die Flamme vor sich hin/ da geben die Leute bis/ also locker 6000 Euro aus, mit einem Kamin. Im Keller steht die High-Tech-Wärmepumpe, und oben haben sie dann dieses Monster stehen, heizen sündhaft teures Holz, das sie ja kaufen müssen, mit einem jämmerlichen Wirkungsgrad. Kaum ist der Ofen angeheizt, müssen sie alle Fenster aufmachen, weil es zu warm wird. Also eine Technologie, die absolut nicht zu dem Gebäude passt, und die Leute wirklich zu riesigen Geldausgaben animiert, obwohl es eigentlich völlig/ ja, es ist sinnlos, so eine Investition, in einem

Niedrigenergiehaus. Und da, auch da als Berater, da, da renn ich gegen die Wand, gell (E1, 87).

Erklären lässt sich solches Verhalten wohl weniger mit ausgeprägten Idealen von Energieeffizienz von VerbraucherInnen als mit der Bedeutung, die Objekten wie Öfen für die Herstellung von Häuslichkeit zukommt. Und hierfür wiederum lässt sich ein Trend ausmachen, für dessen Ausbreitung die Wohnindustrie sicher Mitverantwortung trägt, etwa wenn sie in Wohn- und Lifestylezeitschriften die „vor sich hin knatternde Flamme" zum Nonplusultra von häuslicher Gemütlichkeit stilisiert (für die Feststellung bzw. Postulierung eines solchen Wohntrends vgl. Honert 2012, aber auch z.B. die Ausgabe 12/2012 des weitverbreiteten Wohnmagazins „Schöner Wohnen"). Zimmeröfen und Derivate davon – etwa Bildschirme, auf denen eine Flamme zu sehen ist oder Kaminimitate, bei denen kleine Gasflammen brennen – kann man in jedem Baumarkt kaufen. Sie lassen sich als ein weiterer Fall eines energieintensiven Wohntrends beurteilen, so wie es die Verwandlung von Badezimmern in Luxuswasserlandschaften (Quitzau und Røpke 2009) oder die Propagierung ausgeklügelter Beleuchtungskonzepte als Must-haves stilvollen Wohnens sind.

Diese Hinweise sollen mir im Folgenden nicht dazu dienen, die Energieeffizienzperspektive zu übernehmen und dabei Verbraucherverhalten als irrational abzutun. Vielmehr geht es mir in meiner weiteren Analyse darum, nach der Bedeutung und den Gründen für die Nutzung von Öfen zu fragen. Denn mein Analyserahmen – die Entstehung von Zuhause – impliziert bereits, dass Energieeffizienz nur eine von vielen Perspektiven ist, die für VerbraucherInnen relevant werden, wenn sie ihr Zuhause mit Wärmetechnologien ausrüsten. Ich kehre also zum Interviewsample zurück.

Vor dem Hintergrund der oben referierten Zahlen ist es kein Zufall, dass alle Eigentümerhaushalte im vorliegenden Sample, die in Einfamilienhäusern leben, sowohl in Städten als auch auf dem Land, vom Vorhandensein von Holzheizungen berichten, seien dies kombinierte Öl- bzw. Pellet- und Scheitholzkessel (die Fälle Zoller, Dreher und Fischer) oder Einzelraumbrennstätten wie Zimmeröfen (die Fälle Dreher, Volkmann und Eisele).[28] In den anderen Fällen im Sample – Familie Zölch, die im Passivhaus wohnt, und den Haushalten, die Eigentumswohnungen im Rahmen einer Baugemeinschaft erworben haben – finden sich dagegen keine Anlagen, die mit Stückholz betrieben werden. Somit ist zu fragen, ob der Besitz solcher Brennstätten auch als Distinktionsmerkmal von Eigentümern von Ein- oder Zweifamilienhäusern gegenüber Haushalten gelten kann, die in Wohnungen, Mehrfami-

---

28 Die Fachagentur ‚Nachwachsende Rohstoffe' (2007: 76ff) unterscheidet folgende Arten von handbeschickten Holzfeuerungen: *Einzelfeuerstätten* (offener oder geschlossener Kamin, Zimmerofen, Kaminofen, Speicherofen, Küchenherd, Pelletofen), *erweiterte Einzelfeuerstätten* (Zentralheizungsherd, erweiterter Kachelofen und Kamin sowie Pelletofen mit Wasserwärmeübertrager) und *Zentralheizungskessel* (Stückholzkessel).

lienhäusern u. ä. wohnen. Ebenso wäre zu fragen, ob Einzelraumbrennstätten eher in Alt- als in Neubauten Verwendung finden.[29]

Das Besondere an der gegenwärtigen Nutzung von Öfen und Kaminen ist, dass sie unter anderen technischen Vorzeichen erfolgt als die Tradition, aus der die Technologien entstanden sind. Denn heutzutage und hierzulande stellen Herde, Kamine und Öfen fast nirgends mehr die einzige Heizquelle statt, sondern werden – zumindest in meinem Sample – immer in Ergänzung zu oder in Kombination mit Zentralheizungsanlagen eingesetzt. Derart entkleidet vom Nimbus der Notwendigkeit, werden sie entsprechend zum Besonderen stilisiert. Diesem Verhältnis vom Normalen und vom Besonderen in der Nutzung von Wärmetechnologien gehe ich im Folgenden nach. Dazu blicke ich zunächst auf die Art und Weise, wie Energietechnologien vermarktet werden, um daran zu zeigen, dass Bedürfnisse und Wünsche von VerbraucherInnen (etwa nach einem Ofen im Wohnraum) nicht im luftleeren Raum entstehen, sondern durchdrungen sind von Diskursen von Häuslichkeit, von Designpraktiken, von der Bedeutungsgeladenheit von Räumen und von der symbolischen Aufladung von Wärmeenergie.

Im Prozess von Design und Vermarktung von Heiztechnologien, vor allem im Vergleich von Wohnraumbrennstätten und Zentralheizungskesseln, werden jeweils unterschiedliche Produkteigenschaften besonders hervorgehoben.[30] Infolgedessen erscheinen die Technologien als grundsätzlich verschiedene, und zwar auch dann, wenn Öfen oder Kamine durch den Einsatz von Wassertaschen zentralheizungsfähig sind und sich somit in ihrer technischen Funktionalität nicht grundsätzlich von Heizkesseln unterscheiden. Anhand der folgenden Ausschnitte aus Werbebroschüren wird dies veranschaulicht und eine Lesart erzeugt, die Design und Vermarktung von Heiztechnologien mit Geschlechterstereotypen in Verbindung bringt (s. auch Nentwich und Offenberger 2013).

---

29 Hierzu habe ich keine Zahlen gefunden.
30 Technologien, bei denen die Wärme außerhalb des Gebäudes gewonnen wird, wie bei Solaranlagen oder Wärmepumpen verschiedener Art, bleiben in diesem Vergleich unberücksichtigt.

Abb. 4: Feuerstätten für Wohnräume und für Funktionsräume.

Die Abbildungen aus verschiedenen Werbebroschüren für Pelletzentralheizungen (vgl. Windhager Zentralheizungen) zeigen die Brennkammern von zwei pelletbeschickten Heizanlagen.[31] Ihr Design und die für die Darstellung der Objekte gewählten Bildausschnitte rücken verschiedene Produkteigenschaften in den Vordergrund: Im ersten Fall ist das Heizgerät in einem Wohnraum aufgestellt. Im Bildvordergrund befinden sich ein Sofa mit Kissen und Decke, ein Teppich und ein Couchtisch. Neben dem Sofa stehen zwei Kerzenständer mit brennenden Kerzen, und auf dem Tisch sieht man eine gefüllte Teetasse; mit der baldigen Wiederkehr einer Person in das Arrangement ist zu rechnen. Das Heizobjekt steht nahe einer Raumecke auf einer Glasplatte vor einer weißen Wand. Höhe und Breite des Gehäuses entsprechen in etwa Brusthöhe und Schulterbreite eines erwachsenen Menschen. Das Gehäuse des Gerätes ist strahlend weiß, seine Konturen werden durch gerade Kanten und leichte Wölbungen gebildet, keine Griffe oder Scharniere durchbrechen diese klare Linienführung. Dadurch harmonieren Farb- und Formgebung des Gerätes mit den anderen Objekten im Raum, die in gedeckten Farben gehalten sind, und bei denen ebenfalls klare Linien und sanfte Rundungen zusammenspielen. Die Heizanlage

---

[31] Bei der Analyse der Bilder und des Designs waren Studien über Gender-Skripte von Technologien, etwa die Rasierer-Studie von van Oost (2003), ebenso erkenntnisfördernd wie die Arbeiten von Goffman über Geschlecht (Goffman 1977a; 1979).

steht außerdem im Dialog mit den beiden Kerzen, da auch hinter dem Glas der Brennkammer ein Flammenschein zu sehen ist. Die Flamme der Heizanlage formt ein spitz zulaufendes Dreieck, die restliche Brennkammer ist in gold-orangenes Licht getaucht. Dieser Bildausschnitt bildet den Fluchtpunkt der Zentralperspektive, so dass das Auge der Betrachtenden im Blick auf die Brennkammer zum Ruhen kommt. Das Design des Gerätes unterstützt diesen Blick, indem eine Hervorhebung im Gehäuse die Brennkammer einrahmt. Im Mittelpunkt des Bildes stehen also Feuer und Flammenschein, die von einem Objekt ausgehen, das mit dem umgebenden Raum eine atmosphärische Einheit bildet. Proportionen, Form sowie die verwendeten Materialien und Farben der Heiztechnologie sprechen eine Designsprache, die in Kombination mit weiteren Objekten im Bild Assoziationen von Harmonie, Ruhe, Entspannung und Eleganz hervorruft. Betont werden somit emotionale Aspekte von Heizen und Wärmekonsum, und die Technologie *als* Technologie rückt in den Hintergrund der Wahrnehmung.

Im Kontrast dazu steht die Abbildung aus einer Werbebroschüre für einen Zentralheizungskessel, für den als Standort ein Funktionsraum eines Gebäudes vorgesehen ist. Der räumliche Kontext wird jedoch nicht gezeigt – er scheint nicht relevant zu sein; vielmehr soll das Objekt ganz für sich sprechen. Es ist höher und breiter als das Objekt für den Wohnraum, der höhere Teil der Anlage entspricht in etwa der Körpergröße von großgewachsenen Personen. Die Gehäusefarben sind metallicrot und hellgrau, beide Teile der Anlage sind mit Schriftzügen der Herstellerfirma und der Modellbezeichnung versehen. Schwarze Scharniere und Griffe signalisieren, dass das Gerät sich öffnen lässt und ein Innenleben besitzt. Der technische Charakter des Objektes wird außerdem durch ein elektronisches Display unterstrichen, um das herum Knöpfe zur Bedienung der Anlage angeordnet sind. Dass das Gerät der Wärmeerzeugung dient, ist nicht konkret und unmittelbar einsichtig und erfahrbar (wie bei dem Gerät mit dem Sichtfenster für die Flamme, das durch die Kontextinformation ‚Wohnzimmer' eindeutig als Ofen erscheint), sondern nur abstrakt, mittelbar und unter Rückgriff auf Fachwissen (z.B. darüber, dass Windhager ein Heizungshersteller ist und der Modellname „bio-WINexclusive" einen Heizkessel bezeichnet). Bild- und Designsprache verweisen somit einerseits auf die technische Funktionalität des Objektes und andererseits auf technisches Sonderwissen. Heizen und Wärmekonsum werden durch das Design zu einer abstrakten und auf technische Abläufe reduzierten Angelegenheit stilisiert.

Obwohl in den jeweiligen Werbebroschüren auch die je anderen Produkteigenschaften thematisiert werden (im Fall der Brennstätte mit Sichtfenster die technische Funktionalität und Raffiniertheit und im Fall des Kessels die Behaglichkeit und der Heizkomfort, die dadurch möglich werden), sind die unterschiedlichen Darstellungen der beiden Objekte charakteristisch für die jeweiligen Vermarktungsstrategien von solch verschiedenen und doch gleichen Heizanlagen: In der Broschüre für den „bioWINexclusive" dominieren graphische Modelle und Aufrisszeichnungen, mit denen die Details der technischen Funktionen erklärt werden. Behaglichkeitsaspekte werden nicht bildlich vermittelt, sondern nur in den Texten erwähnt. In der Werbebroschüre für den FireWIN-Zimmerofen dominieren großformatige Bilder von geschmackvoll und gediegen eingerichteten Wohnräumen mit Brennstätte sowie von entspannt und zufrieden dreinblickenden Nutzerinnen und Nutzern; erst am Ende der Broschüre liefern Skizzen und Graphiken auf drei Seiten kompakte Informationen zu technischen Abläufen beim Heizvorgang. Die oben analysierten Bilder veranschaulichen damit die dominante Vermarktungsstrategie. Sie besteht im Fall der Öfen darin, Wärme und Heizkomfort als sinnliches Erlebnis darzustellen, und sie im Fall der Kesselanlagen als Angelegenheit des technischen Gebäudemanagements erscheinen zu lassen.

Im Vergleich dieser beiden unterschiedlichen Logiken lassen sich verschiedene Gegensatzpaare entdecken, die in das jeweilige Design von Kesseln und Öfen eingeschrieben werden: emotional-rational, ästhetisch-technisch, konkret-abstrakt, klein-groß und personenbezogen-sachbezogen. Bei diesen binären Oppositionen handelt es sich um ‚klassische' abendländische Dichotomien, die in der Vergangenheit auch dazu gedient haben, Geschlechterstereotype von Männlichkeit und Weiblichkeit zu füllen und in Abgrenzung zueinander zu definieren. Goffman (1981) hat dies in seinen Analysen von Werbebildern gezeigt. Faulkner (2000) hat die Bedeutung dieser Gegensatzpaare für die Vergeschlechtlichung von Ingenieurarbeit herausgearbeitet. Und Bourdieu hat die geschlechtliche Aufladung von binär-hierarchischen Gegensatzpaaren am Beispiel der kabylischen Gesellschaft gezeigt und in „Die männliche Herrschaft" argumentiert, dass es sich dabei um universelle Denkschemata handle (Bourdieu 2005: 18f):

> Die für sich genommen willkürliche Einteilung der Dinge und der Aktivitäten (geschlechtlicher oder anderer) nach dem Gegensatz von männlich und weiblich erlangt ihre objektive und subjektive Notwendigkeit durch ihre Eingliederung in ein System homologer Gegensätze: hoch/tief, oben/unten, vorne/hinten, rechts/links, gerade/krumm (und hinterlistig), trocken/feucht, hart/weich, scharf/fade, hell/dunkel, draußen (öffentlich)/drinnen (privat) usf., die zum Teil Bewegungen des Körpers (nach oben/nach unten, hinaufsteigen/hinabsteigen, nach draußen/nach drinnen, hinaustreten/eintreten) entsprechen. (...) Diese universell angewandten Denkschemata registrieren als Naturunterschiede, die der Objektivität eingezeichnet sind, Unterschiede und Unterscheidungsmerkmale (z.B. in körperlicher Hinsicht), zu deren Existenz sie beitragen, und die sie zugleich „naturalisieren", indem sie sie in ein System scheinbar ebenso natürlicher Unterschiede einordnen.

Ich argumentiere im Folgenden, dass der Befund der Vergeschlechtlichung der Artefakte (vgl. hierzu die Ausführungen über Genderskripte in Kapitel 5), auch wenn er nicht ohne Widersprüche sein mag, auf zweierlei verweist, das im Hinblick auf Geschlechterdifferenzierungen für diese Arbeit aufschlussreich ist, nämlich auf räumliche Ordnung sowie auf die Ordnung von Arbeitsteilung. Die Unterschiede in Design und Vermarktungsstrategie der beiden Objekte deuten auf die unterschiedliche Bedeutung der Räume, in denen die Objekte platziert werden, nämlich den Wohnraum und die Funktionsräume von Gebäuden. In die Räume und in die Artefakte sind unterschiedliche emotionale und ästhetische Regeln eingeschrieben: Wohnraum ist der Raum, der für Behaglichkeit, Privatheit, Emotionalität, familiale Fürsorge, aber auch für Repräsentativität steht; er ist gedacht als der Raum für das „home making". Funktionsräume von Häusern dagegen müssen keinen besonderen ästhetischen Regeln gehorchen, in ihnen findet das technische „facility management" statt. Durch diese unterschiedlichen Bedeutungsaufladungen von Räumen und Objekten erhält auch die Wärmeenergie, die in Öfen und in Zentralheizungen erzeugt wird, unterschiedliche symbolische Qualitäten. Einmal steht sie für „home making" und einmal für „facility management".

Obwohl diese Trennung zwischen ‚Vorderbühne' und ‚Hinterbühne' des Wohnens im Hinblick auf Geschlecht nicht überstrapaziert werden sollte[32], weist sie eine auffällige Parallele auf zu traditionell typischen Mustern familiärer Arbeitsteilung zwischen Ernährer und Hausfrau, bei der der eine die Versorgungs- und die andere die Fürsorgearbeit leistet. In diese beiden komplementär konstruierten Figuren werden im Prozess der für die Moderne charakteristischen Dissoziation von Erwerbs- und Familienleben die oben genannten Gegensatzpaare hineinprojiziert, wodurch Idealvorstellungen von Männlichkeit und von Weiblichkeit als einander entgegengesetzt entstehen und die beiden Geschlechter den jeweiligen Sphären zugeordnet werden (Hausen 1976).

Diese Befunde verdeutlichen, dass der Wunsch von VerbraucherInnen, Öfen im Wohnraum als Ergänzung zu Zentralheizungsanlagen zu nutzen, in Zusammenhang steht mit räumlichen Strukturierungsprinzipien, mit Konventionen von Design und Ästhetik, mit symbolischen Aspekten von Wärme und mit der Anknüpfung an die Menschheitstradition des Feuermachens. Diese Aspekte werden im Zuge der Vermarktung von Energietechnologien aufgegriffen und zu einem Trend gestaltet, bei dem Wärmeenergie nicht als Bestandteil des technischen Gebäudemanagements gefasst wird, sondern in Zusammenhang gebracht wird mit Traditionen des Heizens, mit Emotionalität und Behaglichkeit. Bei der Vermarktung von Zimmeröfen werden Wärme und thermischer Komfort als sinnlich-ästhetische Formen des Erlebens dargestellt, wobei im Vergleich zur Darstellung von Zentralheizungsanlagen eine Differenzierung in der räumlichen Strukturierung von Wohngebäuden zugrunde gelegt wird: Es wird unterschieden zwischen Wohn- und Funktionsräumen von Gebäuden, wobei die Räume und die darin platzierten Artefakte unterschiedliche symbolische Geschlechterkonnotationen erhalten: Wohnraum und entsprechend dort platzierte Öfen werden mit Weiblichkeitsstereotypen verknüpft – Emotionalität, Fürsorge,

---

32 Keller- und Heizräume erfüllen viele Funktionen, etwa auch als Vorrats- und Abstellräume. Ich postuliere hier keine durchgängige symbolische Geschlechtertrennung, sondern rege an, Teile von Wohnräumen und die damit verbundenen Praktiken daraufhin zu befragen, ob es tendenziell eher typisch männlich oder typisch weiblich assoziierte Arbeitsbereiche sind.

Harmonie, Ästhetik –, während Funktionsräume mit Männlichkeitsstereotypen von technischer Rationalität und Funktionalität verknüpft werden.

Dass Einzelraumöfen heute in der Regel eine Zusatzoption beim Heizen sind, unterscheidet ihre Nutzung von früheren Zeiten, in denen sie die einzige Form der Wärmeversorgung darstellten. Dieser Unterschied lässt die gegenwärtige Verwendung solcher Heizungen zu einer „Inszenierung von Tradition" werden: Öfen und selbstgeschlagenes Holz werden zu Versatzstücken der Tradition in der fortgeschrittenen Moderne, hierin liegt ihre symbolische Funktion für die Herstellung von Zuhause. Diese symbolische Bedeutung entsteht vor dem Hintergrund der technologiehistorischen Entwicklung: Zu Beginn des Kapitels hatte ich gezeigt, wie technologische Entwicklungen und Standardisierungen die Erwartungen und die Handlungsmöglichkeiten von NutzerInnen strukturieren. So lässt der Standard der vollautomatisierten Zentralheizung die Verfügbarkeit von Raumwärme zu einer Selbstverständlichkeitserwartung werden. Das Heizen mit Holz und die damit verbundene Arbeit können vor diesem Hintergrund zur „Kür", zur freiwilligen Leistung werden, die nicht im Gegensatz steht zur Modernität des Wohnens.

„Zuhause" ist, das hat dieses Kapitel auch gezeigt, konfiguriert als ein bestimmter Ort: Er entsteht in der Verzahnung von Produktion und Verbrauch von Wärmeenergie, die Haushalten über eine Versorgungsinfrastruktur zur Verfügung steht, die eng an das fossile Energieregime geknüpft ist. Unter diesen spezifischen historischen, strukturellen und technologischen Bedingungen entstehen Orte, die für Menschen das jeweilige Zuhause bilden; welche Bedeutung dem Verbrauch von Wärmeenergie dabei zukommt, und welche Technologien aus KonsumentInnensicht dabei als die geeigneten erscheinen, ist einer interpretativen Flexibilität (Bijker, Hughes et al. 1987) unterworfen und erschließt sich erst, wenn die Eigenlogik des Häuslichkeitskontextes berücksichtigt wird.

12 Wissensordnungen

Im folgenden Kapitel richtet sich das Augenmerk auf Interaktionen von zentralen Akteuren in Verbindung mit Anschaffung und Nutzung von Heiztechnologien, und auf wesentliche Aushandlungsinhalte. Charakteristisch an diesen Interaktionen ist unter anderem, dass in ihnen verhandelt wird, was als „Technikwissen" und was folglich als „Technikkompetenz" gilt. Geschlecht, so zeigt sich, kann dabei zugleich als Ressource der Analogiebildung und der Grenzziehung fungieren und somit die Zuschreibung von Technikkompetenz an die beteiligten Akteure kanalisieren. Die Herstellung von Häuslichkeit stellt sich aus dieser Perspektive als eine Arbeit dar, durch die die Grenzen von innen und außen verhandelt werden: Wie wird mit externer Expertise umgegangen? Wie wird dabei der Status des „Herr und Frau im eigenen Haus sein" konstruiert?

Der Tätigkeit von Energieberatern kommt seit einigen Jahren eine wichtige Vermittlungsfunktion zwischen den staatlichen Auflagen und Zielen sowie den bau- und sanierungsbezogenen Maßnahmen in Haushalten zu. So fördert etwa das Bundesamt für Wirtschaft und Ausfuhrkontrolle (BAFA) eine „Beratung zur sparsamen und rationellen Energieverwendung in Wohngebäuden vor Ort" („Vor-Ort-Beratung"). Sowohl Ingenieurinnen und Architekten mit entsprechenden Aus- bzw. Fortbildungen als auch Absolventen von Handwerkskammerlehrgängen zum/zur geprüften Gebäudeenergieberater/in und andere AbsolventInnen „geeigneter Ausbildungskurse" können solche Energieberatungen anbieten (vgl. BAFA). Es handelt sich also bisher nicht um eine geschützte Berufsbezeichnung; allerdings setzen sich Verbände wie bspw. der GIH Bundesverband (Gebäudeenergieberater Ingenieure Handwerker, vgl. GIH) für die Qualitätssicherung entsprechender Beratung ein.[33]

Was mit der Technisierung von Haushalten und deren Einbindung in städtische Versorgungsinfrastrukturen am Anfang des 20. Jahrhunderts einherging (vgl. Kapitel 6), erfährt in der Ausdifferenzierung der Tätigkeit von EnergieberaterInnen eine Fortsetzung: nämlich die Bedeutung technischer Expertenberufe für Fragen des Bauens, Sanierens und Wohnens. ArchitektInnen, IngenieurInnen, HandwerkerInnen – die verschiedensten Akteure sind in die Planung, den Bau, die Instandhaltung, Wartung und weitere Entwicklung von Gebäuden und deren Bestandteilen involviert. Deshalb müssen Paare, die mit Hausbau oder -sanierung zu tun haben, nicht nur Entscheidungen über bestimmte Technologien (z.B.: Gas oder Pellets? Vgl. den Fall der Familie Eisele) treffen, sondern sie müssen auch entscheiden, wes-

---

[33] Die Professionalisierungsbemühungen im Feld der Energieberatung wären eine eigene (professionssoziologische) Untersuchung wert. So könnte etwa gefragt werden, ob die Bemühungen um Qualitätssicherung entsprechender Beratung mit Auseinandersetzungen zwischen verschiedenen Berufsgruppen einhergehen, etwa derart, dass Ingenieure bzw. Architekten und Handwerker Statuskämpfe darüber austragen, wer besser geeignet sei, kompetente Energieberatung als Zusatzqualifikation zu einer grundständigen Ausbildung anzubieten.

sen Dienstleistungen sie bei Beratung, Verkauf und Installation in Anspruch nehmen, und ob sie Akteuren, die um ihre Gunst werben, z.B. Verkäufern oder Beraterinnen, Vertrauen entgegenbringen.

Wie der Vergleich der Fälle zeigt, sind die Empfehlungen und Ratschläge von ExpertInnen[34] häufig ausschlaggebend für die Entscheidung, welche Heizanlage für das Eigenheim angeschafft oder welche Sanierungsmaßnahme ergriffen wird. Das Beispiel von der Solaranlage im Fall der Familie Zoller soll dies verdeutlichen:

> Herr Zoller: Der Herr (Name des Handwerkers) hat gesagt: das und das sind die besten, Preis-Leistungsverhältnis stimmt auch, hat er gesagt/ und ja, von dem her war uns/ welche Firma die Sachen liefert, das war uns eigentlich mehr oder weniger egal, sage ich jetzt einmal. Im Grunde genommen vertraut man ja dann schon auf seinen Heizungstechniker, wo uns/ wo einem das vorschlägt, oder? Er weiß ja da besser Bescheid, sollte man meinen (P2, 202).

Auch Herr und Frau Zehnder, die in einer Baugemeinschaft neu bauen, betonen die Bedeutung von Vertrauen auf Experten, da sie die Aufgabe, „zum ersten Mal (...) eine neue Heizanlage, eine neue Technologie (...) und tausend andere Sachen" anzuschaffen, als „Entscheidungen unter großer Unsicherheit" erleben (P10, 141). Unter solchen Bedingungen, so Herr Zehnder, „kommt es ganz darauf an, dass man dem, der das machen soll, vertraut" (ebd.).

In mehreren Fällen im Sample wird zum Ausdruck gebracht, dass die GesprächspartnerInnen mit der Arbeit von ExpertInnen nicht zufrieden sind, etwa weil Empfehlungen ausgesprochen werden, die die Vorstellungen der Paare nicht genügend berücksichtigen, oder weil Dienstleistungen erbracht werden, die nicht die gewünschten Ergebnisse erzielen (z.B. dass die Heizanlage störungsfrei läuft). Dass aber solche Situationen dazu führen, dass die GesprächspartnerInnen Zweifel an der Kompetenz von ExpertInnen entwickeln, erfordert seitens der Haushalte wiederum bestimmte ‚Kompetenzen': zu wissen, was von ExpertInnen erwartbar ist, eine Vorstellung davon zu haben, wie man es selbst gern hätte, und Urteilsfähigkeit darüber, ob es dem Experten zuzuschreiben ist, wenn bei der Nutzung neuer Haustechnik nicht alles reibungslos abläuft. Dort wo sich die interviewten Paare solche Kompetenz, berufliches Expertenwissen zu hinterfragen, selbst zuschreiben, berufen sie

---

34 Im Folgenden wird der Begriff des ‚Experten' ohne weitere Differenzierung für die verschiedenen Angehörigen von Bauberufen verwendet, obwohl hier Unterschiede hinsichtlich der Professionalisierungsgrade der Berufe bestehen (z.B. zwischen ArchitektInnen, IngenieurInnen und Handwerksberufen). Diese wirken sich auf die Art und den Umfang der beanspruchten Wissensvorräte sowie der postulierten Problemlösungskompetenzen aus. Da sich in der Interaktion zwischen den Eigenheimbesitzenden und den Angehörigen unterschiedlicher baubezogener Berufe jedoch keine systematischen und im Hinblick auf Häuslichkeitspraktiken wesentlichen Unterschiede zwischen den verschiedenen in Anspruch genommenen ExpertInnen erkennen lassen, ist eine weitere Differenzierung für die vorliegende Untersuchung nicht relevant (vgl. jedoch Hitzler 1994, der zwischen Spezialisten und Experten unterscheidet).

sich auf eigenes Expertenwissen. Hierfür werden Ausbildungsinhalte oder die Berufsarbeit des männlichen Haushaltsmitgliedes relevant gemacht.

So gewinnen etwa Herr und Frau Zölch den Eindruck, dass ihr Architekt, mit dem sie das Passivhaus bauen wollen, „in seinem Wissen begrenzt" sei (P12, 91), so dass sie sich selbst eingehend mit dem Passivhausbau befassen. Dabei stehen sie in engem Austausch mit dem Passivhausinstitut und dem Steinbeis-Transferzentrum, zwei Institutionen, die den Passivhausbau in Deutschland entscheidend vorangetrieben haben. Mithilfe eines Softwarepakets für bauphysikalische Berechnungen, das das Passivhausinstitut zur Verfügung stellt, führt Herr Zölch eigene Berechnungen zur Auslegung von Lüftung und Heizung durch, die dann die Grundlage für die weitere Zusammenarbeit mit Architekt und Bauphysikern werden. Herr Zölch erwähnt seinen beruflichen Hintergrund als Elektroingenieur und betont, dass es ihm Freude gemacht habe, Themen aus dem Studium zu wiederholen, Neues zu lernen und in einer Transferleistung ihre Anwendung vom Elektro- auf den Gebäudebereich zu übertragen.

Ähnliche Dynamiken in der Zusammenarbeit mit ExpertInnen zeigt der Fall des Paares Eisele, in dem Empfehlungen des Heizungsbauers nicht unhinterfragt angenommen werden. Denn es besteht eine eigene klare Vorstellung vom benötigten Heizbedarf und der Frage, wie dieser gedeckt werden kann: Da die Interviewten in naher Zukunft planen, die Fassade des Hauses zu dämmen, möchten sie die Kesselgröße der Pelletanlage bereits an den zukünftig niedrigeren Bedarf anpassen.

> Herr Eisele: Theoretisch hätten wir einen anderen Heizkessel gebraucht mit/ ich meine über 50 kW, 56 oder 58 kW. Und da ging jetzt die Diskussion los: Lohnt sich das so eine große, leistungsfähige Heizung einzubauen, wenn ich weiß, in zwei bis drei Jahren dämme ich mein Haus? Und dann brauche ich nur noch einen Heizwert, der so gut die Hälfte ist. Und das Problem ist dann auch, wenn die Heizung zu, zu stark, sag ich jetzt mal, ausgelegt ist, dann läuft die auch nicht mehr effektiv, dann gibt's viel Verluste. Tja, und dann haben wir lange auch mit dem Heizungsbauer diskutiert (P11, 287).

Den Umstand, dass es in dieser Frage zu Auseinandersetzungen mit dem Heizungsbauer kommt, erklärt Herr Eisele mit fehlender Risikobereitschaft des Handwerkers und deutet dessen Plädoyer für einen größeren Kessel als Absicherungsstrategie:

> Herr Eisele: Der hat bisschen Sorge gehabt, dass er nachher angezielt wird, wenn/ ja, wir rufen ihn dann hinterher an, unser Haus ist kalt, was hast Du uns da eingebaut. Und davor hat er halt ein bisschen Angst gehabt. Und wollte deswegen lieber eine leistungsstärkere Heizung (P11, 307).

Dieser Einschätzung liegen enttäuschte Erwartungen an die Prioritätensetzung des Handwerkers zu Grunde: Herrn Eisele zufolge ist das Verhalten des Handwerkers nicht an der spezifischen Situation der GesprächspartnerInnen ausgerichtet, sondern an der Vermeidung von potenziellen Haftungspflichten des Handwerkers in einem Schadensfall. Diese Einschätzung geht mit einem Vertrauensverlust in professionelle Expertise einher. In einem anderen Zusammenhang äußert sich solch ein Verlust auch in einer skeptischen Distanz zu kodifizierten Standards als materialisiertem Ausdruck von professioneller Expertise: Herr Eisele stellt einen der Temperaturstandards, auf die sich die Auslegung der Heizanlage bezieht, in Frage, indem er ihm für die eigene Bedarfsberechnung die Gültigkeit abspricht:

> Herr Eisele: Das ging ja auch drum: ich glaub, die wäre für ich glaub 15/ minus 15 Grad ausgelegt. (...) Und die 15 Grad, die müssten ja dann auch konstant rund um die Uhr sein, also nachts mal minus 15 ist gar kein Problem. Wenn ich tagsüber nur in Anführungszeichen minus zehn oder minus acht habe, ist das gar nicht schlimm. Ich brauch also konstant unter minus 15 Grad, und das über mehrere Tage. Und erst dann bin ich an der Grenze, wo meine Heizung schlapp macht. Tja, und dann wir auch wieder mit dem Heizungsbauer und dem Architekten ständig diskutiert, das war dann ein ziemlich langer Prozess, und da musste ich auch ziemlich kämpfen (P11, 287–292).

Der Gesprächspartner meint mit dem Wert von 15 Minusgraden die Norm-Außentemperatur als einen Wert, der in die Berechnung des Heizbedarfs von Gebäuden einfließt. Diese erfolgt mithilfe der DIN EN 12831, der europäischen Norm zur Berechnung der Heizlast von Gebäuden. Dort wird festgelegt:

> Die Heizlastberechnung eines Gebäudes, also die Festlegung der maximal notwendigen Wärmeleistung der beheizten Räume unter extremen Witterungsbedingungen, ist die zentrale Rechengröße für die Auslegung nahezu aller Komponenten einer Heizungsanlage (DIN 2005: 5).

Der Berechnung werden unterschiedlichste Parameter zugrunde gelegt, die sowohl Eigenschaften des Gebäudes als auch meteorologische Werte betreffen. Der Interviewte kritisiert nun am Verfahren zur Heizlastberechnung, dass es von „extremen Witterungsbedingungen" ausgehe, was zu Verzerrungen gegenüber dem durchschnittlichen Bedarf führe, wodurch wiederum die Heizanlage nicht optimal ausgelastet werde. Deshalb erkämpft er in der Zusammenarbeit mit dem Heizungsbauer und dem Architekten das Zugeständnis, diese Grundlage für die Berechnung der Kesselgröße zu ignorieren. Stattdessen wird ein Kompromiss gefunden, der für die individuelle Situation (u.a. die antizipierte Fassadendämmung) mehr Flexibilität erlaubt: Auf jeder Etage werden zusätzlich holzbefeuerte Einzelraumöfen aufgestellt, und der Vertreter der Heizungsbaufirma schlägt vor, bei Bedarf die Heizanlage kurzfristig mit Hilfe von Elektroden nachzurüsten, die die Leistung des Pufferspeichers geringfügig erhöhen.

Der Fall zeigt den Prozess auf, in dem Herr Eisele, ausgelöst durch anfängliche Zweifel an der Beratungsqualität des Heizungsbauers, selbst zum Experten für die Frage nach dem nötigen Heizbedarf wird, bzw. wie er sich selbst zu solch einem Experten macht: Er ‚entlarvt' den Standpunkt des Handwerkers als persönliche Absicherungsstrategie, hinterfragt die Grundlagen von Standardisierungen in ihrer Eignung für individuelle Lösungsfindung und entwickelt eine unabhängige Perspektive auf die eigene bauliche Situation und geeignete Maßnahmen zur Deckung des

Wärmebedarfs. Damit schreibt er sich selbst den Status eines Experten für die eigene Sache, nämlich das Finden einer individuellen Lösung für die Deckung des Wärmebedarfs im Eigenheim, zu und begibt sich auf Augenhöhe mit den einbezogenen Angehörigen der Bauberufe.

Charakteristisch an den beiden eben dargestellten Beispielen aus den Familien Eisele und Zölch, ebenso wie bei Herrn Dreher (der Bauingenieur, der den Handwerkern gezielte Anweisungen gibt) und Herrn Volkmann (der Elektrohändler, der seine Außendienstmitarbeiter kommen lässt, um deren Rat für die Anschaffung einer Wärmepumpe einzuholen) ist eine Verschiebung im Verhältnis zwischen Konsumenten und Dienstleistungserbringern, so dass die für die Kooperation in Sachen Haustechnik typische Aufteilung in ‚Laie' und ‚Experte' hier nicht mehr zutreffend ist: Denn die Verbraucher werden selbst zu Kennern ihrer Angelegenheiten (wie im Fall Zölch der Energiebedarfsberechnung für das Passivhaus) und eignen sich berufliches Spezialwissen an. Als wesentliche Quelle der eigenen Kompetenzvermutung gegenüber ExpertInnen, die für die Bau- und Sanierungsvorhaben hinzugezogen werden, erweist sich im Sample, dass in Haushalten berufliche Expertise aus Handwerks- oder Ingenieurberufen sowie eine Einbindung in fachliche Netzwerke vorhanden sind, und dass diese für den Bereich des eigenen Wohnens und insbesondere für die vermutete eigene Entscheidungskompetenz im Bau- und Sanierungsprozess relevant gemacht werden.

Aber nicht nur in solchen Fällen lässt sich die von den Eigenheimbesitzenden eingenommene Haltung als diejenige von Kunden bzw. kritischen Konsumenten beschreiben, die weder das Wissensmonopol von ExpertInnen für die jeweiligen Sonderwissensbestände fraglos akzeptieren noch deren Lösungsvorschläge ungeprüft übernehmen (wobei sich Verbraucher hinsichtlich der Art und Intensität solcher Überprüfungen unterscheiden lassen). Vielmehr werden eigene (Wert-)Vorstellungen an die Art und Weise herangetragen, wie die jeweilige Bau- oder Sanierungsmaßnahme umgesetzt werden sollte. Mit dieser Haltung bringen die GesprächspartnerInnen auch „Zweifel grundsätzlicher oder konkreter Art an der Angemessenheit professioneller Expertise" (Pfadenhauer 2003: 176) zum Ausdruck, so dass sich darin ein Akzeptanzverlust des Expertentums widerspiegelt, bei dem „naiv-habituelle" Akzeptanz einer „elaboriert-reflektierten" Form von Akzeptanz weicht (Lucke 1995; Meuser 2004, zit. n. Pfadenhauer 2003: 176).

Indem GesprächspartnerInnen im Sample eigene berufliche Expertise gezielt aktivieren und Parallelen ziehen zwischen eigenen Wissensbeständen und dem Kompetenzbereich von ExpertInnen für Gebäudetechnik, machen sie sich in der Interaktion selbst zu Fachleuten. Daneben befördern in den vorliegenden Fällen zwei weitere Bedingungen den Prozess des Akzeptanz- bzw. Vertrauensverlustes von BerufsexpertInnen: Indem bau- und sanierungsbezogenes Sonderwissen nicht in den Händen von ExpertInnen monopolisiert ist, sondern prinzipiell zugänglich ist, wird das grundsätzliche Gefälle zwischen Experte und Laie eingeebnet. Entscheidend daran beteiligt ist erstens die massenmediale Verbreitung solcher Wissensbestände, die sich die GesprächspartnerInnen im Sample zunutze machen, etwa Internetrecherchen oder Zeitungs- und Zeitschriftenbeiträge über energiebezogene Fragen des Bauens und Wohnens. Aber auch Institutionen des Verbraucherschutzes tragen durch unabhängige Aufklärungs-, Beratungs- und Informationsarbeit zur Einebnung des Wissensgefälles zwischen ExpertInnen und Laien bei (vgl. z.B. Publikationen über Bauen, Sanieren oder einzelne Gebäudetechnologien, exemplarisch: Verbraucherzentrale Niedersachsen e.V. 2009). Das im Sample auffällige Selbstbewusstsein der Eigenheimbesitzenden im Umgang mit ExpertInnen reflektiert also auch eine historische Entwicklung hin zu einer stärkeren Institutionalisierung von Verbrauchersouveränität.

Zweitens lässt sich im Feld der Bauberufe eine Heterogenität von Berufen beobachten, deren beanspruchte Kompetenz- und Tätigkeitsbereiche sich teilweise überschneiden, was mitunter Konflikte um die bessere Eignung einer jeweiligen Berufsgruppe für Bau- und Sanierungsfragen zur Folge hat.[35] Durch solche Divergenzen der Perspektiven verschiedener ExpertInnen erhöht sich die Wahrscheinlichkeit, dass WohneigentümerInnen je nach beruflichem Hintergrund von ExpertInnen unterschiedliche Empfehlungen erhalten, so dass sie im Vergleich verschiedener Aussagen einerseits eigene ‚Kompetenzbewertungskompetenzen' entwickeln (um die Pfadenhauersche Diktion fortzuführen) und entscheiden müssen, welchem Experten aufgrund welcher dargestellter Kompetenzen oder als gewusst postulierter Wissensbestände am ehesten zu vertrauen sei. Andererseits zeigen die Fälle auch, dass VerbraucherInnen souverän mit dieser Vielfalt umgehen und sie zu ihren Gunsten zu nutzen wissen.

Im vorangegangenen Abschnitt habe ich darauf verwiesen, dass Haushaltsmitglieder berufliche Wissensbestände geltend machen, um das tendenziell hierarchische Verhältnis von Konsumentin und Experte (für Bau- und Sanierungsfragen) auszugleichen, und um in den Interaktionen höhere Verbrauchersouveränität zu entwickeln. Da technische Berufe weiterhin zahlenmäßig von Männern dominiert sind, ist die statistische Chance, dass eigene berufliche Expertise und Einbindung in fachliche Netzwerke von männlichen Haushaltsmitgliedern geltend gemacht werden, bedeutend höher als die Chance, dass Frauen ihre Berufe relevant machen, um mit Experten in Bauberufen auf Augenhöhe zu interagieren.

Allerdings verdeutlichen einige Befunde im Sample, dass die Bezugnahme auf beruflich erworbenes Technikwissen kein selbstläufiger Vorgang ist, sondern viel-

---

[35] Rohracher leitet aus dem Befund der beruflichen Zersplitterung des Baufeldes die Notwendigkeit integrativer Planungsprozeduren ab, um Gebäudeentwicklung und -bau nachhaltiger zu gestalten: „Greening the construction of buildings requires a combination of new technical and social elements such as (...) better mutual adjustment and interaction of developers, architects, planners, building services, construction companies (integrative planning procedures)" (Rohracher 2002: 329). Möglicherweise bietet eine weitere Professionalisierung des Energieberatungswesens die Chance zu einer solchen besseren Integration von Planungsprozeduren im Bauwesen.

mehr eine aktive Herstellungsleistung, die die Akteure im Rahmen der Definition der Situation (vgl. Kap. 3.2) vollziehen. Dabei wird eine beruflich erworbene Technikkompetenz generalisiert und auf andere Bereiche übertragen, indem Analogien zwischen beruflichen Inhalten und technischen Fragen rund um Bau und (Heizungs-)Sanierung gebildet werden. Diese Leistung wird im Sample eher von den männlichen Gesprächspartnern erbracht als von den weiblichen. So machen weder Frau Dreher als gelernte Stuckateurmeisterin noch Frau Fischer als Ingenieurin ihr technisch-handwerkliches Berufswissen geltend, um besondere, über den Laienverstand hinausreichende, Kompetenz für Bau- und Sanierungsangelegenheiten für sich zu beanspruchen oder gar von dieser Warte aus die Interaktionen mit den hinzugezogenen Experten für Bau- und Sanierungsvorhaben als Begegnungen unter ‚Kollegen' zu schildern. Dass dies *nicht* erfolgt, gilt für die beiden GesprächspartnerInnen mit dem Hinweis auf fehlendes Interesse an ‚technischen Details' als ausreichend erklärt und nicht weiter begründungsbedürftig, wie es das Zitat von Frau Fischer verdeutlicht:

> Interviewerin: Mhm. Sie hatten gesagt, sobald es um technische Fragen geht, arbeitet sich dann Ihr Mann mehr in die Details ein
> Frau Fischer: Mhm.
> Interviewerin: Wie kommt es dazu?
> Frau Fischer: Mmh , also weil ich vielleicht weniger Interesse so/ da hab ich ja gar kein Interesse, dass ich mich da mit diesen Details da auseinandersetze.
> Interviewerin: Ok. Und bei ihm? Ist das?
> Frau Fischer: Es ist mehr ausgeprägt, dass er da mehr technisch halt/ ja
> Interviewerin: Ist es auch beruflich bedingt, oder?
> Frau Fischer: Äh, was soll ich sagen? Wir haben beide eine technische Ausbildung (LEICHTES LACHEN). Ja, also/ könnte ich nicht sagen, nein. Also beruflich ist es jetzt nicht, also wir sind beide/ also vom Technischen her, er ist zwar mehr / also Maschinenbau, und ich bin mehr von der Chemie, also aus der Chemie, aber es sind beides technische Bereiche (LACHEN), ja.
> Interviewerin: Ähm, wie erklären Sie sich das dann, dass Ihr Mann da mehr Interesse hat?
> Frau Fischer: Ich sag ja, weil das interessiert mich nicht, also wenn der Fachmann dazu geht und er sagt mir halt: das und das ist so und so, dann glaub ich halt (P5, 130ff).[36]

Sowohl bei Fischers als auch bei Drehers wird das Technikinteresse der Ehemänner paarintern als höher beurteilt, mit der Folge, dass dasjenige der Frauen für den Entscheidungs- und Nutzungsprozess als weniger bis gar nicht relevant angesehen wird. ‚Begünstigt' wird diese Dynamik in beiden Fällen dadurch, dass Herr Fischer und Herr Dreher ebenfalls technische Berufe ausüben: Herr Fischer arbeitet als Maschinenbauingenieur, und Herr Dreher als Bauingenieur und Gebäudeenergieberater. Eine Paarkonstellation, in der nur die Frau einen technischen oder handwerklichen Beruf hat, ist im Sample ebenso wenig vorhanden wie ein Fall, in dem sich

---

36 Leider war Herr Fischer zum Interviewtermin kurzfristig verhindert, so dass für diesen Fall nur das Einzelinterview vorliegt.

ausschließlich die weibliche Gesprächspartnerin eines Paares als besonders technikaffin darstellt. In allen Fällen, in denen die Frauen dies tun, stellen sich ihre Männer ebenfalls als technikaffin oder -kompetent dar (vgl. die Fälle Anker/Lannert; Zehnder und Zölch).

Die Fälle Fischer und Dreher verdeutlichen, dass die Bezugnahme auf beruflich erworbenes Wissen aus dem technisch-handwerklichen Bereich für die Selbstzuschreibung von technischer Kompetenz eine aktive Herstellungsleistung ist, die von den männlichen Gesprächspartnern im Sample eher erbracht wird als von den weiblichen – und zwar auch dann, wenn die männlichen Gesprächspartner zwar technische Berufe erlernt haben und ausüben, diese aber nur entfernt mit Gebäudetechnik zu tun haben. Herr Eisele etwa arbeitet als Nachrichtentechniker in der Verkehrsplanung, Herr Sirius ist IT-Spezialist und Herr Zölch ist gelernter Elektroingenieur. Alle drei Gesprächspartner bringen reges Interesse an Fragen der Haustechnik zum Ausdruck und bekunden eine gewisse als selbstverständlich und nicht weiter erklärungsbedürftig dargestellte Leidenschaft dafür, sich in technische Details der Gebäudegestaltung einzuarbeiten und dabei eine Transferleistung von eigenen beruflichen Wissensbeständen auf den Bereich der Gebäudetechnik zu erbringen. Herr Zölch etwa, der beim Bau des Passivhauses mithilfe einer Software eigene bauphysikalische Berechnungen anstellt, die in die Zusammenarbeit mit den Gebäudeplanern einfließen, erklärt:

> Also ich bin Elektroingenieur, und von daher natürlich bin ich technikbegeistert und hab da mit allen technischen Dingen auch keine Schwierigkeiten, sondern die faszinieren mich und auch neue Dinge/ also jetzt vom Elektrobereich zum Hausbereich, und das hat mich einfach fasziniert, diese Sache. Hab dann Physik nochmal wiederholt, auch gerade was diese ganzen Wärmethemen angeht, und ähm/ ja, das hat mich einfach fasziniert, das nochmal und jetzt neu und wieder zu lernen (P12, Abs. 94).

So nachvollziehbar und beiläufig diese Erklärung klingt, wird doch im Kontrast zu den oben aufgeführten Fällen der beiden Frauen deutlich, dass es keineswegs selbstverständlich ist, dass Bauherrinnen oder Bauherren mit beruflich erworbenem Technikwissen dieses Wissen ‚aktivieren', um im Bau- und Sanierungsprozess als überdurchschnittlich (technik-)kompetente Nutzerinnen und Nutzer aufzutreten.

Welche Folgen diese unterschiedlichen Bezugnahmen auf technikbezogenes Wissen für die paarinterne Arbeitsteilung haben oder zumindest haben können, zeigt der folgende Abschnitt. Er verdeutlicht, dass ‚Technikkompetenz' auch darund hergestellt wird, indem ‚Sinn für Ästhetik' als Gegensatz dazu gesetzt wird. Die beiden Pole werden als komplementär zueinander gedacht. Wie sich zeigt, bildet sich infolgedessen auch die Einheit des Paares aus der gegenseitigen Ergänzung.

Die paarinterne Arbeitsteilung bei bau- und sanierungsbezogenen Entscheidungsfindungen wird im Sample immer wieder als eine von tendenziell geteilten Zuständigkeiten geschildert, wobei auf die Grenzziehung zwischen Technik und Ästhetik zurückgegriffen wird. Frau Dreher etwa antwortet auf meine Frage nach ihrer Rolle im Entscheidungsprozess für die neue Heizanlage:

> Also der Hauptpart war natürlich seins, weil ich die gleiche Meinung eh schon von Grund auf habe, also mit Holz, das war unser gemeinsamer Wunsch auch, und Solar, erst dann mit der Technik und den Handwerkern hat er sich herumgeschlagen. Das war nicht mein Part. Weil er sich auch mit der Technik besser ausgekannt hat (...).
> Interviewerin: Mhm. Würden Sie dann trotzdem sagen, dass Sie eine spezielle Rolle oder eine spezielle Aufgabe hatten?
> Frau Dreher: Nö. Beim Ofen aussuchen und so. Bei der Optik dann eher (LACHT) (P3, 39ff).

Eine ähnliche Antwort gibt Herr Sirius auf meine Frage nach möglichen Arbeitsteilungen bei Bau- und Sanierungsentscheidungen:

> Themenbezogen teilweise. Also was so Farbe, Design oder solche Sachen angeht, denke ich mal, also eher das Gestalterische, würde ich eher sagen, da überlasse ich das meiner Frau ein bisschen. Also ich melde mich natürlich auch in dem Fall, aber sozusagen da bin ich jetzt nicht so mit Engagement dabei, sagen wir mal so, weil ich da flexibler bin von der Farbe her, ob dunkler oder so. Bei den technischen Dingen bin es eher ich, der so ein bisschen die Richtung oder den Vorschlag eigentlich macht, natürlich mit ihr dann bespricht, oder so, aber da jeder ein bisschen einen anderen Schwerpunkt hat, gibt es da eigentlich weniger Diskussionen darüber, also würde ich mal annehmen (P7, 180).

Einerseits wird hier, ebenso wie in der Aussage von Frau Dreher, dem Prozess der Einigung unter den Partnern hohe Bedeutung beigemessen. Andererseits aber wird für einzelne Bereiche eine höhere Zuständigkeit reklamiert, wobei für diese Ordnung von Zuständigkeiten auf klassische Geschlechterstereotype zurückgegriffen wird. Der Technik-Ästhetik-Dualismus wird in diesen Fällen sowie im Fall der Familie Eisele (vgl. P11 193ff; 201ff; 247ff) explizit zur Begründung der Arbeitsteilung herangezogen, um die jeweils nach Geschlecht verteilte größere Kompetenz und Zuständigkeit des einen oder des anderen Partners zu begründen, und um durch die gegenseitige Ergänzung die Einheit des Paares zu stiften.

Nicht in allen Fällen des Samples wird jedoch auf die oben analysierten geschlechtlich kodierten Deutungsmuster zurückgegriffen, um Arbeitsteilungen im Bau- und Sanierungsprozess sowie im Umgang mit Gebäudetechnik zu begründen. Das Sample enthält mit den Familien Anker, Zehnder und Zölch Fälle aus dem urbanen und bildungsbürgerlichen Milieu, die ebenso Beispiele der Dethematisierung von Geschlechterdifferenz liefern. Dies wird beispielsweise daran sichtbar, dass sich beide Partner darum bemühen, aktiv am Gespräch teilzunehmen und im Hinblick auf Redeanteile und Erklärungen zu technischen Sachverhalten Ausgewogenheit zwischen den Äußerungen der beiden Partner entstehen zu lassen. Auf komplementär zueinander angelegte Stilisierungen von Männlichkeit als besonders technikkompetent und Weiblichkeit als technikdistanziert wird in diesen Fällen verzichtet. So betont etwa Frau Zölch, als sie die Entscheidung für den Passivhausbau erklärt:

> Wir wollten halt etwas bauen, was nachhaltig ist und möglichst wenig von dieser wertvollen Energie verbraucht. Von daher war die Entscheidung erstmal da, ein Passivhaus zu bauen. Dann kommt noch dazu, dass wir beide ein bisschen/ ja, wie soll man sagen/ technikverliebt sind, ja? Also wir fanden das einfach cool. So ein hochentwickeltes Haus zu haben (P12, 24).

In diesem wie den beiden anderen Fällen zeigt sich, dass Identitätskonstruktionen in heterosexuellen Paarhaushalten in unterschiedlich hohem Ausmaß auf Vorstellungen und Annahmen über Geschlechterdifferenzen im Hinblick auf Technikbezug zurückgreifen. Für die Suche nach Mustern im Verhältnis zwischen heterosexueller Paaridentität und dem Umgang mit Haustechnik deutet sich im Vergleich der Fälle ein Zusammenhang mit den jeweils herrschenden Idealvorstellungen partnerschaftlicher Arbeitsteilung und familialer Lebensführung an: Wo Vorstellungen von Partnerschaftlichkeit und Gleichheit der Geschlechter zu einer eher egalitären Aufteilung von Familienarbeit führen, bei der beide Partner zum Familieneinkommen sowie zur Haushaltsarbeit beitragen, wird von den interviewten Paaren eine Geschlechterdifferenz in Bezug auf Umgang mit Technik – Haustechnik im Allgemeinen und Heiztechnologien im Speziellen – weniger stark thematisiert als dort, wo Erwerbs- und Fürsorgeverantwortung deutlicher zwischen den Geschlechtern aufgeteilt sind, wie etwa in den Familien Zoller und Dreher, in denen Haushaltsarbeit und Versorgung von Kindern in den Darstellungen der GesprächspartnerInnen als überwiegende Aufgaben der beiden Frauen gelten.

Hieraus lässt sich die vorläufige These ableiten, dass die Dramatisierung von Geschlechterdifferenz über die Bezugnahme auf Technik mit der Wirksamkeit von Geschlechterdifferenzierungen in anderen Lebensbereichen von Akteuren, wie beispielsweise der beruflichen und familiären Arbeitsteilung zwischen Partnern zusammenhängt. Zur Erhärtung dieser These bedürfte es allerdings weiteren Datenmaterials bzw. einer weiteren Untersuchung, die die Frage nach der Übernahme von Hausarbeit und familialer Fürsorgearbeit in den Mittelpunkt rückt. Denn die Frage nach der Arbeitsteilung der Partner in Bezug auf Erwerbs- und Familienarbeit wurde in den vorliegenden Interviews nicht explizit zum Gegenstand gemacht, so dass hier nicht in allen Fällen deutliche Rückschlüsse gezogen werden können.

Weiteren Aufschluss über die Spezifität heterosexueller Geschlechtskonstruktionen im Zusammenhang mit der Herstellung von Häuslichkeit würde darüber hinaus eine Kontrastierung mit den Häuslichkeitspraktiken gleichgeschlechtlicher Paare erbringen, was in diesem Sample ebenfalls nicht erfolgt ist (für Hinweise in diese Richtung vgl. z.B. Gorman-Murray 2006).

Ist mit der vorsichtig geäußerten These, dass in Fällen stärker traditioneller Arbeitsteilung ein Rückgriff auf zweigeschlechtlich strukturierte Deutungsmuster im Umgang mit Technik stattfindet, hingegen in Fällen eher egalitärer Arbeitsteilung diese Muster nicht oder weniger stark bedient werden, die Geschlechteranalyse abgeschlossen? Lassen sich aus Interviewdaten Rückschlüsse auf das Verhalten von AkteurInnen ziehen, die über diese Ebene sprachlicher Geschlechterinszenierungen hinausgehen? Wie hängen die Darstellungen heterosexueller Paaridentität, die die GesprächspartnerInnen in der spezifischen, ganz eigenen Interaktionsregeln unterworfenen, Situation des Paarinterviews leisten, mit dem ‚tatsächlichen' Verhalten der Akteure in Alltagssituationen zusammen? Diese Fragen berühren den (nur analytisch klar zu trennenden) Zusammenhang zwischen Körper und Kultur, zwischen der Ebene handlungspraktischer Vollzüge und der Ebene der Sinnstiftung und Bedeutungsaufladung, mit denen handlungspraktische Vollzüge versehen werden.

Wertvolle Hinweise auf das komplexe Verhältnis von Erzähleben und der Ebene handlungspraktischer Vollzüge liefern im Interviewmaterial solche Episoden, in denen Brüche offen zutage treten. Die Art und Weise, wie die Interviewpartnerinnen und -partner mit Widersprüchen und Unstimmigkeiten umgehen, verdeutlicht ein weiteres Mal, dass Erzählungen von qua Geschlecht verteilten Zuständigkeiten stark durch zweigeschlechtliche Deutungsmuster strukturiert sind, die die Funktion erfüllen, auf diskursiver Ebene Ordnung zu stiften und dadurch heterosexuelle Paaridentität herzustellen. Dass hierfür die eingangs herausgearbeitete und im Theorieteil in ihrer historischen Entwicklung dargestellte Analogiebildung zwischen Technik und Männlichkeit eine wesentliche Funktion erfüllt, zeigen die beiden folgenden Beispiele auf verschiedene Weisen.

Nachdem Herr Sirius die paarinterne Arbeitsteilung als orientiert an seiner Zuständigkeit für Technik und Frau Sirius' Zuständigkeit für Ästhetik geschildert hat, erzählt das Paar von der Anschaffung der neuen Küche. Die beiden sind sich grundsätzlich einig über die Einbindung der Küche in den Wohnbereich. Auf dieser Grundlage übernimmt Frau Sirius alle weiteren Planungen, was Wahl und Anordnung der Geräte angeht. Von einer Beteiligung durch Herrn Sirius wird nur bei einer Entscheidung zur Farbgebung einer Oberfläche berichtet. Auf mein Nachfragen hin räumt das Paar ein, dass hier eine Ausnahme zur ‚eigentlichen' Arbeitsteilung bestehe:

> Interviewerin: Aber dann war es ja da genau umgekehrt, weil Sie gesagt haben für das Technische wären Sie zuständig und für Farben Sie, aber in dem Fall war es aber gerade anders rum. In der Küche gibt es auch viel Technisches.
> Herr Sirius: Das ist richtig. Aber da ist mein Interesse nicht ganz so tief gewesen.
> Frau Sirius: Ja also da habe ich, bei den Sachen habe ich geguckt, dass sie Energie sparen müssen, das war für mich das A und O.
> Herr Sirius: Ne stimmt. Also da muss man eine Ausnahme machen. Also da war es wirklich fast klassisch.
> Frau Sirius: Ja, da hast Du nach der Farbe geguckt, und ich habe die Anordnung der elektrischen Geräte entschieden. Das stimmt. (...) Auch dass es dann halt Energie, also A+ und AA+ und solche Sachen eben, das war mir dann auch/
> Herr Sirius: Induktion. Keine normale Platte, sondern Induktion, dass man dann auch sagen kann, das ist einfach moderner und hat einen Vorteil und solche Dinge. Und da hast Du Dich dann eigentlich eingelesen, eingearbeitet. Ja sehr viel vorbereitet, aber am Schluss wie gesagt war das ja eigentlich eine gemeinschaftliche Entscheidung (P7, 209ff).

Da Küchengeräte und die Küche nicht in erster Linie als Objekte und als Raum von technischer Versorgung wahrgenommen werden, fühlt sich Herr Sirius auch nicht primär zuständig für die Entscheidungen in diesen Bereichen. Erst auf meinen Kommentar hin bestätigt er die Verbindung von „Küche" und „Technik". Dass sein Interesse hier dennoch „nicht ganz so tief" war, ist für ihn trotz der Behauptung seiner Technikaffinität nicht weiter begründungsbedürftig. Meine Nachfrage stiftet bei den GesprächspartnerInnen kurzfristig Verwirrung; zum Beispiel bleibt unklar, was Herr Sirius mit seiner Aussage meint „da war es wirklich fast klassisch". Die Unordnung und Unlogik der zuvor beschriebenen geschlechterdifferenzierenden Arbeitsteilung wird beigelegt, indem die Episode als Ausnahme zur ansonsten geltenden Regel der ‚geschlechterkonformen' Arbeitsteilung bewertet wird. Das Beispiel zeigt, welche Bedeutung Rahmungen von Situationen, Objekten, Räumen (z.B. als ‚technische' oder eben ‚nicht-technische' Angelegenheiten) und Tätigkeiten für die geschlechterdifferenzierende Wahrnehmung von Zuständigkeiten zukommt. Geschlechterskripte von Küchentechnologien spielen in diesem beispielhaften Fall eine wesentliche Rolle für die Aufrechterhaltung der stereotypen Verknüpfung von Küche mit Weiblichkeit.[37] Daran wird deutlich, dass Technologien bestimmte Situationsdefinition stärker nahelegen können als andere.

Ein weiteres Beispiel für die mögliche Divergenz zwischen (rhetorischer) Demonstration von Technikkompetenz bzw. -affinität und der Frage nach ihrem ‚tatsächlichen' Vorhandensein und ihrer Ausprägung findet sich im Fall der Familie Zoller. Er verdeutlicht, dass der Verzicht auf die Darstellung und Demonstration von Technikkompetenz nicht mit deren Fehlen zu verwechseln ist. Als ich bei der Kontaktaufnahme mein Interesse an einem Paarinterview über die Anschaffung und Nutzung der neuen Heizanlage schilderte, war Frau Zoller lange skeptisch, ob ihre Anwesenheit beim Gespräch überhaupt sinnvoll sei, da sie meinte nichts beitragen zu können. Im Interview zeigte sie häufig Zurückhaltung, indem sie stellenweise sehr leise sprach, meist nicht als Erste auf meine Fragen antwortete oder sich gar eines eigenen Redebeitrags enthielt und stattdessen auf Nachfrage Zustimmung zu den Aussagen ihres Mannes äußerte. Entgegen dieser Hinweise auf ihr Selbstbild als technikfern wird, insbesondere durch die Aussagen ihres Mannes, deutlich, dass

---

[37] Dass Design- und Vermarktungsstrategien von Küchentechnologien zu deren symbolischer Vergeschlechtlichung beitragen, zeigen Cockburn und Ormrod (1993; dt. 1997) am Beispiel der Mikrowelle: „Die Identität eines Geräts wird durch seine Platzierung im Laden entwickelt und ebenso durch Anzeigen, ‚Point-of-Sale'-Material, Informationshefte und durch die Art, wie darüber gesprochen wird, sowie durch die Verkaufstaktik (Cockburn und Ormrod 1997: 22). Aktuell lockert sich die enge Verknüpfung von Küche und Weiblichkeit vermutlich in dem Maß, in dem sich das Kochen von Männern verbreitet. Hier ist allerdings zu fragen, wie es sich mit dem Unterschied zwischen alltäglicher und zum Besonderen stilisierter Ernährungsversorgung verhält, und wie andere küchenbezogene Tätigkeiten wie Einkaufen oder Abwaschen zwischen den Geschlechtern verteilt sind (vgl. hierzu Frerichs und Steinrücke 1997).

sie sehr wohl interessiert und außerdem diejenige ist, die im alltäglichen Umgang mit dem scheitholzbefeuerten Heizkessel die ‚Expertin' ist – auch wenn sie selbst diese Zuschreibung im Interview umgehend relativiert:

> Interviewerin: Und wer kennt sich da jetzt alles aus damit, wie voll man machen muss, und wann, und so, und worauf man achten muss?
> Herr Zoller: Also da ist jetzt meine Frau drin bewandert.
> Interviewerin: Ok.
> Frau Zoller: So bewandert (HÖRBARES AUSATMEN)
> Herr Zoller: Ah doch, schon eher.
> Frau Zoller: Ja eher, klar.
> Herr Zoller: Du bist ja schon/ du kannst dann schon sagen, wenn du jetzt am, am Brauchwasserkessel kuckst: es hat 40 Grad, dann kannst du genau sagen: da langt jetzt eine halbe Füllung, oder man muss ganz voll machen, um die Grade zu erreichen.
> Frau Zoller: Genau (...) (P2, 131–138).
> Herr Zoller: (...) wenn es eine große Anschaffung ist, wo viel Geld kostet, dann will meine Frau einfach auch den Nutzen sehen (...). Also dann hat sie sich gleich informiert, von Anfang an, und hat auch fest zugehört, weil man will ja nicht viel Geld ausgeben und nachher das schlechteste Ergebnis rausholen damit, oder, man will auch dann schon das Bestmögliche. Und da ist sie dann schon gelaufen, doch. Sie kennt sich halt/ was sie vorher (LEICHTES LACHEN) überhaupt nicht nach der Heizung geschaut hat, schaut sie jetzt umso mehr.
> Interviewerin (an Frau Zoller gerichtet): Dann sind Sie jetzt eigentlich so die Alltagsexpertin?
> Herr Zoller: Schon fast.
> Frau Zoller: (BEHAUCHT) Expertin ist jetzt übertrieben.
> Herr Zoller: Ja Expertin weniger. Aber wenn es jetzt was zum Einstellen gibt,
> Frau Zoller: Eben, dann mach ich das schon (P2, 301–306).

Weshalb kann Frau Zoller die Zuschreibungen an sie, ‚bewandert' und ‚Expertin' zu sein, nur mit Relativierungen in Kauf nehmen? Die Heizpraktiken von Frau Zoller erfordern zwar ein implizites Wissen über die Funktionsbedingungen der Heizanlage, sie münden aber nicht in ein Selbstkonzept als technikkompetent. Eine mögliche Erklärung hierfür ist, dass die eingangs herausgearbeitete Geschlechterdichotomie eine Kopplung von Weiblichkeitsvorstellungen mit einer Selbstwahrnehmung von Techniknähe und -affinität nicht vorsehen. Dass Frau Zollers praktischer Umgang mit Technik und ein mögliches Selbstbild als technikkompetent voneinander entkoppelt bleiben, erfüllt damit den Zweck, solchen gängigen Vorstellungen und Geschlechternormen zu entsprechen und die paarinterne (Geschlechter-)Ordnung zu stabilisieren. Eine weitere Erklärung liefert die Beurteilung von Herrn Zoller „Ja Expertin weniger", in deren Folge eine neue Differenzierung eingeführt wird: Herr Zoller spricht seiner Frau den Status als Expertin ab und kategorisiert ihre Kompetenz nicht als Technik-Beherrschung, sondern als Technik-Nutzung. Einen vergleichbaren Mechanismus der geschlechtlichen Grenzziehung durch ad-hoc-Unterscheidungen arbeitet Anja Schmid-Thomae (2012: 122) in ihrer Untersuchung über Mädchen in technisch-handwerklichen Projekten heraus.

Was sowohl das Küchenbeispiel als auch der erzählte Umgang mit dem Heizkessel zeigen: Der Rückgriff auf zweigeschlechtliche Deutungsmuster, in denen die

Bereiche von Technik und Ästhetik, von Technikkompetenz und fehlender Technikkompetenz sowie von Technikbeherrschung und Techniknutzung klar voneinander getrennt sind, erfüllt in den entsprechenden Interviewsituationen in erster Linie die Funktion, heterosexuelle Paaridentität als Einheit von Gegensätzen dar- und herzustellen. Die Ebene der handlungspraktischen und körperlichen Vollzüge ist demgegenüber weitaus diffuser und wechselhafter. Geschlecht erweist sich somit als ein Ordnungs- und Sinnstiftungsmuster für die Strukturierung von Wahrnehmung, Erinnerung und Darstellung, und nicht als ein Wesensmerkmal von Personen. Das betont ebenfalls die Ritualtheorie Goffmans, die im Theorieteil dieser Arbeit eingeführt wurde. Ebenso zeigen die beiden Beispiele, dass Reden bzw. Sinnstiftung und Tun bzw. körperliche Vollzüge nicht in einem simplen Abbildungsverhältnis zueinander stehen, sondern dass vielmehr die Interaktion zwischen Körper und Kultur als komplexe gedacht werden muss (vgl. hierzu Nentwich 2014).

Mit der historischen Entwicklung der Sphärentrennung von Öffentlichkeit und Privatheit wurde eine geschlechterdifferenzierende Arbeitsteilung als normatives Modell des Geschlechterverhältnisses institutionalisiert (Gildemeister und Hericks 2012). Mit der Zuordnung von Männern in die Sphäre der Öffentlichkeit einher ging eine Kopplung von Männlichkeit und Berufsmenschentum, die Beruflichkeit zu einem wesentlichen Bestandteil männlicher Identitätsentwürfe werden ließ. Insbesondere technische Berufe gelten dabei heute nach wie vor als einer der Inbegriffe männlichen Berufsmenschentums, wodurch auch der symbolische Konnex von Technik und Männlichkeit hartnäckig aufrechterhalten bleibt (Schreyer 2008; Teubner 2009; Schmid-Thomae 2012).

Diese sozialstrukturelle Hintergrundfolie wird in der vorliegenden Untersuchung dort relevant, wo es bei der Anschaffung und Nutzung von Energietechnologien um Fragen von Technikkompetenz geht. Es zeigt sich, dass dieser Begriff einer paarinternen Aushandlung unterworfen ist, bei der Auffassungen von Expertise und Technikkompetenz in Abgrenzung zu anderen Kompetenzen wie Nutzungskompetenz oder Sinn für Ästhetik entworfen werden. Dabei gilt Technikkompetenz als spezialisiertes, erworbenes Wissen, während Nutzungskompetenz oder Sinn für Ästhetik als diffus und unspezifisch dargestellt werden. Für die Selbst- und Fremdzuschreibung von Technikkompetenz wird männliches Berufsmenschentum relevant gemacht, indem eine inhaltliche Nähe der technischen Wissensbestände von männlichen Gesprächspartnern zu bau- und sanierungsbezogenen Wissensbeständen postuliert wird. Eine solche Leistung der Parallelisierung, Übertragung und Analogiebildung erfolgt bei den weiblichen Gesprächspartnerinnen des Samples auch dann nicht, wenn sie einen Handwerks- oder Ingenieurberuf ausüben.

Allerdings zeigt sich eine Nivellierung der geschlechterdifferenzierenden Deutungsmuster im Umgang mit Technik in denjenigen Fällen des Samples, in denen eine weniger traditionelle Arbeitsteilung besteht und die Partner Haus- und Erwerbsarbeit stärker nach Idealen von Gleichheit und Partnerschaftlichkeit organisieren. Somit lassen sich für die diskursive Ebene, auf der ein Reden über Technik stattfindet, sowohl Formen der Dramatisierung als auch der Neutralisierung von Geschlechterdifferenz ausmachen, und es kann die vorsichtige These gewagt werden, dass die Dethematisierung geschlechterdifferenzierender Technikbezüge in Verbindung steht mit den Arrangements von Arbeitsteilung in Paarhaushalten.

Ein weiterer Befund dieses Kapitels verweist auf die Bedeutung von ExpertInnen für Bauberufe, für Beratung, Distribution und Installation von Energietechnologien in Haushalten. In den Interaktionen zwischen HauseigentümerInnen und ExpertInnen zeigt sich, dass ausgehandelt wird, wo man sich in Abhängigkeit von Experten begibt und diesen vertraut, und wo Paare zu „ExpertInnen in eigener Sache" werden, nämlich dem Finden einer individuellen Lösung für die Wärmeversorgung des Eigenheimes. Der prinzipiellen Abhängigkeit von den Wissens- und Kompetenzvorräten baubezogener Expertenberufe wirken die Paare durch verschiedene Strategien entgegen, was ihnen gegenüber den ExpertInnen einen Souveränitätsgewinn bringt. Was darin zum Ausdruck kommt ist die Haltung des ‚kritischen Verbrauchers', eine Haltung, die aus der Perspektive der Eigenheimbesitzenden die zentrale Funktion erfüllt, sich als ‚Herr und Frau im eigenen Haus' darzustellen, auch wenn es nicht gleichbedeutend damit ist, alle Arbeiten am Eigenheim selbst auszuführen oder nicht auf professionelle Beratung angewiesen zu sein. Jedoch werden die GesprächspartnerInnen kompetent für die eigene Sache, der Gestaltung des Eigenheimes, und sichern sich somit die Souveränität, im Bau- und Sanierungsprozess die Regie zu führen, um individuelle Lösungen für die Frage nach der Wärmeversorgung zu finden.

Die Entstehung eines Zuhauses, das hat dieses Kapitel somit gezeigt, geht damit einher, dass Wissensordnungen geschaffen und verfestigt werden. In diesen wird strukturiert, was als Technik und als Technikkompetenz gilt. Diese Ordnungen werden immer wieder situativ von Geschlechterdifferenzierungen durchzogen, die die symbolische und strukturelle (auf die Verknüpfung von Technik und Berufsmenschentum bezogene) Kopplung von Männlichkeit und Technikaffinität aktualisieren. Der Hinweis auf die Situiertheit der Ordnungsbildungen macht deutlich, dass dieser Befund nicht universal ist, sondern unter bestimmten Bedingungen entsteht. Möglicherweise ist ein Kriterium dabei die berufliche und familiale Arbeitsteilung zwischen den Partnern.

13 Symbolische Ordnungen

Wie in Kapitel 11 gezeigt wurde, stellt die Erhöhung des Anteils erneuerbarer Energie am Wärmemarkt das Ziel staatlicher Bemühungen dar. Samplingkriterium für die vorliegende Untersuchung war, dass die interviewten Paar- und Familienhaushalte ihr Eigenheim teilweise oder vollständig mit erneuerbaren Energien beheizen. Im Folgenden wird nach dem Sinn und der Bedeutung gefragt, die der Nutzung erneuerbarer Energien aus Sicht der Eigenheimbesitzenden zukommt. Dazu werden die in den Paarinterviews zum Vorschein kommenden Begründungsmuster für die Wahl erneuerbarer Energien rekonstruiert und in den Zusammenhang des Nutzungskontextes gestellt: dem Eigenheim bzw. dem Zuhause seiner Bewohnenden. Insbesondere drei Kriterien erweisen sich dabei im vorliegenden Sample als wesentlich für das Verständnis der getroffenen Entscheidungen. Erstens werden energetische Sanierungsentscheidungen mit einem Streben nach größerer Unabhängigkeit von wahrgenommenen Weltmarktrisiken in Verbindung gebracht; erneuerbare Energien werden dabei als Garanten solcher Unabhängigkeit bewertet. Zweitens stehen die Sanierungsbemühungen im Zusammenhang mit einem langen Zeithorizont, der für das Wohnen im Eigenheim anvisiert wird. Drittens werden Vorstellungen von Gestaltungsfreiheit und damit verbunden dem Selbst-Hand-Anlegen bei der Gestaltung des Zuhauses große Bedeutung beigemessen. Die Analyse dieses letzten Punktes zeigt ein Wirksamwerden von Männlichkeitsvorstellungen in Verbindung mit der Nutzung erneuerbarer Energien.

In seiner umfassenden Abhandlung über Holz spricht der Historiker Joachim Radkau von einer derzeit stattfindenden „Renaissance von Holz als Baustoff und Energieträger, die noch vor wenigen Jahren kaum einer für möglich gehalten hätte" (Radkau 2007: 11). Gleichzeitig stellt er fest:

> Die bis in die Urzeit zurückreichende Geschichte der Wechselbeziehung zwischen Mensch und Holz ist noch über weite Strecken terra incognita; zu einem Großteil wird sie es wohl immer bleiben. Wie der Mensch mit dem Holz umging und dadurch geprägt wurde, ist zumeist eine ganz unspektakuläre Alltagsgeschichte (ebd.: 30).

Die Nutzung von Holzöfen ist eine dieser Alltagsgeschichten des menschlichen Umganges mit Holz. Im Vergleich zur traditionellen Bedeutung von Öfen als einzige Wärmequelle lässt sich diese Nutzung in Häusern heute als „Inszenierung von Tradition" verstehen (vgl. hierzu die Ausführungen in Kapitel 11). Im folgenden Abschnitt setze ich die Suche nach Erklärungen fort, um den Logiken auf die Spur zu kommen, die hinter diesen Formen der Holznutzung liegen: Welche Wohnideale und welche Annahmen über Energieträger kommen darin zum Ausdruck? Und wie fügt sich diese Form des Energieverbrauchs in die Häuslichkeitspraktiken von Eigenheimbesitzenden ein?

Frau und Herr Volkmann nennen als einen der Hauptbeweggründe für das Heizen mit Holz die Unabhängigkeit, die ihnen dadurch verschafft würde. Dabei wird zuerst die Bedeutung hervorgehoben, die die Abkehr von Öl und Gas einnehmen. Die Präferenz für Holz wird also zentral über einen negativen Bezug auf Öl und Gas begründet:

> Herr Volkmann: Als erstes war uns mal wichtig, dass wir eine Heizung einbauen, wo wir nicht mehr mit dem Gas und mit dem Öl abhängig sind. Und dass man auch einfach mal diese Ressourcen nutzt, die prinzipiell auf Dauer nichts kosten (P4, 11).

Einige Jahre zuvor hatte das Paar bereits einen Kachelofen in das Haus eingebaut; durch die Nachrüstung einer Wasserwärmeübertragung (vgl. Fußnote 28) wird die Stückholzheizung nun zur Hauptwärmequelle, unterstützend wird eine Warmwassersolaranlage auf dem Dach installiert. Auf meine Frage hin, ob auch die Nutzung von Pellets für den Kachelofen in Erwägung gezogen wurde, wird neben der Gewohnheit, mit Holz zu heizen, wieder die Bedeutung von Unabhängigkeit ins Spiel gebracht:

> Interviewerin: Mhm. Haben Sie sich auch überlegt, statt den Scheitholzstücken mit Pellets zu heizen?
> Frau Volkmann: Kam eigentlich nie, oder?
> Herr Volkmann: Eigentlich nicht, weil wir eigentlich schon gewohnt waren, vom Kachelofen her, dass man mit dem Holz heizt. Außerdem wenn Sie eine Pelletsheizung reinmachen, dann manövrieren Sie sich ja wieder in eine Abhängigkeit hinein vom Pelletslieferanten. Und das haben wir beim Holz nicht (P4, 114).

Der Pelletlieferant wird hier als eine tendenziell unzuverlässige Größe gesehen, was an anderer Stelle (P4, 140) wieder mit der steigenden Preisentwicklung begründet wird. Holz wird zum Symbol von Unabhängigkeit, das nicht mit industrieller Produktion (wie etwa die Pellets) in Verbindung gebracht wird. Der Holzlieferant ist der Förster, wodurch die Ressource Holz für die GesprächspartnerInnen in einem ganz anderen Kontext steht als etwa Pellets. Die Tatsache, dass Holz auch einem Marktwert und damit Preisschwankungen unterliegt, wird hierbei ebenso irrelevant gesetzt wie die Abhängigkeit von forstwirtschaftlichen Fachkräften. In Ausblendung all dieser Aspekte werden Vertrautheit, fast ein wenig Nostalgie suggeriert, auf jeden Fall schwingen Vorstellungen vom heimischen Wald und naturnahen, regionalen Wirtschaftskreisläufen mit. Was aus der Perspektive des individuellen Verbraucherinteresses ebenfalls aus dem Blick gerät, sind die enormen Interessenskonflikte, die sich mit der zunehmenden Nutzung von Holz als Energieträger abzeichnen:

> Der deutsche Wald dient als Lieferant für Brenn- und Baustoff, als Jagdrevier, Sport- und Erholungsraum. Forst- und Holzwirtschaft sorgen für über eine Million Arbeitsplätze – mehr als in der Automobilindustrie. Der Wald ist eine wichtige Ressource, und Nutzungskonflikte nehmen zu (Asendorf 2011: 39).

Auch Familie Zoller nutzt Wald als Lieferanten für Brennstoff. Sie betreibt einen kombinierten Öl- und Scheitholzkessel und hat außerdem eine Warmwassersolaranlage auf dem Dach. Als einer der Gründe, den bisher genutzten Ölkessel durch eine Kombination verschiedener Energieträger zu ersetzen, wird die unsichere Entwicklung von Ölpreisen angeführt. Die Familie besitzt ein Stück Wald, und indem Herr Zoller mit seinem im Haus lebenden Vater eigenes Brennholz anfertigt, kann die laufende Heizölrechnung deutlich gesenkt werden. Auf den Ölkessel möchte die Familie allerdings nicht verzichten, da dieser mit Versorgungssicherheit des Paares im Alter in Verbindung gebracht wird (vgl. die Passagen in der Fallanalyse in Kapitel 9). Die GesprächspartnerInnen nehmen Energiepreise als grundsätzlich unsichere Größe wahr; auf eine Berechnung, wie sich der Ölpreis entwickeln müsste, damit sich die Anschaffung des Ölkessels lohnt, wird allerdings verzichtet. Ausschlaggebend scheint hier eher das Gefühl, sich dem Risiko von unsicheren Preisentwicklungen nicht vollständig ausliefern zu wollen. Die hohe Zahlungsbereitschaft für die kombinierte Feuerungsanlage, die mehr als doppelt so teuer ist wie eine reine Ölheizung, rührt nicht zuletzt von dem Risikoschutz, den sich die GesprächspartnerInnen damit erkaufen.

Ähnliche risikobezogene Abwägungen, gepaart mit einem Unbehagen an der wahrgenommenen Macht marktwirtschaftlicher Akteure, finden auch im Fall von Familie Dreher statt, wo der Frage nach den Kosten der gewünschten Anlage untergeordnete Bedeutung beigemessen wird im Vergleich zu dem Ziel der teilweisen Entkoppelung von Weltmarktabhängigkeiten. Im Zuge der Sanierung ihres Eigenheimes lassen die GesprächspartnerInnen eine neue Heizanlage einbauen, die sich aus mehreren Komponenten zusammensetzt: einem Stückholzkessel sowie einer Solaranlage, die beide an einen Pufferspeicher angeschlossen sind, in dem das Brauchwasser sowie das Wasser für den Heizkreislauf erhitzt werden. Ersatzweise sowie im (Winter-)Urlaub wird der Kessel im Keller mit Öl befeuert. Im Wohnzimmer der Familie steht ein Kachelofen, der mit den Rauchabgasen des Kessels erwärmt wird. Bei der Anschaffung der neuen Anlage erhalten das Heizen mit Holz und die solare Heizungsunterstützung zentralen Stellenwert für das interviewte Paar, weil beide Technologien mit einem Streben nach größtmöglicher Unabhängigkeit von globalisierten Versorgungsinfrastrukturen in Verbindung gebracht werden. Dieser Wunsch wird zentral auf die Ressourcen Gas und Öl bezogen. Dabei wird zwar auch die Endlichkeit fossiler Ressourcen thematisiert, als weitaus wichtiger werden aber die ökonomischen und geopolitischen Abhängigkeiten und Unsicherheiten der Öl- und Gaspreisentwicklung betont. Im Interview werden Unbehagen und das Gefühl von Gefahr thematisiert, die nicht zuletzt von der Angst her rühren, Geld für etwas (Öl und Gas) bezahlen zu müssen, ohne genau zu wissen, wie sich die Preise zusammensetzen. Darin kommt zwar eine Sparsamkeitsorientierung zum Ausdruck. Andererseits aber zeigt sich eine hohe Zahlungsbereitschaft, um sich diesen Abhängigkeiten zu entziehen. Diese Widersprüchlichkeit verdeutlicht, dass es letztlich nicht in erster Linie um die Frage geht, womit man langfristig am meisten Geld sparen kann, sondern dass das Argument der Ökonomie und der Verweis auf die Preisentwicklung von Rohstoffen als Legitimation für die aus anderen Gründen getroffene Entscheidung herangezogen werden. Die folgenden Interviewpassagen lassen hierauf schließen:

> Interviewerin: Sie haben ja jetzt gesagt, Sie haben auch Ihre Gründe gehabt, warum Sie ne Solaranlage wollten. (...) Und Sie sagen als Argument um eigentlich gern zu sparen im Sommer. Und haben Sie das für Ihre eigene Berechnung praktisch gegen die Kosten aufgewogen?
> Herr Dreher: Nö. Nö. Ich hab nicht ausgerechnet, ob das sinnvoll ist, oder/ das hab ich nicht gemacht. (...) Also ich hab keine Wirtschaftlichkeitsberechnung getätigt über diese Gesamtanlage, weder die Einzelteile/ Bauteile oder über das Gesamte. Das war einfach etwas, was ich haben wollte (P3, 218).
> Das ist also für ein Einfamilienhaus einfach viel Technik wo viel Geld gekostet hat. (LACHT) Aber ich denk, dass es irgendwann langfristig einfach uns unabhängiger macht von allem anderen, und das war eigentlich mein Ziel (P3, 29).

Größtmögliche Energie-Autarkie des Haushaltes gilt dem Paar als Ziel an sich, so dass ein Kalkül der Nutzungskosten verschiedener Energieträger, in dem etwa Anschaffungs- gegen mutmaßliche Verbrauchskosten gegengerechnet werden, nicht angestrebt oder für sinnvoll gehalten wird. Die GesprächspartnerInnen formulieren vielmehr ihre grundsätzliche Skepsis gegenüber Kosten-Nutzen-Bilanzen:

> Frau Dreher: Weil vielleicht werden wir nur noch drei Jahre alt. Ich finde diese Kostenaufstellungen, die man da macht für die nächsten zwanzig Jahre, immer ein bisschen/ ob das dann alles so eintritt, weiß kein Mensch (P3, 223).

Gegenüber den vielen Unsicherheiten solcher Zukunftsprognosen knüpft sich an den Erwerb der Anlage die sichere Gewissheit des ‚Was man hat, das hat man', und da sich mit dem Heizsystem für die GesprächspartnerInnen die Vorstellung von größerer Unabhängigkeit von fossilen Ressourcen verbindet, wird dafür bereitwillig gezahlt. Sowohl im eingangs beschriebenen Fall der Familie Zoller als auch hier zeigt sich also eine hohe Zahlungsbereitschaft für Energietechnologien, sofern dieses Kriterium erfüllt ist. Erneuerbare Energien, das zeigt sich an diesen Fällen, erfahren aus Sicht von VerbraucherInnen eine Wertsteigerung, wenn sie zum Symbol von Unabhängigkeit werden.

Vorstellungen von Unabhängigkeit werden dabei stark verknüpft mit Regionalität und räumlicher Nähe, was die Herkunft von Ressourcen des Wärmeverbrauchs angeht. Diese Verknüpfung ist auch dann stabil, wenn sie nur eine Möglichkeit darstellt, einer tatsächlichen Überprüfung aber nicht unbedingt standhalten würde. Dies wird im Sample dort deutlich, wo Pellets genutzt werden. In den entsprechenden Fällen wird als Begründung für die Wahl von pelletbetriebenen Zentralheizungen auf deren Regenerativität (P8, 74ff) sowie deren Herkunft aus heimischen Wäldern verwiesen (P7, 84ff). Außerdem werden die Annahme von vergleichsweise moderaten Preisentwicklungen zugrunde gelegt (P7, 92f; P8, 77; P11, 57ff) und der Erhalt eines KfW-Kredits als Anschaffungsgrund für eine Pelletzentralheizung genannt (P8, 97). Vorstellungen von Umweltfreundlichkeit, Komfort- sowie Wirtschaftlichkeitserwartungen formen somit das Verbraucherverhalten in diesen Fällen ebenso wie die staatlichen Anreize zur Technologiediffusion.

Nicht zuletzt aufgrund der staatlichen Förderpolitik hat das Heizen mit Pellets in der Vergangenheit auch verstärkte Medienpräsenz erfahren. Neben eher kritischen Diskussionen, beispielsweise über Feinstaubemissionen und die Energieintensität in der Herstellung von Holzpresslingen, wird dabei immer wieder der ‚heimische Wald' bemüht, um dem Heizstoff Pellets ein positives Image zu verschaffen (beispielsweise von Interessenorganisationen wie dem Deutschen Pelletinstitut oder von Werbekampagnen für Pelletheizungen). Bei Endverbrauchern führt dies teilweise dazu, dass die tatsächliche Herkunft von Holz für die Pelletherstellung zweitrangig wird: Frau und Herr Sirius etwa betonen hinsichtlich ihrer Entscheidung für eine Pelletanlage ihren Wunsch nach Unabhängigkeit vom „Weltmarkt", der für sie schon dadurch erfüllt scheint, dass Pellets „halt nachwachsen (...) und auch hier in der Gegend oder halt aus Deutschland kommen können" (P7, 84). Wo das Holz für die Presslinge tatsächlich herkommt, scheint dagegen weniger ausschlaggebend als die Möglichkeit ihrer regionalen bzw. deutschen Herkunft:

> Interviewerin: Mhm. Wo werden denn die Pellets her bezogen?
> Herr Sirius: Die Pellets kann man im Prinzip ja eigentlich überall aus Deutschland beziehen. Wir haben jetzt die Pelletslieferanten aus M-Stadt (in der Nähe). Der kommt hier aus M-Stadt.
> Interviewerin: Und das Holz auch? Oder wird das nur hergestellt?
> Herr Sirius: Da bin ich jetzt nicht sicher, ob er die sozusagen hier nur verkauft, oder ob es da auch Schnitzelwerke/ wo das ganze hergestellt wird, das weiss ich jetzt nicht (P7, 88).

Paradoxerweise erfüllt sich für die GesprächspartnerInnen der Wunsch nach Unabhängigkeit vom Weltmarkt bereits durch die Möglichkeit der regionalen Herkunft von Energieträgern. Die Einbindung der Holzindustrie in internationale Märkte und Handelsketten wird hier mindestens ebenso stark ausgeblendet wie es in den oben erwähnten Fällen der Verwendung von Scheitholz bereits aufgefallen war.

Auch bei Familie Eisele lässt sich eine gewisse Mythenbildung um das Phänomen Pellets beobachten, die die hohe Zahlungsbereitschaft bei der Sanierung von Haus und Heizung erklären kann. Das interviewte Paar erwirbt ein unsaniertes Haus, das früher mit einer Ölzentralheizung beheizt wurde, die über einen Kachelofen je Etage die Wärme in die Räume verteilte. Da die Familie Ölnutzung aus verschiedenen Gründen ablehnt, verfügt das Haus inzwischen über einen Pelletkessel sowie über Heizkörper in allen Räumen des Hauses. Außerdem steht auf jeder Etage ein Ofen, der mit Stückholz befeuert wird. Für die nähere Zukunft ist geplant, die Fassade zu dämmen und eine Solaranlage zur Warmwasserbereitung zu installieren. Die Überlegungen nach Alternativen für eine neue Heizanlage gehen zunächst in verschiedene Richtungen. Im Keller ist ein Gasanschluss vorhanden, und der Heizungsinstallateur aus der Nachbarschaft rät zu dieser Lösung. Auch Herr Eisele selbst beschreibt Gas als das ideale Heizmittel und räumt ein:

> Da Gas bereits im Haus war, war das eigentlich so die Alternative (zu Öl; U.O.), weil da/ wenn man vom Installationsaufwand oder von der Investition das Geringste gewesen, und Gas ist ja auch sehr sehr sauber, und wäre recht günstig gewesen und einfach kein Akt zum Einbauen, also kein Vergleich zu der Pelletsanlage. Das wäre nur eine kleine Kiste sag ich mal (P11, 102).

Obwohl Herr Eisele hier die bestechenden Vorzüge von Gasheizungen erwähnt, insbesondere im Vergleich zur gewählten Lösung der Pelletanlage (sie ist teurer, der Installationsaufwand ist höher, es entsteht Ruß, und der Aschekübel muss geleert werden), kommt für die GesprächspartnerInnen die Nutzung von Gas nicht in Frage. Dies wird erstaunlicherweise jedoch nicht direkt erklärt oder begründet. Es lässt sich nur indirekt erahnen, dass Gas als Heizmittel deswegen abgelehnt wird, weil es, ähnlich wie Öl, durch seine Einbindung in globalisierte und marktförmig organisierte Versorgungsinfrastrukturen als unsicher in Bezug auf die Preisentwicklung wahrgenommen wird. Bei der Entscheidung für die Pelletanlage wird dagegen das Kriterium der vermuteten langfristigen Preisstabilität und Versorgungssicherheit ausschlaggebend, wovon die GesprächspartnerInnen sich von einem Pelletheizungsberater überzeugen lassen, der ihnen empfiehlt: „Machen Sie doch Pellet, die sind preisstabil seit vielen Jahren" (P11, 57). Eine ökologische Motivation kann hier ausgeschlossen werden: An keiner Stelle im Interview wird der Wunsch geäußert, den Energiebedarf vollständig aus erneuerbaren Energiequellen zu decken. Die Wörter ‚erneuerbar' oder ‚nachwachsend' kommen im Interview gar nicht vor, und von Umweltfreundlichkeit als Kriterium für das Heizen ist zwar die Rede, sie wird aber eben auch direkt mit Gas in Verbindung gebracht, als der Gesprächspartner von der „sauberen" Verbrennung von Gas spricht (s.o.).

Die vorgestellten Fälle verdeutlichen, dass Öl und Gas als unberechenbare Größen wahrgenommen werden, und zwar nicht aufgrund ihrer grundsätzlichen Endlichkeit, sondern aufgrund der Skepsis, die die GesprächspartnerInnen denjenigen Akteuren entgegenbringen, die über Preisgestaltung und Verfügbarkeit von Öl und Gas mitbestimmen. Die Ursache für diese Skepsis liegt zum einen in unangenehmen Erfahrungen der Interviewten mit eigenen Öl- oder Gasrechnungen der vergangenen Zeit. Frau Volkmann etwa erklärt:

> Aufgrund der/ diese letzten zehn Jahre, wo wir wirklich zum Teil Jahre gehabt haben, mit halbem Verbrauch zum Vorjahr und eigentlich genauso viel bezahlt haben. Also eine Steigerung eigentlich fast von 50 % stellenweise dann, also nicht ganz so krass aber/ einfach so über den Daumen geschlagen. Wir haben es nie genau nachgerechnet, aber das waren schon enorme Summen eigentlich, gell? Wo man dann doch bewusster drauf gekuckt hat, und frieren will man auch nicht unbedingt, und/ ja, da war halt Gas jetzt nicht mehr (LACHT LEICHT) die Ideallösung (P4, 52).

Neben solchen unangenehmen Erfahrungen mit Heizkostenabrechnungen lassen sich Skepsis und Risikowahrnehmung in Bezug auf Öl und Gas zum anderen durch die hohe Medienpräsenz der Thematik und durch deren aufmerksame Verfolgung durch die GesprächspartnerInnen erklären. Dies hat zur Folge, dass in allen Fällen, in denen Zentralheizungsanlagen mit Feuerungstechnik installiert sind, Öl- und Gaspreise sowie deren Intransparenz als Begründung für die Wahl alternativer Heiztechniken herangezogen werden. Die einzige Ausnahme im Sample stellt der Fall des Passivhauses dar, bei dessen Bau nicht die Frage nach der geeigneten Heizung im Mittelpunkt stand, sondern die Frage nach den thermischen Eigenschaften des Gebäudes (vgl. hierzu die Fallanalyse in Kapitel 10).

Mitunter verdichtet sich das Misstrauen gegenüber den Bedingungen fossiler Rohstoffproduktion zu einem Gefühl von Bedrohung durch eine Art von neuem ‚kalten Krieg aus dem Osten', wobei auf Russland und den arabischen Raum Bezug genommen wird. Herr Eisele antwortet auf meine Eingangsfrage nach Assoziationen zum Thema Heizen etwa:

> Dass es immer teurer wird. (LEICHTES LACHEN) Jeden Tag in der Schlagzeile ist: Preiserhöhung. Noch teurer. Dass die Russen das Gas abdrehen und weiß ich, was für Skandale noch. Dass in Rotterdam viel Rohöl lagert und trotzdem der Preis immer höher wird. Ja, eigentlich nicht viel Gutes verbindet man damit, finde ich (P11, 6).

Nicht nur bei Herrn Eisele, sondern auch in Frau Drehers Ausführungen kommen Ressentiments zum Ausdruck, als sie die von ihnen gewählte Lösung eines Stückholzkessels mit solarer Heizungsunterstützung begründet: „Man ist nicht unbedingt abhängig von irgendwelchen arabischen Matadoren (MANN LACHT KURZ), die einem den Preis diktieren" (P3, 14). Diese Zitate zeichnen nicht nur ein Feindbild von den ‚bösen Männern aus dem Osten', sondern sie zeugen auch von einem Vertrauensverlust in die Zuverlässigkeit zwischenstaatlicher Lieferabkommen und internationaler Regulationsmechanismen. Nachwachsende Energieträger – hier Stückholz und Pellets – werden im Vergleich dazu als berechenbare und vertrauenswürdige Ressourcen wahrgenommen. Hinter diesen Begründungsmustern tritt ein Ideal des Zuhauses bzw. des Wohnens im Eigenheim zutage, das stark an Vorstellungen von Autonomie und Selbstbestimmung geknüpft ist. Eine Einbindung der häuslichen Wärmeversorgung in globalisierte und marktförmig organisierte Versorgungsinfrastrukturen wird für die Annäherung an dieses Ideal als hinderlich erlebt, wohingegen die Nutzung regenerativer Energieträger mit einer Annäherung an häusliche Unabhängigkeits- und Sparsamkeitsideale in Verbindung gebracht wird.

Auffällig an den Interviewpassagen, in denen Öl- und Gaspreise thematisiert werden, ist die starke Fixierung auf die wahrgenommene Instabilität und Intransparenz dieser Preise, vor der die Frage nach den tatsächlichen Kosten der Rohstoffe sowie der jeweiligen Heizanlagen in den Hintergrund gerät. Von einem direkten Preisvergleich, etwa von Gas und Pellets, ist nur in den zwei Fällen die Rede, die ihr Wohneigentum in derselben Baugemeinschaft gebaut haben:

> Herr Sirius: Ja so Zeitschriften haben wir uns schon informiert, oder im Internet sozusagen über Kosten, Preise. Was sind die Tonnenpreise, in welche Richtung entwickeln sie sich, da gibt es ja immer solche Statistiken. Wir haben einmal durchgerechnet, was müsste der Pelletpreis maximal uns kosten, damit es unrentabel wird oder so und dann vielleicht eine andere

Energieform für uns besser ist, solche Dinge haben wir schon ein bisschen herangezogen und geschaut, ob unsere Richtung eigentlich die richtige ist (P7, 150).

Dass die erwähnten Berechnungen hier als Legitimation für die getroffene Entscheidung relevant gemacht werden, verweist auf eine Besonderheit, die das Bauen in Baugemeinschaften von den Einfamilienhäusern dieses Samples unterscheidet: Getroffene Entscheidungen werden in höherem Maße unter Bezugnahme auf ‚objektive Rationalitätsannahmen' begründet. Diese Begründungsstrategien spiegeln die Prozesse der Entscheidungsfindung in Baugemeinschaften wieder, in der eine Begründung wie von Herrn Dreher: „(...) ich hab keine Wirtschaftlichkeitsberechnung getätigt über diese Gesamtanlage (...). Das war einfach etwas, was ich haben wollte" (P3, 225) haushaltsübergreifend wohl kaum als legitime Entscheidungsgrundlage erachtet würde.

Im Vergleich dazu fällt an den Fällen von Einfamilienhausbesitz auf, dass die Finanzierung der Anlagen für erneuerbare Technologien, die durchweg teurer sind als Öl- oder Gasheizanlagen, gar nicht thematisiert wird und somit nicht erklärungsbedürftig erscheint. Daraus lässt sich auf entsprechende Liquidität oder Kreditfähigkeit der Haushalte schließen, worauf beispielsweise Herr und Frau Zoller auch explizit hinweisen (vgl. P2, 119; s.u.).[38] Nur in einem Fall im Sample, in dem ein Eigenheim innerhalb einer Baugemeinschaft erworben wird, wird die Finanzierungsfrage indirekt thematisiert, indem als Entscheidungsmotiv für die Pelletheizung der Erhalt einer Förderung durch die Kreditanstalt für Wiederaufbau erwähnt wird. Ansonsten jedoch werden die Anschaffungskosten im Vergleich zu den antizipierten Einsparungen für fossile Rohstoffe in den Darstellungen der Interviews zur Nebensache gemacht oder gar nicht thematisiert.

Über den Risikoschutz vor der als unsicher wahrgenommenen Öl- und Gaspreisentwicklung hinaus vermag ein weiterer Aspekt die relativ hohe Zahlungsbereitschaft im Kontext von energietechnischen Maßnahmen im Eigenheim erklären, die auffällig mit der Sparsamkeitsorientierung gegenüber laufenden Kosten kontrastiert: Da sowohl in Verbindung mit Neubau als auch häufig bei Altbausanierungen insgesamt viel Geld in die Hand genommen wird, können sich die Vergleichsmaßstäbe entsprechend anpassen. Je nach Einschätzung der eigenen ökonomischen Situation wird dann die Schmerzgrenze für Ausgaben mehr oder weniger großzügig verschoben. Herr Zoller etwa kommt während der Installation des Kombikessels mit Öl- und Holzfeuerung auf die Idee, zusätzlich eine Solaranlage anzuschaffen. Bemerkenswert an diesem ‚Zusatzkauf' sind vor allem die hohen Anschaffungskosten von zehntausend Euro, die etwa ein Viertel der Gesamtkosten für die Heizanlage

---

38 Allerdings ist zu berücksichtigen, dass die Thematisierung von geldbezogenen Phänomenen wie Einkommen, Wohlstand und Zahlungsfähigkeit auch Diskretionsregeln unterworfen ist. Darin könnte ein weiterer Grund für die weitgehend fehlende Thematisierung in den Interviews liegen, zumal die Frage von mir nicht explizit angesprochen wurde.

ausmachen. Offenbar wurde für die kombinierte Verbrennungsanlage bereits so viel Geld ausgegeben, dass es auf eine fünfstellige Summe mehr oder weniger nicht mehr ankommt:

> Herr Zoller: Das Geld haben wir im Moment gehabt, zu dem Zeitpunkt, dass wir das haben können investieren. Jetzt wenn natürlich das Geld nicht dagewesen wäre, dann hätten wir halt auch gesagt: jetzt machen wir halt nur vielleicht eine Ölheizung. Aber jetzt gehen wir einfach mal davon aus, dass wir Holz und Öl und die Sonnenkollektoren/ dass das einfach passt auf die nächsten 20, 25 Jahre (P2, 119).

In der Anschaffung der Solaranlage kommt neben den bereits erwähnten Aspekten zum Ausdruck, dass die Befragten einen weiten Zeithorizont für das Wohnen im Eigenheim veranschlagen. Ein Eigenheim, ein eigenes Heim, zu bauen oder zu erwerben markiert immer auch eine lebensgeschichtliche Station, mit der der Wunsch nach räumlicher und auf stabile Sozialbeziehungen bezogener Kontinuität in materialisierter Form zum Ausdruck gebracht wird. Ebenso zeigt die Durchführung von Sanierungsmaßnahmen in einem bereits bewohnten Eigenheim den Wunsch danach an, dass die Kontinuität der räumlichen und materiellen Lebensbedingungen erhalten und gesichert bleiben möge. Ebenso wie sich die Beziehungen zwischen den Bewohnenden eines Eigenheimes – typischerweise sind dies Paar- und Familienbeziehungen (Statistisches Bundesamt 2009: 23) – durch eine „als Idealisierung unterstellte Fortdauer" auszeichnen (Lenz 2009: 42), ist auch der Eigenheimbesitz grundsätzlich ‚für immer' angelegt und unterliegt damit ähnlichen Annahmen von unendlicher Dauer. In denjenigen Fällen, in denen Wohneigentum vererbt wird, soll die Kontinuität von Familienidentität auch über Generationen hinweg gesichert werden.

Den engen Zusammenhang zwischen materialer Substanz von Gebäuden und den sozialen Gruppen, die sie als ‚Eigenheim' bewohnen, betonen auch Bourdieu und andere in ihrer Untersuchung „Der Einzige und sein Eigenheim" (vgl. Kap. 6):

> All die Investitionen in den Gegenstand Haus – Geld, Arbeit, Zeit, Affekte – werden nur dann vollends begreiflich, wenn man sich den Doppelsinn des Wortes klarmacht, das sowohl das Wohngebäude als auch seine Bewohner als Ganzheit bezeichnet. Das Haus ist nicht zu trennen von der Hausgemeinschaft, der Familie als beständiger sozialer Gruppe, und von dem gemeinsamen Vorsatz, sie weiterzuführen (Bourdieu u.a. 1998: 50).

Dass das Eigenheim ein starkes Symbol für den Fortbestand der sozialen Gruppe seiner Bewohnenden darstellt, macht deutlich, dass der Begriff des Nutzens sich nicht auf monetäre Dimensionen beschränkt, sondern weiter gefasst werden muss. Erst dann wird die spezifische Rationalität von Maßnahmen im Eigenheim wie z.B. Heizungssanierungen nachvollziehbar, in die Geld und eigene Arbeitszeit – etwa Eigenarbeit am Bau oder Schlagen und Hacken von Scheitholz – investiert werden. Vor diesem Hintergrund scheint für die oben aufgeworfene Frage nach den Anschaffungskosten einer neuen Heizanlage dieser prinzipiell unendliche Zeithorizont, der in den idealisierten Zukunftsannahmen nur durch die Lebensdauer von Heizanlagen begrenzt wird, wichtiger zu sein als die Frage nach der günstigsten Variante bei der Anschaffung selbst.

Zusammenfassend lässt sich sagen: Unter der Bedingung grundsätzlicher Liquidität oder Kreditfähigkeit[39] spielt ein optimistisches Gefühl bei der Anschaffung einer Anlage eine höhere Rolle als ein striktes ökonomisches Kalkül von erwarteten Kosten und erwartetem finanziellen Nutzen bzw. Einsparungseffekten. Die Vermutung, dass sich eine Anschaffung langfristig schon lohnen werde, eben weil sie als Investition und nicht als Ausgabe betrachtet wird, erlangt zentrale Bedeutung im Entscheidungsprozess. Die handlungsleitende Strategie der GesprächspartnerInnen lässt sich daher mit dem Motto beschreiben: ‚Einmal tief in die Tasche greifen und dann lebenslang sparen'. Es ist sowohl eine Schutzstrategie gegen wahrgenommene Weltmarktrisiken als auch ein Akt, in dem der lange Zeithorizont relevant gemacht wird, den die GesprächspartnerInnen für das Wohnen im Eigenheim veranschlagen. Damit wird ‚Häuslichkeit' hergestellt in Abgrenzung zur (globalisierten) Außenwelt und indem (optimistische) Zukunftsvorstellungen für das eigene Wohnen und Leben entwickelt werden. Erneuerbare Energien werden dabei nicht nur zum Symbol für Unabhängigkeit, sondern auch für Dauerhaftigkeit. Aus den Erzählungen über die Bau- und Sanierungsprozesse wird darüber hinaus deutlich, wie die Aneignung des Zuhauses als materialem Ort untrennbar verwoben ist mit der familialen Vergemeinschaftung und Identitätsstiftung. In diese Praktiken wiederum sind Geschlechterdifferenzierungen eingewoben, wie das folgende Teilkapitel verdeutlicht, in dem sich der Fokus auf Eigenarbeit beim Heizen mit Holz richtet.

Holz zu verarbeiten, für seine sachgerechte Lagerung zu sorgen und den Ofen, Kamin oder Stückholzkessel mit Scheitholz zu beschicken, lassen sich als Elemente einer *do-it-yourself*-Kultur verstehen, bei der die selbst angelegte Hand, der Einsatz der eigenen praktischen Problemlösefähigkeit und die erlebte Gestaltungsfreiheit in Bezug auf die Raumnutzung des Eigenheimes Zufriedenheit stiften. Diese Arbeiten werden somit zu wesentlichen Bestandteilen von Praktiken, durch die das Eigenheim durch seine Bewohnenden als Ort des Zuhauseseins geschaffen wird. Über manche Bedingungen der Möglichkeit hierfür erfahren wir von Herrn und Frau Volkmann. Das gekaufte Langholz wird von Herrn Volkmann gespalten und dann gemeinsam mit Frau Volkmann in den heimischen Garten transportiert, wo es einige Zeit lagern muss, bevor es verbrannt werden kann:

---

39 Diese Bedingung liegt an der Selektion des Samples: Eigenheimhaushalte sind grundsätzlich besserverdienend (die Wohneigentumsquote steigt mit dem Einkommen, vgl. Statistisches Bundesamt 2009: 24), und es wurden ja nur solche Haushalte interviewt, die eine Maßnahme vorgenommen haben.

> Interviewerin: Wo kriegen Sie das Holz her?
> Herr Volkmann: Wir kaufen Festmeter vom Förster, und das holen wir
> Interviewerin: Hier in der Gegend?
> Frau Volkmann: Mhm.
> Interviewerin: Und dann machen Sie selber Holz?
> Frau Volkmann: Er spaltet es dann und macht es auf den Hänger und dann (LACHEN)/ (...) und hinter dem Haus haben wir noch einen Schopf, da steht das dann im Schopf drin, also so, dass wir einfach diese Menge, die wir brauchen, die haben wir einfach platztechnisch auch da, das muss man natürlich auch haben. Du kannst jetzt nicht sagen: Ich heiz jetzt mit dem Kachelofen und hast rings herum keinen Platz, um Holz zu stapeln, und musst es vielleicht auch teurer kaufen, weil du musst es ja auch mindestens mal noch ein halbes Jahr, ein Jahr lagern, bevor du es verbrennen kannst, wenn es frisches Holz ist. Also das muss schon alles am Ende passen, das muss ein rundes Ding werden, also da haben wir wie gesagt (LEICHTES LACHEN) Nächte lang drüber gesprochen
> Herr Volkmann: Ja.
> Frau Volkmann: Dass das passt, gell (P4, 119).

Der *do-it-yourself*-Anteil beim Holzmachen und die sorgfältige Planung der Lagerung erfüllen im vorliegenden Fall eine wichtige Funktion, um den Energieträger individuell anzueignen und das Holz zu einem häuslichen Artefakt zu machen. Erst durch diese Praxis der Aneignung und Gewöhnung – um den von Silverstone und Hirsch (1992) sowie von Lie und Sörensen (1996) geprägten Begriff der *domestication* zu übersetzen – wird das Fremde zum Vertrauten und kann somit die Privatsphäre betreten. Das Handanlegen und die Lagerung der Holzscheite im Garten werden somit zur Eintrittskarte des Heizstoffes ins Eigenheim.

Somit lässt sich die (mit einigem Aufwand verbundene) Nutzung von Scheitholz in Privathaushalten in Zeiten von (vergleichsweise bequemen) vollautomatisierten Zentralheizungstechnologien auch erklären als Kontrapunkt zu Massenproduktion und damit einhergehender Standardisierung von Produkten:

> Je mehr beispielsweise die Gestaltung des eigenen Heimes bzw. der eigenen vier Wände zu einer Aufgabe von Innenarchitekten und Dekorateuren wird, desto mehr wird das Bedürfnis, sich selbst um eine anregende und angenehme Umgebung zu kümmern, stimuliert. ‚Do it yourself' ist daher eine Antwort auf Standardisierung und Überspezialisierung in Handlungsfeldern, die vormals ohne professionelle Beratung bewältigt wurden (Jäckel 2006: 80).

Ebenso wie es der Wunsch nach Unabhängigkeit von globalisierten Versorgungsinfrastrukturen (s.o.) und die damit verbundene hohe Zahlungsbereitschaft zum Ausdruck bringen, ist mit dieser Form von Eigenarbeit bei der häuslichen Wärmeversorgung das Bedürfnis danach verbunden, das Eigenheim als Sphäre von Einzigartigkeit, aber auch von Selbstbestimmung und Gestaltungsfreiheit zu erleben und anzueignen. Die Nutzung von Holz, wie sie in den oben beschriebenen Fällen des Samples erfolgt, erfüllt aus der Perspektive der befragten Eigenheimbesitzenden diese Idealvorstellungen des Wohnens aus mehreren Gründen: Mit Holz zu heizen ermöglicht (in unterschiedlich hohem Ausmaß), in einem sehr konkreten Sinn selbst Hand anzulegen an die Gestaltung des Eigenheimes als Ort familialer Vergemeinschaftung, weswegen die damit verbundene Arbeit und Mühe nicht im Widerspruch zum Streben nach Komfort steht. Außerdem symbolisiert Holz durch seine Herkunft aus Wäldern Natürlichkeit, potenziell unendliche Verfügbarkeit, Vertrautheit, mitunter Heimatverbundenheit, weshalb es von vielen als idealer Stoff wahrgenommen wird für die Herstellung von Zuhause.

Die hierin angelegten Bedeutungsverknüpfungen rund um die Nutzung von Scheitholz werden gleichzeitig zum symbolischen Rohmaterial für die Konstruktion von Geschlechterdifferenzen. Die folgenden Beispiele zeigen, wie verschiedene Körperpraktiken in den Erzählungen über die Nutzung von handbeschickten Holzfeuerungen als Männlichkeitspraktiken konstituiert werden, wodurch auch der Körper der Akteure in der Erzählsituation als männlicher hervorgebracht wird. In allen Fällen, in denen Scheitholz für den häuslichen Ofen selbst geschlagen wird, wird diese Arbeit als Aufgabe der männlichen Befragten erzählt:

Frau Volkmann: Er spaltet es dann und macht es auf den Hänger (P4, 124).

Frau Fischer: (...) mein Mann wollte unbedingt Holz haben. (...) Er macht sein Holz selber. (...) Wir bestellen das bei der Stadt, haben die Möglichkeit, hier Holz zu bestellen, das wird dann am Rand vom Wald hingelegt, so vier, fünf Meter lang, und er geht hin holt sich dann das Holz (P5, 82–86).

Herr Zoller, der die Holzarbeit teilweise gemeinsam mit seinem im Haus lebenden Vater erledigt, schildert diese als Mischung aus heroischer Meisterschaft technischer Geräte, körperlicher Bürde und Opferung wertvoller Zeit. Im Rahmen der ehelichen Arbeitsteilung kommt diese Aufgabe ihm zu:

Herr Zoller: Aber Holz machen kann auch nicht jeder. Man braucht: Motorsäge, man braucht Schutzkleidung, man braucht eventuell Traktor und Wagen/ gut, viele nehmen Auto und Hänger, was auch nicht so geschickt ist im Wald, man kann auch nicht immer überall hinfahren, also wenn ich die Investitionen sehe, was ich da brauche, ist also auch nicht so ohne. Von der Zeit wollen wir gar nicht sprechen. Also wenn ich jetzt eine Arbeit im Geschäft habe und gehe Holz machen, dann verdiene ich im Geschäft mehr wie wenn ich Holz mache, in einer Stunde. Das ist keine Frage, das Holzmachen muss ich als Hobby sehen. Also so ist es auch nicht. Und wenn ich's dann im Kreuz hab nachher, eventuell, dann kann ich's sowieso nicht mehr. Also Holzmachen ist keine leichte Arbeit (P2, 240).

Ja, also meine Frau ist ja eher für den Haushalt zuständig, und ich fürs Grobe. Holz machen, reparieren, wenn wieder mal was kaputt geht (...) (P2, 287).

Insbesondere zwei Elemente dienen in Herrn Zollers Erzählung dazu, die Arbeit des Holzmachens in Abgrenzung zur (weiblichen) Hausarbeit als seine Aufgabe darzustellen und sie zu einer besonderen zu stilisieren: der Einsatz eigener Körperkraft und der Umgang mit Spezialgeräten. Ähnlich strukturiert ist die Erzählung von Herrn Dreher, dessen Herkunftsfamilie über Waldbesitz verfügt, so dass bei ihm seit der Kindheit eine persönliche Vertrautheit mit Wald besteht, die über die Praxis des

Holzmachens im Erwachsenenalter aufrechterhalten wird. Das Holzmachen wird somit zu einem Ausdruck der Verbundenheit mit Familientraditionen und bildet außerdem einen Akt der Vergemeinschaftung bzw. der sprichwörtlichen Verbrüderung:

> Interviewerin: War dann auch schon klar, woher Sie das Holz mal beziehen würden?
> Herr Dreher: Mmh, eigentlich schon. Meine Brüder haben alle auch so ähnliche Heizungssysteme oder Holzofen. Und die machen alle selber ihr Holz und verkaufen teilweise auch Holz. Um damit einen Nebenverdienst zu haben oder selber einfach das Holz zu haben, kaufen dann stehendes Holz oder Langholz (...) im Wald. Und da klink ich mich immer ein und entweder lass ich das machen oder kümmer mich dann selber drum. (...) Also ich hab selber eine Motorsäge und selber genügend/ also die Materialien, um das Holz zu machen und so was, das ist eigentlich schon immer da gewesen, und das Wissen und das Können auch. (...) Und Transportmittel und Maschinen oder sonst was gibt es in der Familie auch, so dass es locker allen reicht, das Holz zu fällen und zu transportieren, das ist überhaupt kein Problem. Wenn du denkst, mancher hat nur ein kleines Auto und einen kleinen Holzanhänger, aber das gibt es bei uns halt/ bei uns sind dann die Dimensionen bisschen anders (P3, 194).

Das Heizen mit Holz ist für Herrn Dreher mit der Einbindung in tradierte Gewohnheiten verbunden. Die Brüder des Befragten spielen hier eine entscheidende Rolle, denn ihr Umgang mit Holz wird für den Befragten zum Maßstab: Das Holz wird selbst gehackt, teilweise auch selbst geschlagen. Durch diese familiären Bezüge zum Holzmachen wird es für Herrn Dreher zu einer identitätsstiftenden Praxis.

Der Vergleich der beiden Schilderungen von Herrn Zoller und Herrn Dreher zeigt, dass folgende Elemente als wesentliche, aber auch selbstverständliche Bestandteile der Praxis des Holzmachens dargestellt werden: geschlechtshomogene Gemeinschaft bzw. Abwesenheit von Frauen, Kontrolle über die Umgebung, Eigentum und Beherrschung von Maschinen und Geräten sowie Einsatz von Körperkraft. Somit werden Erzählelemente gewählt, die in alltagsweltlichen Wissensbeständen stark mit Männlichkeitsstereotypen in Verbindung gebracht werden. In keinem der Fälle, in denen mit selbst gefertigtem Scheitholz geheizt wird, wird das Holzmachen als Aufgabe der Frauen oder als gemeinsame Aufgabe dargestellt – womit noch nicht gesagt ist, dass die Ehefrauen oder die Kinder einer Familie an dieser Arbeit nicht beteiligt sind. Auf der Erzählebene jedoch wird Eindeutigkeit in der Zuweisung dieser Aufgabe zum männlichen Geschlecht hergestellt. Dass dabei von den Befragten auf stereotyp männlich konnotierte Elemente des Erzählens zurückgegriffen wird, etabliert die beschriebenen Körperpraktiken als Männlichkeitspraktiken; das Beschaffen von Feuerholz wird zu einem Symbol von Männlichkeit.

Die starke männliche Konnotation des Holzmachens wird auch dadurch abgestützt, dass Holzberufe wie Förster oder Waldarbeiter reine Männerberufe sind. Den Angaben von „Berufe im Spiegel der Statistik" zufolge betrug der Frauenanteil in der Berufsordnung der Waldarbeiter/innen und Waldnutzer/innen im Jahr 2009 5,6 %, in der Berufsordnung der Forstverwalter/innen, Förster/innen und Jäger/innen betrug er 2009 immerhin 13,8 % (vgl. IAB). Damit gelten diese Berufsgruppen als geschlechtlich hoch segregiert, da der Frauenanteil bei weit unter 20 % liegt (Achatz 2005: 277). Ebenso wie die symbolisch männlich kodierten Erzählelemente der Körperkraft und der Beherrschung von Maschinen schafft diese Struktur der Geschlechtertrennung im Berufssystem die Grundlage für die Verwandlung des Holzmachens in einen Genderismus im Sinne Goffmans (vgl. Kapitel 4).

Die weiblichen Befragten oder die Kinder kommen im Zusammenhang mit der Nutzung von Scheitholz erst wieder ins Spiel, wenn vom Lagern und Hereintragen des Holzes ins Haus und vom Beschicken der Brennstätten die Rede ist. Somit liegt hier eine Geschlechtertrennung anhand der Grenze zwischen dem Innen und Außen der Wohnstätte vor: Mit der Nutzung von Holz verbundene Arbeiten im und am Haus werden von den Geschlechtern gemeinsam verrichtet, der Gang in den Wald zum Zweck der Beschaffung von Feuerholz wird dagegen als Aufgabe von Männern erzählt. Diese Form der Arbeitsteilung rund um die Organisation der häuslichen Wärmeversorgung ist somit in räumliche und zeitliche Strukturen eingelassen (der Wald als vom Haus entfernter Ort, das Holzhacken, das der Lagerung zeitlich vorausgeht).[40]

In diesem Kapitel habe ich erneuerbare Energieträger in ihrer symbolischen Bedeutung für die Herstellung von Häuslichkeit betrachtet. Dabei zeigt sich die Bedeutung wohnkultureller Aspekte, um Verbraucherentscheidungen für erneuerbare Energietechnologien zu verstehen und zu erklären. Um im Sinne von Nachhaltigkeitstransformationen sinnvolle Maßnahmen zur Veränderung von Wohn- und Häuslichkeitspraktiken zu entwickeln, ist es also notwendig, das Haus, insbesondere das Eigenheim, nicht nur rein funktional und unter dem Aspekt von Energieeffizienzsteigerungen zu betrachten (wie es eine ökonomisch-ingenieurwissenschaftliche Perspektive nahelegt), sondern die Wechselwirkungen zwischen dem Haus und seinen Bewohnenden als kulturelle Praktiken zu begreifen, die wesentlich darauf abzielen, das Haus als Zuhause anzueignen und zu gestalten.

Die Bedeutung von erneuerbaren Energieträgern liegt dabei in ihrer Verheißung von Unabhängigkeit von globalen Versorgungsinfrastrukturen. Mit der Nutzung von erneuerbaren Energien verbindet sich die Vermutung von langfristiger Preisstabilität, von Versorgungssicherheit und der Einbindung in und Stärkung von lokalen, regionalen und nationalen Wirtschaftskreisläufen. Diese Vermutungen (die einer näheren Überprüfung nicht immer standhalten) tragen dazu bei, das Eigenheim in einer konkreten Region und einem konkreten Land zu verorten und damit Beheimatung in einem geographischen Sinn herzustellen. Dabei werden Umweltbeziehungen konstruiert, in die Naturvorstellungen eingewoben werden. Eine weitere Bedeutung erneuerbarer Energieträger liegt dabei in der zeitlichen Perspektive: Sie wer-

---

40 Zu Geschlechterkonstruktionen im Rahmen privater Brennholzherstellung siehe auch Mraz et al. 2013 a und b.

den als dauerhaft verfügbar bewertet, und damit erfüllen sie das Bedürfnis, das Eigenheim als Raum zu konstruieren, der prinzipiell unendlich beständig ist.

Dieses Kapitel zeigt deutlich auf, dass die Entstehung von Komfort keine reine Angelegenheit der technischen Versorgung ist. Zwar erweist sich die Entlastungsfunktion als bedeutsam, die eine vollautomatisierte Temperaturregelung erfüllt, aber dies erklärt die Entstehung von (thermischem) Komfort nur teilweise: *Menschen machen es sich komfortabel*. Scheitholz kommt in deutschen Haushalten u.a. deshalb so häufig zum Einsatz, um bei der Herstellung von Komfort Gestaltungsspielraum zu erleben. Die darauf verwendete Arbeit lässt sich als eine Form des *do it yourself* verstehen, die nicht nur der physikalischen Wärmeversorgung des Wohnraumes dient. Vielmehr wird in ihr eine Ordnung von Arbeitsteilung geschaffen, bei der gleichermaßen das Innen und das Außen von Zuhause wie Geschlechtergrenzen geschaffen werden: Holzmachen und Arbeit im Wald werden als männliche Tätigkeiten erzählt, und es erfolgen symbolische Konstruktionen von männlichen Körpern als solche, die den Umgang mit schwerem Gerät beherrschen und sich die Natur unterwerfen. Sobald Holz in Form von Scheitholz in den häuslichen Bereich wandert, wird es zu einer geschlechtsneutralen symbolischen Ressource im Prozess der Herstellung von Häuslichkeit.

14 Fazit: Die Entstehung von „Zuhause" als Verlaufskurve

14.1 Stories are a special genre

In ihrem Aufsatz „On Coming Home and Intellectual Generosity" beschreiben Adele Clarke und Susan Leigh Star (1998: 342) den Geist, in dem Anselm Strauss Sozialforschung betrieben und gelehrt hat. Das zentrale Medium hierfür sind Geschichten. Sie sind der „Stoff des Lebens", und sie können zu einer Analyse werden:

> Stories are a special genre. They are not lists of codes or categories. They are not frequencies. They are not decontextualized intellectual objects. Stories cohere. They have threads that get woven together – however unevenly and episodically. Their patterns end up linking codes, categories, themes, and other elements into stories that can become an analysis. Stories are fabrics of life. As such, they are situated in the practical details of everyday life.

Weiterhin erzählen Clarke und Star davon, wie wir Sozialforschung betreiben können, und welches Erbe Strauss seinen Schülerinnen und Schülern dafür hinterlassen hat, nämlich „the legacy of values and style" (ebd.: 347):

> Follow the questions, follow your data, and follow your own senses of inquiry and justice. (...) (The) lasting legacy (of Anselm Strauss is one of) storytelling, the sort of storytelling that listens and compels, that embodies complexity, and that moves mountains slowly and carefully.

Ein solches Verständnis von Sozialforschung, wie es diese Beschreibung von Clarke und Star entfaltet, sperrt sich gegen die Logik von Normierung und Standardisierung. Stattdessen eröffnet es einen Raum für Subjektivität, für Engagement und für Kritik an bestehenden Verhältnissen.

Auch in der hiesigen Debatte über qualitative Forschung mehren sich die Stimmen derer, denen eine zunehmende Standardisierung der Methodenpraxis Unbehagen bereitet, weil sie mit einer Instrumentalisierung von Methoden und einer Entkoppelung von sozialtheoretischen Grundlagen einhergeht (Hitzler 2007; Reichertz 2007; Kalthoff, Hirschauer et al. 2008). So streicht etwa Hubert Knoblauch heraus, dass qualitative Methoden

> sich durch eine Widerständigkeit gegen die Standardisierung aus(zeichnen), die u.a. Folge ihrer Herkunft aus dem interpretativen Paradigma ist. Diese Widerständigkeit drückt sich (...) in der Betonung von drei zentralen Merkmalen – der Interpretativität, der Subjektivität und der Kreativität – aus (Knoblauch 2013: 18).

Alle drei Merkmale finden sich in den Begriffen der *story* und des *storytelling* wieder: Es sind Erzählformate, die Leben aus *subjektiver* Perspektive *interpretieren* und dabei etwas Neues *kreieren*, eben „stories" oder „stories that can become an analysis". Solche analytischen Geschichten sind immer „situated in the practical details of everday life" (s.o.) und damit abhängig „,von der Stimme', d.h. der Erzählrolle (*persona*) (Becker 1986: 26ff), dem Milieu, in dem gesprochen wird, von dem Publikum das erreicht werden soll" (Berg und Milmeister 2011: 325). Die Reflexion der Entstehungsbedingungen der Geschichte sowie der Situiertheit der Forschenden und der „Beforschten" werden vor diesem Hintergrund zu zentralen Gütekriterien für die Frage nach der Qualität einer analytischen Geschichte. Deshalb werden durch den gesamten Text hindurch die Ausgangsbedingungen meiner Forschung immer wieder offengelegt und reflektiert:

Die *Einleitung* nimmt auf das Forschungsprojekt Bezug, aus dem heraus diese Arbeit entstanden ist. Im Kapitel über *Sozialtheorie* stelle ich handlungstheoretische Grundannahmen dar, die präformieren, was Ergebnis empirischer Analyse sein kann. In den darauf folgenden Kapiteln wird der Forschungsstand über Paare, Geschlecht, Technik, Häuslichkeit und Komfort diskutiert; in Form von *sensibilisierenden Konzepten* geht er in die Analysearbeit ein. Im Zuge der Formulierung der *forschungsleitenden These* reflektiere ich über den Zusammenhang von Forschungsfrage und Forschungsgegenstand. Die Ausführungen über das *Forschungsdesign* handeln nicht zuletzt von Subjektivität als Bedingung *sine qua non* für qualitative Forschung und von reflexiven Schleifen der Besinnung auf den Entstehungskontext von Datenmaterial. Die Verarbeitung des empirischen Materials in den Kapiteln 9 bis 13 wird erst vor dem Hintergrund dieser verschiedenen Entstehungsbedingungen verständlich.

Im Folgenden werden die Ergebnisse der vorangegangenen empirischen Analyse zu einer Grounded Theory zu thermischem Komfort, erneuerbaren Energien und Geschlechterverhältnissen verdichtet. Dabei wird die Entstehung von Zuhause, der Schlüsselbegriff meiner Analyse, als Verlaufskurve gefasst. Das Konzept der Verlaufskurve stellt einen zentralen Beitrag in der pragmatistisch-interaktionistischen Handlungstheorie von Anselm Strauss dar. Seine Verwendung lag daher im Sinne des Theorie-Methoden-Paketes von Interaktionismus und Grounded Theory nahe, auch wenn Forschung im Stil der Grounded Theory andere sozialtheoretische Bezugnahmen ebenfalls ermöglicht. Der Wert dieser pragmatistischen Handlungstheorie, die eingebaute Multiperspektivität, die Reflexivität, die soziologische Konzeptualisierung von Zeit und Raum erschließen sich mir erst als Folge der Auseinandersetzung mit dem empirischen Material aus dem Forschungsfeld. Auch dies ist ein Aspekt des Theorie-Methoden-Paketes: *per aspera ad astra* und zurück – durch die Mühen des Datenmeeres zu einem Sinn für Theorie, der den Blick auf die Empirie verändert.

Die drei vorangegangenen Kapitel der empirischen Analyse hatten drei Modi von Ordnungsbildungen zum Gegenstand, die ich technologische, Wissens- und symbolische Ordnungen genannt habe, und zwar in Anlehnung an und in Weiterentwicklung von der Liste von Ordnungen in „Continual Permutations of Action" (Strauss 1993: 59f; vgl. Kapitel 3 in dieser Arbeit). Durch diese Ordnungen wird im untersuchten Feld soziale Wirklichkeit interaktiv strukturiert. Dabei greifen die verschiedenen Ordnungsmodi ineinander, lassen sich nur analytisch trennen (vgl. Strauss 1993: 59) und bedingen gleichzeitig andere Modi des Ordnens, etwa räumliche, zeitliche, emotionale und ästhetische Ordnungen. In allen drei analysierten Modi tauchen vergeschlechtlichte Elemente auf, die ebenfalls einander bedingen, so dass auch die Geschlechterordnung Bestandteil der Ko-Konstruktion wird. Im Zusammenspiel dieser Modi des prozessualen Ordnens entstehen Strukturen von größerer raum-zeitlicher Reichweite. Für solche Strukturbildungen verwendet Anselm Strauss den Begriff der Verlaufskurve. Strauss definiert ihn in „Continual Permutations of Action" als

> (1) the course of any experienced phenomenon as it evolves over time (an engineering project, a chronic illness, dying, a social revolution, or national problems attending mass or ‚uncontrollable' immigration) and (2) the actions and interactions contributing to its evolution (Strauss 1993: 53f).

Barney Glaser und Anselm Strauss (1965; 1968) entwickelten das Konzept der Verlaufskurve ursprünglich „als Teil einer gegenstandsbezogenen Theorie über Sterben (...), ohne damit bereits Ansprüche auf den Status eines formalen, bereichsübergreifenden Theorieelements zu erheben" (Strübing 2007: 119). Fritz Schütze machte das Konzept für die Biographieforschung fruchtbar, indem er damit die Verarbeitung von Kriegserfahrungen des Zweiten Weltkrieges untersuchte (Schütze 1989; Riemann und Schütze 1991). Susan Leigh Star und Geoffrey Bowker (1997) sowie Stefan Timmermans (1998) arbeiteten in einem wissenschaftssoziologischen Kontext mit dem Verlaufskurvenkonzept. Dabei haben sie bereits gezeigt, dass Verlaufskurven nicht mit „Erleiden" oder „Ausgeliefertsein" in Verbindung stehen müssen, wie etwa bei Glaser, Strauss oder Schütze. Hans-Georg Soeffner, der das Werk von Anselm Strauss als „Theorie der Bewegung" bezeichnet, arbeitet die hohe theoretische Bedeutung des Verlaufskurvenkonzepts (‚trajectory') heraus (Soeffner 1991: 10):

> Unterschiedliche Subjekte mit unterschiedlichen Positionen, Aufgabenstellungen, Plänen, Hoffnungen, Gefühlen konstituieren für eine gewisse Zeit gesellschaftliche ‚Einheiten' durch ihr Zusammenwirken. Einige der Akteure sind eher im Zentrum des Geschehens, dem von allen unterstellten Handlungskern oder dem ‚zentralen Ereignis'. Andere bewegen sich an der Peripherie – allerdings mit einer gewissen Blickrichtung oder Perspektivik auf das vermutete ‚Zentrum' hin. Das eigentliche gesellschaftliche ‚Subjekt' dieses – am Kern engen, an der Peripherie weitmaschigen – Kooperationsgefüges ist die jeweilige gesellschaftliche Organisation selbst, das ‚trajectory'.

Im Folgenden zeige ich, dass das Verlaufskurvenkonzept sich auch eignet, um Konsumdynamiken in Haushalten zu analysieren und dabei die spezifischen Sinnhorizonte zu rekonstruieren, innerhalb derer Menschen ihr Leben und ihren Alltag entwerfen. Die Entstehung von „Zuhause" fasse ich dabei als eine solche Verlaufskurve, als einen Prozess, bei dem Wohnen als die Ausgestaltung von (Wohn-)Raum und von (Lebens-)Zeit eng verwoben wird mit verschiedenen Formen von Vergemeinschaftung wie z.B. familialer und paarförmiger. Räumlich geordnet und gestaltet wird die konkrete Umgebung – etwa das Eigenheim, die Wohnung, der Garten. Zeitlich strukturiert werden die Lebensführung und die Alltagsgestaltung der Haushaltsmitglieder, etwa: Wer wohnt wann und wie lange mit wem zusammen? Wie werden An- und Abwesenheit zuhause koordiniert und synchronisiert, so dass im Alltag ein Muster aus gemeinsam verbrachter Zeit zuhause und anderen Tätigkeiten außer Haus entsteht? Die Entstehung von „Zuhause" als Verlaufskurve zu betrachten öffnet den Blick auf diese und ähnliche Fragen zu Biographie(n) als lebenszeitlicher Perspektive einerseits und Wohnen als alltäglichem Vollzug andererseits.

Es geht hier gerade nicht darum zu unterstellen, dass einzelne Akteure die Entwicklung der Verlaufskurve vollständig kontrollieren können. Denn die Multiperspektivität und die Verteilung von Handlungsträgerschaft sind ja Kennzeichen von Verlaufskurven. Eine Zentrierung auf einzelne Akteure ist bereits in der Anlage meiner Untersuchung ausgeschlossen, weil es – neben vielem anderen – um die Paardyade geht. Wenn die Entstehung von „Zuhause" als Verlaufskurve in den Blick genommen wird und dabei die analytische Rekonstruktion um die Perspektive von Eigenheimbesitzenden bzw. von TechniknutzerInnen, und nicht etwa um eine Technologie herum zentriert ist, hat das einen ganz bestimmten Grund: Ich will damit zeigen, dass es Theorieperspektiven gibt, die NutzerInnen als wichtige Akteure von Technologiediffusion in den Blick nehmen, ohne dabei in eines der beiden Extreme von Technikdeterminismus oder rationaler Wahl zu verfallen. Der pragmatistische Handlungsbegriff, der dem Verlaufskurvenkonzept zugrunde liegt, eröffnet einen gangbaren Weg zwischen diesen problematischen – und doch in der Nachhaltigkeitsforschung so oft eingenommenen – Perspektiven. Damit wird der Kreativität des Handelns und der menschlichen Freiheit systematisch Platz eingeräumt, auch wenn das Maß an Gestaltungsfreiheit oder Kontrolle, das Akteure über die Entwicklung einer Verlaufskurve haben, unterschiedlich hoch ist.

14.2 Bau, Erwerb und Sanierung von Eigenheimen als distinkte Phasen der Verlaufskurve

Im Folgenden steht die Phase der hier vorgestellten Verlaufskurve im Zentrum, die Gegenstand der empirischen Analyse der vorangegangenen Kapitel war.[41] Bau und Erwerb von Eigenheimen sowie eventuell damit verknüpfte Sanierungsarbeiten sind lebensgeschichtlich besondere Ereignisse. Sie bilden distinkte Phasen in der Entstehung von „Zuhause" (für „trajectory phasing" vgl. Kapitel 3). In diese Phasen einge-

---

[41] Ich fasse hier nicht mehr alle Befunde zusammen, sondern verweise auf die Zusammenfassungen am Ende der jeweiligen Ergebniskapitel.

bettet ist eine erhöhte Reflexion auf die materialen Bedingungen des Wohnens, und es werden entscheidende Weichen in der Gestaltung des Zuhauses gestellt, beispielsweise Entscheidungen über die Organisation der häuslichen Wärmeversorgung, wie sie in der vorliegenden Arbeit im Zentrum standen. Der Spielraum für solche Entscheidungen ist unterschiedlich groß und Aushandlungen und Ordnungsbildungen erfolgen unter unterschiedlichen Bedingungen, von denen die Arbeit die folgenden Elemente vertieft bearbeitet hat. Einen ersten Überblick erlaubt die Graphik zur Verlaufskurve „Entstehung von Zuhause".

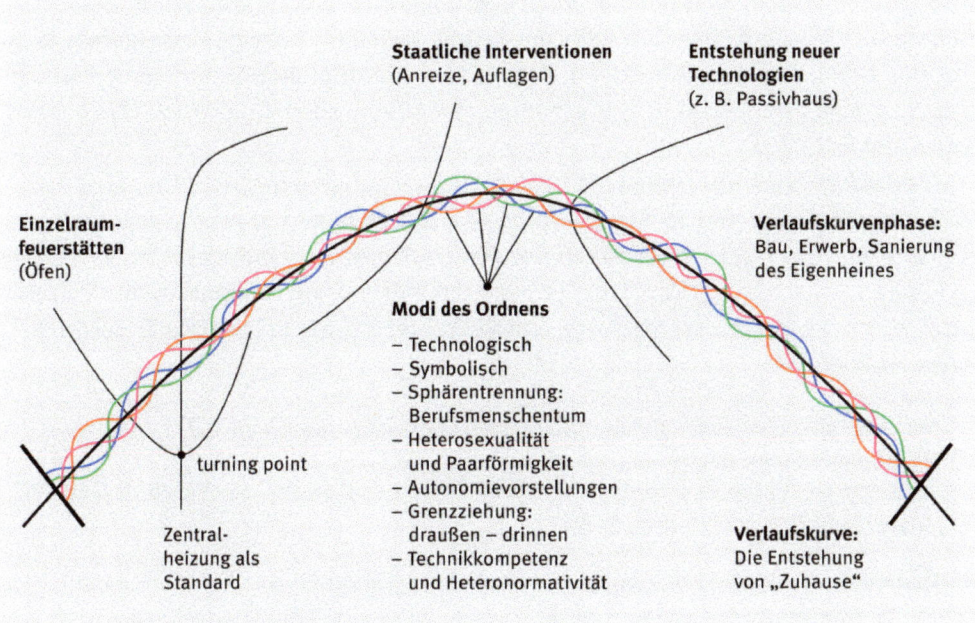

Abb. 5: Verlaufskurve „Entstehung von Zuhause".

Historisch gewachsene *Standards* erwiesen sich als wirksame Hintergrundfolie für wärmeenergiebezogene Entscheidungen. Die seit der Zeit nach dem Zweiten Weltkrieg erfolgende Ausbreitung von Zentralheizungen als Standardtechnologie des Heizens hat die Wärmeversorgung zu einem Bestandteil des technischen Gebäudemanagements werden lassen. Mit fossilen Energieträgern – Erdöl und Erdgas – sind dabei Möglichkeiten zur Vollautomatisierung bei der Bereitstellung von Raumwärme entstanden. Infolgedessen ist die Verfügbarkeit von Raumwärme als technologische Versorgungsleistung in Wohngebäuden zu einer Selbstverständlichkeitserwartung geworden (vgl. Kapitel 6 und 11).

Die im Zuge der Modernisierung und Industrialisierung erfolgende Einbindung von Haushalten in städtische Versorgungsinfrastrukturen, materialisiert etwa durch Leitungen, Netze und Anschlüsse, macht Haushalte zu *Konsumenten*haushalten (Häußermann und Siebel 2002), die angekoppelt sind an das System von Produktion und Innovation von Technologien. Aus diesem Grund spielen Haushalte nicht nur eine Rolle für aktuelle staatliche und europäische Bemühungen zur Reduktion des Gebäudeenergieverbrauches, sondern sie erfüllen als Abnehmer neuer Technologien auch eine wichtige Funktion für die Aufrechterhaltung von energietechnologischen Produktions- und Innovationszyklen. Diese Aspekte sind eng miteinander gekoppelt, und diese Kopplung prägt die Art und Weise, wie VerbraucherInnen und Haushalte konzipiert und addressiert werden: nämlich als solche, die durch Anreize und Verordnungen dazu gebracht werden sollen, ihre Gebäude zu sanieren und energieeffizienteren neuen Technologien den Vorzug vor alten zu geben. Das wird etwa daran deutlich, dass manche Entscheidungen für erneuerbare Wärmetechnologien darauf beruhen, dass sie mit dem Erhalt günstiger Kredite einhergehen (z.B. von der KfW). Die aus subjektiver Perspektive stattfindende Entstehung von Zuhause ist also auch verknüpft mit energietechnologischen Innovationsdynamiken (vgl. Kapitel 11).

Verlaufskurven, das zeigen die beiden vorangegangenen Abschnitte, sind historisch situiert und werden in Aushandlungen verschiedener relevanter sozialer Gruppen geformt. Um solche Dynamiken der Wechselwirkung theoretisch besser fassen zu können, entwickelt Stefan Timmermans das Verlaufskurvenkonzept von Anselm Strauss weiter hin zur Untersuchung eines „Mutual Tuning of Multiple Trajectories". Dabei stellt er fest:

> Any particular trajectory is (…) composed of the intersections of multiple other trajectories. (…) This mutual tuning forms the main dynamic of trajectories: they are shaped by others and shape others in turn; they define and are defined by, they align and are aligned vis-à-vis other trajectories (Timmermans 1998: 429ff).

In Auseinandersetzung mit Fragen der Handlungsfähigkeit des Nicht-Menschlichen macht Timmermans außerdem deutlich, dass auch Objekte eine Verlaufskurve haben können. Diese Perspektive auf die Kreuzung verschiedener Verlaufskurven von Technologien führt zu der Frage, welche Folgen mit einer Kreuzung verbunden sind. Im hier untersuchten Feld zeigt sich in Übereinstimmung mit Timmermans, dass eine mögliche Folge der Kreuzung von Verlaufskurven verschiedener Technologien darin liegt, dass eine qualitative Veränderung, ein „*turning point*" (ebd.: 431) in einer Verlaufskurve eintritt. So hat etwa die Entwicklung und Verbreitung der Zentralheizung die Verlaufskurve von Einzelraumfeuerstätten grundlegend verändert: Vor der weitgehend flächendeckenden Einführung von Zentralheizungssystemen überwog der *Gebrauchsnutzen von Einzelraumöfen* – sie waren die einzige Wärmequelle in Häusern. Inzwischen überwiegt der *imaginativ-symbolische Wert* von Wohnraumfeuerstätten, weil heutzutage der Holzofen oder Kamin im Wohnzimmer in vielen Fällen eine Zusatzoption der Wärmeversorgung ist. Durch diese historische Entwicklung wird es erst möglich, Öfen zur Inszenierung von Häuslichkeit zu nutzen. Dabei entsteht auch eine unterschiedliche Konfiguration von Wärmeenergie und von Wärmetechnologie: Einmal sind sie Bestandteil des *facility management* eines Gebäudes, also der technischen Versorgungsinfrastruktur, und einmal wird sie zum Bestandteil der Praktiken des *home making* seiner Bewohnenden, die „den Ofen füttern" (P3, 268) und gern als Familie um den Kamin herum sitzen. Aus Verbrauchersicht liegt der Charme von manuell befeuerten Einzelraumfeuerstätten wie z.B. Holzöfen darin, dass sie für „Natürlichkeit" stehen. Sie suggerieren ein „Es ist schon immer so gewesen" und erlauben einen imaginativ-symbolischen Rückgriff auf Versatzstücke der Tradition menschlicher Feuernutzung. Ein solcher Rückgriff erfüllt eine Funktion für die „gemeinsame Wette auf die Zukunft der Haushaltseinheit", als die Bourdieu und andere den Erwerb eines Eigenheimes betrachten (vgl. Kapitel 6): Denn in der Referenz auf Tradition, die etwa in der Nutzung von Holzöfen zum Ausdruck kommt, werden Beständigkeit und Kontinuität konstruiert.

Ein Schlüsselbegriff dafür, wie in der Verlaufskurve Wissen erzeugt wird, ist „Technikkompetenz". Vorstellungen davon, so zeigen die Ergebnisse, sind eng verknüpft mit einem vergeschlechtlichten Dualismus von Technik und Ästhetik, wodurch Handlungsvollzüge und der alltagspraktische Umgang mit Technik *als* geschlechtsdifferent *konstituiert* werden. Nicht immer hält diese Setzung von Differenz einer genaueren Befragung stand, wie die Beispiele der Kücheneinrichtung oder der Alltagsexpertin für die Ofenfeuerung zeigen (vgl. Kapitel 12). Hier wird die zirkuläre Logik deutlich, die das Verhältnis von Geschlecht und Technik auszeichnet: Als Technik wird wahrgenommen, was mit Männlichkeit verknüpft ist. Eine Irritation dieser Verknüpfung zieht Reparationsleistungen der beteiligten Akteure an der heterosexuellen Geschlechterordnung nach sich, etwa indem eine Situation zur Ausnahme erklärt wird oder indem neue Differenzierungen eingeführt werden (z.B. zwischen männlicher Technikbeherrschung und weiblicher Techniknutzung, vgl. Kapitel 12). Auf diese Weise, und indem Brüche und Widersprüche geglättet werden, geht das normative Postulat einer heterosexuellen Geschlechterordnung in Erfüllung, die höheres Technikwissen von Männern behauptet. Was als Technikwissen gilt, ist einer (paarinternen) Aushandlung unterworfen, so dass das normative Postulat zu einer selbsterfüllenden Prophezeiung wird. Die *Konstruktion von Technikkompetenz* erweist sich damit *als ein Modus der Herstellung von Heterosexualität*.

Ähnliches wird im Sample dort sichtbar, wo die befragten Frauen technische Berufsausbildungen hatten (einen Ingenieur- und einen baubezogenen Handwerksberuf). Das dort erworbene Technikwissen wird in der gemeinsamen Aushandlung des Paares als geringer im Vergleich zum ebenfalls beruflich erworbenen Technikwissen der Ehemänner eingestuft. Die paarinterne Ökonomie der Zuständigkeiten führt schließlich dazu, dass das Technikwissen der beiden Frauen irrelevant wird. In diesen sowie den oben erwähnten Beispielen der Herstellung von Geschlechtsdifferenz durch das Medium Technik bestätigt sich die Analyse von Stefan Hirschauer über die konstitutive Verschränkung von Zweigeschlechtlichkeit und Zweierbeziehung:

> Das geschlechtsungleiche Paar reproduziert (...) nicht nur Ungleichheiten im Sinne der Sozialstrukturanalyse (...), es reproduziert in erster Linie die Geschlechtsungleichheit, die ihm konstitutiv zugrunde liegt, das heißt, es reproduziert a) ein kulturelles Ordnungssystem, das Gesellschaftsmitglieder überhaupt erst als Frauen oder Männer erscheinen lässt (doing gender), und b) den Sinn seiner selbst als Bezeichnung von Ungleichen (doing heterosexuality) (Hirschauer 2013: 51).

Die in Paarinteraktionen entstehende Wissensordnung, durch die Geschlechterdifferenz und Verständnisse von Technik ko-konstruiert werden, ist mit sozialstrukturellen Ungleichheitslagen verwoben, die technische Berufe eine hartnäckige Domäne von Männern verbleiben lassen. Auf die historisch flexiblen Modi der Vergeschlechtlichung im Verhältnis von Technik und Männlichkeit und auf die besondere Bedeutung des Ingenieurberufs für diese Verknüpfung bin ich im Theorieteil eingegangen (vgl. Kapitel 5). Für die hier eingenommene Analyseperspektive auf Häuslichkeitspraktiken war es wichtig herauszuarbeiten, wie Geschlechterdifferenzierung situativ entsteht. Vor diesem Hintergrund konnte die Analyse als ein zentrales Ergebnis zeigen, dass die Bezugnahme auf beruflich erworbenes „Technikwissen" immer eine aktive Herstellungsleistung ist, die die Akteure erbringen oder eben nicht erbringen (wie die beiden Frauen mit technischen Berufsausbildungen). Die Analyse zeigt somit Geschlechterdifferenzierungen bei der Frage, ob die Gesprächspartner hinsichtlich der Frage nach Technikwissen als Berufsmenschen auftreten oder als Privatpersonen. Ein *Auftreten als Berufsmensch* wird dabei zu einer *Ressource für die Darstellung von Männlichkeit*, weil der für die vorliegenden Fälle relevante Prototyp des Berufsmenschen, nämlich die Figur des Ingenieurs und Technikers, gleichzeitig ein Inbegriff von Männlichkeit ist. Geschlechterdifferenzierung wird somit möglich durch die geschlechtlich aufgeladene Grenzziehung zwischen Berufsförmigkeit und Privatheit. Hierin liegt im vorliegenden Sample das „Doing Structure", das Nentwich und Kelan (2013) als eine Form von „Doing Gender" bezeichnen, und das dadurch ermöglicht wird, dass geschlechterdifferenzierende Strukturen in Konzeptionen von Arbeit eingelassen sind (vgl. ebd.: 4).

Die hier vorgelegten Ergebnisse erweitern die Befunde der von Nentwich und Kelan durchgesehenen Studien dahingehend, dass „doing gender while doing the job" nicht nur in Organisationen der Erwerbsarbeit stattfindet, die ‚per se' einen professionellen Kontext darstellen, sondern auch dort, wo der eigene Beruf in einem anderen Kontext relevant gemacht wird, etwa im Kontext des privaten Wohnens. Die Folge einer solchen Relevantsetzung sind situative Ordnungsbildungen, in denen hierarchische Verständnisse von Technikwissen erzeugt werden, wie sie etwa in der Aussage von Frau Dreher zum Ausdruck kommen: „(...) mit der Technik und den Handwerkern hat er sich herumgeschlagen. Das war nicht mein Part. Weil er sich auch mit der Technik besser ausgekannt hat" (P3, 39ff; vgl. Kapitel 12). Gleichzeitig weist die Analyse auch Fälle einer Dethematisierung geschlechterdifferenzierender Technikbezüge auf, und es deutet sich ein Zusammenhang zu der von den Partnern praktizierten Arbeitsteilung von Erwerbs- und Familienarbeit an: Eine stärkere Orientierung der Partner an Idealen von Partnerschaftlichkeit lässt, so meine These, auch die Attraktivität von geschlechterdifferenzierenden Technikbezügen für die Dar- und Herstellung von Paaridentität sinken (vgl. Kapitel 12).

Im Blick auf die Bedeutung erneuerbarer Energieträger wurden symbolische Aspekte herausgearbeitet, die Energieträger für die Herstellung von Häuslichkeit besitzen. Erneuerbare Energie wird von vielen mit einer *Verheißung von Unabhängigkeit* in Verbindung gebracht, was ein Motiv für ihre Nutzung bildet. Im Hinblick auf Biomasse und insbesondere Scheitholz als dem zahlenmäßig wichtigsten Energieträger im Segment der erneuerbaren Wärmeenergie wird nicht selten bereits die Möglichkeit ihrer regionalen Herkunft als Garant für eine Unabhängigkeit von Weltmarktrisiken wahrgenommen. Auf diese Weise werden die Bezugnahme auf die regionale Wohnumgebung und die Konstruktion von Naturbeziehungen zu einem Bestandteil der Herstellung von Häuslichkeit: Das Eigenheim wird in einem konkreten räumlichen Kontext verortet, und es wird eine Ordnung von „Natur"-Beziehungen geschaffen. Konkret und besonders sichtbar wird dies an der *do-it-yourself*-Praktik des Schlagens und Bereitens von Scheitholz.

Diese Praktik der Holzverarbeitung bildet zugleich eine symbolische Ressource der Geschlechterdifferenzierung anhand der Unterscheidung von *draußen und drinnen*: Der Wald wird dabei zum Gegenentwurf von Häuslichkeit, und das Holzmachen wird erzählt als ein Unterfangen, bei dem Normen von Körperkraft, Naturbeherrschung und Kompetenz im Umgang mit Maschinen die dominante Logik bilden. Christine Katz bezeichnet diese Praktiken als „Doing Gender While Doing Nature", und obwohl hier wiederum Forstberufe die Grundlage der Analyse bilden, zeigen sich doch im Hinblick auf die Waldarbeit von ‚Privatmenschen' dieselben Befunde, nämlich dass „physische Stärke, Muskelkraft sowie die ‚Härte' und Gefährlichkeit der Waldarbeit" als Gründe für ihre Bewertung als Männerarbeit geltend gemacht werden (Katz 2011: 183).

Die hier eingenommene Perspektive von symbolischen Ordnungen verdeutlicht, dass „Nachhaltigkeit" oder „Umweltfreundlichkeit" bei weitem nicht die einzige Motivation der Verwendung erneuerbarer Energien für die Wärmeversorgung des Eigenheimes bilden. Vielmehr sind Entscheidungen im Rahmen von Bau, Erwerb oder Sanierung von Eigenheimen immer eingebettet in das komplexe Geflecht der alltäglichen Lebensvollzüge von Menschen. Mit der vorliegenden Arbeit werden daher die Anschaffung und Nutzung von Energietechnologien nicht eingeengt auf eine Perspektive der rationalen Wahl betrachtet, sondern es wird der größere Zusammenhang der Handlungssituation berücksichtigt. Erst dann wird nachvollziehbar, weshalb die Verwendung sogenannter nachhaltiger Energietechnologien zur Wärmeversorgung im Eigenheim keiner strengen Logik von Energieeffizienz folgt, wie sie von manchen Akteuren der Technologiediffusion vielleicht erwünscht ist.[42] Eine Betrachtungsweise, die der umfassenderen Handlungssituation – hier: der Entstehung von „Zuhause" – Rechnung trägt, vermag neue Perspektiven für Forschung und Praxis im Namen von nachhaltigem Konsum zu eröffnen. Sie erweitert den Horizont, vor dem Konsumverhalten als Sinn stiftende Praxis verständlich wird, und sie zeugt von der Bedeutung, die alltäglicher Lebensführung und (familialer) Vergemeinschaftung für Fragen von Persistenz und Wandel von Konsummustern zukommt.

---

[42] Zu ganz ähnlichen Ergebnissen kamen Cecily Maller und andere in ihrer Untersuchung von „green renovations", bei denen die Befragten durch die Renovierung von Küchen und Badezimmern dezidiert auch eine Reduktion von Umweltfolgen anstrebten. Die Renovierungsarbeiten werden als Praktiken analysiert, die „represent nexuses or intersections of daily routines, aspirations about what constitutes the ideal home, and narratives of environmental sustainability – rather than being solely about the latter (Maller, Horne et al.: 5).

15 Ausblick und Schluss

Die in der vergangenen Arbeit entfaltete pragmatistisch-interaktionistische Theorieperspektive ist dazu angetan, andere Bereiche zu untersuchen, in denen gegenwärtig an der Transformation von Energieregimen gearbeitet wird. Um Aushandlungsprozesse zwischen verschiedenen Akteuren in den Blick zu nehmen – etwa Vertretern von Unternehmen, von staatlichen und überstaatlichen Institutionen sowie zivilgesellschaftlichen Akteuren, die um nachhaltigere Lösungen für die zukünftige Energieversorgung ringen – eignet sich die von Strauss und KollegInnen entwickelte Analyse von sozialen Welten und Arenen (Strauss 1978; Clarke 1991; 2012b). Damit geraten beispielsweise bedeutende Streitpunkte in den Blick, und die Frage wie damit umgegangen wird und welche Lösungen wie entwickelt werden, lässt sich unter Rückgriff auf und in Weiterentwicklung von theoretischen Konzepten und forschungspraktischen Vorschlägen aus dem Arbeitsumfeld von Anselm Strauss analysieren. Der Grund für diese vielfältige Eignung der Strauss'schen Begriffstechnik liegt in deren Skalierbarkeit oder ‚zoomability':

> Die zentralen Begriffe der interaktionistischen Sozialtheorie, insbesondere die der Theorie sozialer Welten, lassen sich sowohl auf Phänomene eher im Mikrobereich sozialen Handelns als auch auf vermeintliche Makrophänomene anwenden. ‚Soziale Welten' können sehr klein sein (die Schrebergärten hinter dem Bahndamm) oder auch sehr groß und weitreichend (religiöse Moslems), sie entstehen und vergehen dennoch in gleichartigen Prozessen. Gleiches gilt für ‚Arenen', für ‚articulation work', ‚interactional alignment' und auch für ‚Verlaufskurven' (Strübing 2005: 346).

Ausgehend von der vorliegenden Arbeit könnten somit andere Verlaufskurven rekonstruiert werden, um etwa Technologietrajektorien systematischer als hier erfolgt zu untersuchen: Welche Folgen hat die Ausbreitung der Passivhaustechnologie für den Energieverbrauch in Haushalten? In welchen Arenen wird ausgehandelt, welche Technologien als geeignet für zukünftige Energieregime gelten? Diese und ähnliche Fragen tragen dazu bei, dass die Energieforschung selbstreflexiver auf die Bedingungen und stillschweigenden Annahmen ihrer eigenen Wissensproduktion wird.

Auch hinsichtlich der theoretischen Integration von Phänomenen des *doing gender* mit dem Verlaufskurvenkonzept werfen die Ergebnisse der vorliegenden Arbeit weitere Fragen auf: Ist *doing gender* ein Ordnungsmodus, so wie Strauss etwa technologische, ästhetische und räumliche Ordnungen nennt? Ist Geschlecht ein Effekt, der sich aus dem Ineinandergreifen verschiedener Ordnungsbildungen ergibt? Dafür spricht, dass man verschiedene Facetten von *doing gender* (Nentwich und Kelan 2013), etwa die heteronormative Konstruktion von Technikkompetenz, die Grenzziehung zwischen drinnen und draußen, die Relevantsetzung der Sphärentrennung durch das „doing being a Berufsmensch" als verteilte Elemente von Verlaufskurven bezeichnen könnte, deren Zusammenwirken Geschlecht als mehr oder weniger stabile Identitätskategorie erscheinen lassen. Eine sorgfältige theoretische Ausarbeitung und Verhältnisbestimmung ist jedoch ein zukünftiges Desiderat, das hoffentlich vor allem durch weitere empirische Forschungsarbeiten eingelöst werden kann. Dazu könnte auch eine Auseinandersetzung mit der Frage gehören, weshalb Strauss sich in „Continual Permutations of Action" nicht weitergehend mit Fragen von *race, class* und *gender* auseinandersetzt, die z.B. in ethnomethodologischer Tradition als „ubiquitous manifestations of social inequality, repression, and domination seen in Western societies" gelten (Fenstermaker und West 2001; 2002: 205).[43] Die elaborierten, in der ethnomethodologischen Tradition verwurzelten Ansätze von *doing gender* und von *doing difference* jedenfalls sind dazu angetan, den Dialog mit der Handlungstheorie von Strauss fortzusetzen, der in der hier vorgelegten Arbeit gerade erst begonnen wurde:

> If we allow for the constant confluence of what we have called ‚situated social action' und sozial structure, how race, class, and gender are done is informed both by past practice and by a response to the normative order of the moment (Fenstermaker und West 2002: 210).

Die Frage, wie sich die „normative order of the moment" zu Strauss' Modi des Ordnens verhält, kann theoretische Entwicklungen in beide Richtungen vorantreiben. Dies wäre auch im Sinne von Strauss, denn er war kein Anhänger eines Theorienpurismus oder einer Schulenbildung. Vielmehr ging es ihm in guter pragmatistischer Tradition darum, Sozialforschung als dialogische Entwicklung von Theorie und Empirie zu betreiben.

In diesem Sinne einer wechselseitigen Bezugnahme theoretischer Einsichten und empirischer Befunde ist auch die vorliegende Arbeit verfahren: Sie ging der Frage nach, was „Konsum" sei, wie wir verstehen können, was Menschen „tun", wenn sie „Wärmeenergie konsumieren", und wie (thermischer) Komfort entsteht. Diese Prozesse wurden in ihrer Bedeutung für die Entstehung von „Zuhause" betrachtet, so dass Aspekte der Identitätsstiftung, der geschlechterdifferenzierenden Arbeitsteilung sowie der Vergemeinschaftung zentral wurden. Dies ermöglichte ein vertieftes Verständnis der Aneignung und Nutzung von (Energie-)Technologie im Haushalt. Eine Definition von „nachhaltigem Konsum" sucht man in dieser Arbeit allerdings vergeblich – das hier verwendete theoretische Handwerkszeug erlaubt keinen entsprechenden Umgang mit dem Normativen. Vielmehr ging es in dieser Arbeit darum, in einer Haltung des „interesselosen Interesses" (Lindner 1990: 13) analytisch verdichtete Geschichten aus der Alltagswelt zu erzählen. Denn, um noch einmal Adele Clarke und Susan Leigh Star (1998: 342) zu bemühen: *Stories are fabrics of life*.

---

[43] Hinweise dafür finden sich bei Clarke (2008) sowie in einem online erschienenen Nachruf auf Strauss von Susan Leigh Star (1997). Siehe jedoch auch Strauss 1993: 210ff.

Abbildungsverzeichnis

Abbildung 1: Bedingungsmatrix (Strauss und Corbin 1998) —— 23
Abbildung 2: Situationsmatrix (Clarke 2012) —— 25
Abbildung 3: Handlungssituation „Entstehung von Zuhause" —— 66–67
Abbildung 4: Feuerstätten für Wohnräume und für Funktionsräume —— 96
Abbildung 5: Verlaufskurve „Entstehung von Zuhause" —— 135

Literaturverzeichnis

Gedruckte Quellen

Achatz, J. (2005): *Geschlechtersegregation am Arbeitsmarkt*, in: M. Abraham und T. Hinz, Hrsg., Arbeitsmarktsoziologie. Probleme, Theorien, empirische Befunde. Wiesbaden, VS Verlag für Sozialwissenschaften: 263–302.

Algesheimer, R. und C. Gurau (2008): *Introducing structuration theory in communal consumption behavior research.* Qualitative Market Research **11**(2): 227–245.

Asendorf, D. (2011): *7 Milliarden mal Wachstum. Der deutsche Wald soll fast Unmögliches leisten: Rohstoffe und Energie liefern – und das Klima schützen. Ob unser Holz künftig ausreicht, soll eine Bundeswaldinventur klären.* DIE ZEIT **47**: 39f.

Atkinson, P. und A. Coffey (2001): *Revisiting the Relationship between Participant Observation and Interviewing*, in: J. F. Gubrium und J. A. Holstein, Hrsg., Handbook of Interview Research. Thousand Oaks u.a., Sage: 801–814.

Aune, M. (2002): *Users versus Utilities – The Domestication of an Energy Controlling Technology*, in: A. Jamison und H. Rohracher, Hrsg., Technology Studies and Sustainable Development. München/Wien, Profil: 383–406.

Becker, H. S. (1986): *Writing for Social Scientists. How to Start and Finish Your Thesis, Book, or Article.* Chicago, University of Chicago Press.

Berg, C. und M. Milmeister (2011): *Im Dialog mit den Daten das eigene Erzählen der Geschichte finden: Über die Kodierverfahren der Grounded-Theory-Methodologie*, in: G. Mey und K. Mruck, Hrsg., Grounded Theory Reader. Wiesbaden, VS Verlag für Sozialwissenschaften: 303–332.

Berger, P. und H. Kellner (1965): *Die Ehe und die Konstruktion der Wirklichkeit. Eine Abhandlung zur Mikrosoziologie des Wissens.* Soziale Welt **16**: 220–235.

Berger, P. und T. Luckmann (1969 [1966]): *Die gesellschaftliche Konstruktion der Wirklichkeit. Eine Theorie der Wissenssoziologie.* Frankfurt a.M., Fischer.

Bijker, W. E., T. P. Hughes, et al., Hrsg. (1987): *The Social Construction of Technological Systems. New Directions in the Sociology and History of Technology.* Cambridge, MA/London, The MIT Press.

BMU, Hrsg. (2009): *Greentech made in Germany 2.0. Umwelttechnologie-Atlas für Deutschland.* München, Vahlen.

Bogusz, T. (2009): *Rezension von Andreas Hetzel, Jens Kertscher; Rölli, Marc (Hrsg.): Pragmatismus – Philosophie der Zukunft?* Sozialer Sinn. Zeitschrift für hermeneutische Sozialforschung **10**(1): 215–221.

Bongaerts, G. (2007): *Soziale Praxis und Verhalten – Überlegungen zum Practice Turn in Social Theory.* Zeitschrift für Soziologie (04): 246–260.

Bourdieu, P. (1987): *Die feinen Unterschiede. Kritik der gesellschaftlichen Urteilskraft.* Frankfurt/Main, Suhrkamp.

Bourdieu, P. (2005): *Die männliche Herrschaft.* Frankfurt/Main, Suhrkamp.

Bourdieu, P. und L. J. D. Wacquant (1996): *Reflexive Anthropologie.* Frankfurt/Main, Suhrkamp.

Bourdieu u.a., P. (1998): *Der Einzige und sein Eigenheim. Herausgegeben von Margareta Steinrücke. Mit einem Vorwort von Margareta Steinrücke und Franz Schultheis.* Hamburg, VSA.

Braudel, F. (1990): *Sozialgeschichte des 15.–18. Jahrhunderts: Der Alltag.* München, Kindler.

Breuer, F. (2010): *Reflexive Grounded Theory. Eine Einführung für die Forschungspraxis.* Wiesbaden, VS.

Brewer, P. (2000): *From Fireplace to Cookstove. Technology and the Domestic Ideal in America*. Syracuse, Syracuse University Press.

Brown, S. und G. Walker (2008): *Understanding heat wave vulnerability in nursing and residential homes*. Building Resesarch and Information (Special issue on Comfort in a Low Carbon Society) **36**(4): 363–372.

Bundesrepublik Deutschland (2010): *Nationaler Aktionsplan für erneuerbare Energie gemäß der Richtlinie 2009/28/EG zur Förderung der Nutzung von Energie aus erneuerbaren Quellen*. Berlin.

Butler, J. (2004): *Undoing gender*. New York, Routledge.

Çaglar, G., H. Schwenken, et al. (2010): *Geschlecht – Macht – Klima. Feministische Perspektiven auf Klima, gesellschaftliche Naturverhältnisse und Gerechtigkeit.*, Politik und Geschlecht. Leverkusen, Budrich.

Charmaz, K. (2006): *Constructing Grounded Theory. A Practical Guide Through Qualitative Analysis*. London [u.a.], SAGE Publications Ltd.

Charmaz, K. C. (2011): *Grounded Theory konstruieren. Kathy C. Charmaz im Gespräch mit Antony J. Puddephatt*, in: G. Mey und K. Mruck, Hrsg., Grounded Theory Reader. Wiesbaden, VS Verlag für Sozialwissenschaften: 89–108.

Clarke, A. (1991): *Social Worlds/Arenas Theory as Organizational Theory*, in: D. R. Maines, Hrsg., Social Organization and Social Process: Essays in Honor of Anselm Strauss. New York, Aldine: 119–158.

Clarke, A. (2008): *Sex/gender and race/ethnicity in the legacy of Anselm Strauss*, in: N. Denzin, Hrsg., Studies in Symbolic Interaction **32**. Bingley, JAI: 161–176.

Clarke, A. (2012a): *Feminism, Grounded Theory, and Situational Analysis Revisited. Theory and Praxis.*, in: S. N. Hesse-Biber, Hrsg., The Handbook of Feminist Research. Los Angeles [u.a.], SAGE: 388–412.

Clarke, A. (2012b): *Situationsanalyse. Grounded Theory nach dem Postmodern Turn*. Wiesbaden, VS Verlag für Sozialwissenschaften.

Clarke, A. E. und L. S. Star (1998): *On Coming Home and Intellectual Generosity*. Symbolic Interaction **21**(4): 341–351.

Clarke, A. E. und L. S. Star (2008): *The Social Worlds Framework: A Theory/Methods Package*, in: E. J. Hackett, O. Amsterdamska, M. Lynch und J. Wajcman, Hrsg., The Handbook of Science and Technology Studies. Cambridge, The MIT Press: 113 – 137.

Cockburn, C. und S. Ormrod (1993): *Gender and technology in the making*. London, Sage.

Cockburn, C. und S. Ormrod (1997): *Wie Geschlecht und Technologie in der sozialen Praxis "gemacht" werden*, in: I. Dölling und B. Krais, Hrsg., Ein alltägliches Spiel. Geschlechterkonstruktionen in der sozialen Praxis. Frankfurt/Main, Suhrkamp: 17–48.

Connell, R. W. (1987): *Gender and Power: Society, the Person and Sexual Politics*. Cambridge, Polity Press.

Crowley, J. E. (2001): *The Invention of Comfort. Sensibilities and Design in Early Modern Britain and Early America*. Baltimore/London, The Johns Hopkins University Press.

De Vault, M. L. (2007): *Knowledge From the Field*, in: C. Calhoun, Hrsg., Sociology in America. A History. Chicago, University of Chicago Press: 155–182.

Deegan, M. J. (1988): *Jane Addams and the men of the Chicago School, 1892–1913*. New Brunswick, Transaction Books.

Deegan, M. J. (2002): *Race, hull house and the University of Chicago: A new conscience against ancient evils*. Westport, Praeger.

Defila, R., A. Di Giulio, et al., Hrsg. (2011): *Wesen und Wege nachhaltigen Konsums. Ergebnisse aus dem Themenschwerpunkt "Vom Wissen zum Handeln – Neue Wege zum nachhaltigen Konsum"*. München, oekom.

Denzin, N. K. (1996): *Prophetic Pragmatism and the Postmodern: A Comment on Maines*. Symbolic Interaction **19**(4): 341–355.

Deutsch, F. (2007): *Undoing Gender*. Gender & Society **21**(1): 106–127.

Dewey, J. (1934): *Art as Experience*. New York, Minton, Balch and Co.

Dewey, J. (1972 [1896]): *The Reflex Arc Concept in Psychology*, in: J. A. Boydston, Hrsg., The Early Works of John Dewey. 1882–1898. London/Amsterdam, Southern Illinois University Press: 96–109.

Dewey, J. (1980): *Kunst als Erfahrung*. Frankfurt am Main, Suhrkamp.

Dewey, J. M. (1939): *Biography of John Dewey*, in: P. A. Schillp, Hrsg., The Philosophy of John Dewey. Evanston, Illinois, Northwestern University: 25–26.

DIN, Hrsg. (2005): *Deutsches Institut für Normung e.V.: Heizungsanlagen in Gebäuden. Verfahren zur Berechnung der Norm-Heizlast. Kommentar zur DIN EN 12831 und Beiblatt 1 einschließlich Änderung A1*. Berlin/Wien/Zürich, Beuth.

Duden-Redaktion (2001): *Das Herkunftswörterbuch, Stichwort: Komfort*. Mannheim u.a., Dudenverlag.

Easthope, H. (2004): *A place called home*. Housing, Theory and Society **21**(3): 128–138.

Esser, H. (2003): *Der Sinn der Modelle. Antwort auf Götz Rohwer*. Kölner Zeitschrift für Soziologie und Sozialpsychologie **55**: 359–368.

Fachagentur Nachwachsende Rohstoffe e.V. (2007): *Handbuch: Bioenergie-Kleinanlagen*. Gülzow.

Faulkner, W. (2000): *Dualisms, Hierarchies and Gender in Engineering*. Social Studies of Science **30**(5): 759–792.

Faulkner, W. (2007): *"Nuts and Bolts and People". Gender-Troubled Engineering Identities*. Social Studies of Science **37**(3): 331–356.

Feld, H. (2013): *Das Ende des Seelenglaubens. Vom antiken Orient bis zur Spätmoderne*. Berlin, LIT.

Fenstermaker, S. und C. West (2001): *Doing difference revisited. Probleme, Aussichten und der Dialog in der Geschlechterforschung*, in: B. Heintz, Hrsg., Geschlechtersoziologie. Wiesbaden, Westdeutscher Verlag: 236–249.

Fenstermaker, S. und C. West (2002): *"Doing Difference" Revisited: Problems, Prospects, and the Dialogue in Feminist Theory*, in: S. Fenstermaker und C. West, Hrsg., Doing Gender, Doing Difference. Inequality, Power, and Institutional Change. New York/ London, Routledge: 205–216.

Frerichs, P. und M. Steinrücke (1997): *Kochen – ein männliches Spiel? Die Küche als geschlechts- und klassenstrukturierter Raum*, in: I. Dölling und B. Krais, Hrsg., Ein alltägliches Spiel. Geschlechterkonstruktionen in der sozialen Praxis. Frankfurt/Main, Suhrkamp: 231–258.

Fuchs-Heinritz, W. (2009): *Biographische Forschung. Eine Einführung in Praxis und Methoden*. Wiesbaden, VS Verlag für Sozialwissenschaften.

Geertz, C. (2003): *Dichte Beschreibung. Beiträge zum Verstehen kultureller Systeme*. Frankfurt am Main, Suhrkamp.

Gildemeister, R. (2008): *Soziale Konstruktion von Geschlecht: "Doing gender"*, in: S. M. Wilz, Hrsg., Geschlechterdifferenzen – Geschlechterdifferenzierungen. Wiesbaden, VS Verlag für Sozialwissenschaften: 167–198.

Gildemeister, R. und K. K. Hericks (2012): *Geschlechtersoziologie. Theoretische Zugänge zu einer vertrackten Kategorie des Sozialen*. München, Oldenbourg Wissenschaftsverlag.

Gildemeister, R. und G. Robert (2008): *Geschlechterdifferenzierungen in lebenszeitlicher Perspektive: Interaktion – Institution – Biografie*. Wiesbaden, VS Verlag für Sozialwissenschaften.

Gispen, K. (1990). *New Profession, Old Order. Engineers and German Society 1815–1914*. Cambridge, Cambridge University Press.

Glaser, B. G. und A. L. Strauss (1965): *Awareness of Dying*. Chicago, Aldine Transaction.

Glaser, B. G. und A. L. Strauss (1967): *The Discovery of Grounded Theory*. Chicago, Aldine Atherton.
Glaser, B. G. und A. L. Strauss (1968): *Time for Dying*. Chicago, Aldine Transaction.
Gobo, G. (2008): *Doing Ethnography*. London u.a., SAGE Publications.
Goffman, E. (1964): *The neglected situation*. American Anthropologist **66**(2): 133–136.
Goffman, E. (1974): *Frame Analysis: An Essay on the Organization of Experience*. Boston, Mass., Northeastern University Press.
Goffman, E. (1977a): *The arrangement between the sexes*. Theory and Society **4**(3): 301–331.
Goffman, E. (1977b): *Rahmen-Analyse. Ein Versuch über die Organisation von Alltagserfahrungen*. Frankfurt a.M., Suhrkamp.
Goffman, E. (1979): *Gender advertisements*. London, The Macmillan Press.
Goffman, E. (1981): *Geschlecht und Werbung*. Frankfurt am Main, Suhrkamp.
Goffman, E. (1994): *Das Arrangement der Geschlechter*, in: H. A. Knoblauch, Hrsg., Erving Goffman: Interaktion und Geschlecht. Frankfurt a.M./New York, Campus Verlag.
Gorman-Murray, A. (2006): *Gay and Lesbian Couples at Home: Identity Work in Domestic Space*. Home Cultures **3**(2): 145–167.
Gorman-Murray, A. (2007): *Reconfiguring Domestic Values: Meanings of Home for Gay Men and Lesbians*. Housing, Theory & Society **24**(3): 229–246.
Gram-Hanssen, K. (2010): *Standby Consumption in Households Analyzed With a Practice Theory Approach*. Journal of Industrial Ecology **14**: 150–165.
Gram-Hanssen, K. und C. Bech-Danielsen (2004): *House, Home and Identity from a Consumption Perspective*. Housing, Theory and Society **21**(1): 17–26.
Hargreaves, T. (2011): *Practice-ing behaviour change: Applying social practice theory to pro-environmental behaviour change*. Journal of Consumer Culture **11**(1): 79–99.
Harris, H. J. (2008): *Conquering winter: US consumers and the cast-iron stove*. Building Research & Information (Special issue on Comfort in a Low Carbon Society) **36**(4): 337–350.
Hausen, K. (1976): *Die Polarisierung der "Geschlechtscharaktere" – eine Spiegelung der Dissoziation von Erwerbs- und Familienleben*, in: W. Conze, Hrsg., Sozialgeschichte der Familie in der Neuzeit Europas: neue Forschungen. Stuttgart, Klett: 363–393.
Häußermann, H., et al. (2004): *Stadtsoziologie. Eine Einführung*. Frankfurt am Main, Campus.
Häußermann, H. und W. Siebel (2002): *Stadtsoziologie. Eine Einführung*. Frankfurt/ New York, Campus.
Heijs, W. (1994): *The dependent variable in thermal comfort research – some psychological considerations.*, in: N. Oseland und M. A. Humphreys, Hrsg., Thermal comfortpast present and future: Proceedings of the conference of june. Garston, Watford Building Research Establishment: 40–51.
Helfferich, C. (2009): *Die Qualität qualitativer Daten: Manual für die Durchführung qualitativer Interviews*. Wiesbaden, VS Verlag für Sozialwissenschaften.
Hermanns, H. (2007): *Interviewen als Tätigkeit*, in: U. Flick, E. v. Kardorff und I. Steinke, Hrsg., Qualitative Forschung. Ein Handbuch. Reinbek bei Hamburg, Rowohlt-Taschenbuch-Verlag: 360–368.
Hinton, E. D. und M. K. Goodman (2009): *Sustainable Consumption: Developments, considerations and new directions*. Environment, Politics and Development Working Paper Series, 12.
Hirschauer, S., Hoffmann, A., & Stange, A. (2015): *Interviewing Couples as Participant Observation: On Present Absentees and Watching Performers*. FQS **30**(3).
Hirschauer, S. (2013): *Geschlechts(in)differenz in geschlechts(un)gleichen Paaren. Zur Geschlechterunterscheidung in intimen Beziehungen*. Gender – Sonderheft 2: Paare und Ungleichheiten – eine Verhältnisbestimmung: 36–56.

Hirschauer, S. (2001): *Das Vergessen des Geschlechts. Zur Praxeologie einer Kategorie sozialer Ordnung*, in: B. Heintz, Hrsg., Geschlechtersoziologie. Wiesbaden, Westdeutscher Verlag: 209–235.

Hitzler, R. (1994): *Wissen und Wesen des Experten. Ein Annäherungsversuch – zur Einleitung*, in: R. Hitzler, A. Honer und C. Maeder, Hrsg., Expertenwissen. Die institutionalisierte Kompetenz zur Konstruktion von Wirklichkeit. Opladen, Westdeutscher Verlag: 13–31.

Hitzler, R. (2007): *Wohin des Wegs? Ein Kommentar zu neueren Entwicklungen in der deutschsprachigen "qualitativen" Sozialforschung*. Forum Qualitative Sozialforschung **8**(3): Art. 4.

Hitzler, R. und A. Honer (1988): *Reparatur und Repräsentation. Zur Inszenierung des Alltags durch Do-It-Yourself*, in: H.-G. Soeffner, Hrsg., Kultur und Alltag. Soziale Welt, Sonderband 6. Göttingen, Otto Schwartz & Co: 267–284.

Hofmeister, S., C. Katz, et al. (2013): *Geschlechterverhältnisse und Nachhaltigkeit. Die Kategorie Geschlecht in den Nachhaltigkeitswissenschaften*. Opladen u.a., Verlag Barbara Budrich.

Honer, A. (1991): *Die Perspektive des Heimwerkers. Notizen zur Praxis lebensweltlicher Ethnographie*, in: D. Garz und K. Kraimer, Hrsg., Qualitativ-empirische Sozialforschung. Konzepte, Methoden, Analysen. Opladen, Westdeutscher Verlag: 319–342.

Hopf, C. (2007): *Qualitative Interviews. Ein Überblick.*, in: U. Flick, E. v. Kardorff und I. Steinke, Hrsg., Qualitative Forschung. Ein Handbuch. Reinbek bei Hamburg, Rowohlt-Taschenbuch-Verlag: 349–359.

Jäckel, M. (2006): *Einführung in die Konsumsoziologie. Fragestellungen – Kontroversen – Beispieltexte*. Wiesbaden, VS Verlag für Sozialwissenschaften.

Jackson, T. (2005): *Motivating Sustainable Consumption – SDRN briefing 1*. London, Policy Studies Institute.

Jaeger-Erben, M. (2010): *Zwischen Routine, Reflektion und Transformation – die Veränderung von alltäglichem Konsum durch Lebensereignisse und die Rolle von Nachhaltigkeit. Eine empirische Untersuchung unter Berücksichtigung praxistheoretischer Konzepte*. Fakultät VI Planen Bauen Umwelt, Technische Universität Berlin.

Jaeger-Erben, M., U. Offenberger, et al. (2011): *Gender im Schwerpunkt „Nachhaltiger Konsum – Vom Wissen zum Handeln": Ergebnisse und Perspektiven*, in: R. Defila, A. D. Giulio und R. Kaufmann-Hayoz, Hrsg., Wesen und Wege nachhaltigen Konsums. Ergebnisse aus dem Themenschwerpunkt "Vom Wissen zum Handeln – Neue Wege zum nachhaltigen Konsum". München, oekom: 283–298.

James, W. (1904): *The Chicago School*. Psychological Bulletin **1**: 1–5.

Joas, H. (1992a): *Die Kreativität des Handelns*. Frankfurt a. M., Suhrkamp.

Joas, H. (1992b): *Pragmatismus und Gesellschaftstheorie*. Frankfurt a. M., Suhrkamp.

Joas, H. (2000 [1980]): *Praktische Intersubjektivität. Die Entwicklung des Werkes von G.H. Mead*. Frankfurt a.M., Suhrkamp.

Kalthoff, H., S. Hirschauer, et al. (2008): *Theoretische Empirie. Zur Relevanz qualitativer Forschung*. Frankfurt a.M., Suhkamp.

Katz, C. (2011): *Im Wald: Doing Gender while Doing Nature. Geschlechteraspekte der Gestaltungspraktiken eines Naturraums*, in: E. Scheich und K. Wagels, Hrsg., Körper Raum Transformation. gender-Dimensionen von Natur und Materie. Münster, Westfälisches Dampfboot: 176–197.

Kaufmann-Hayoz, R., B. Brohmann, et al. (2011): *Gesellschaftliche Steuerung des Konsums in Richtung Nachhaltigkeit*, in: R. Defila, A. D. Giulio und R. Kaufmann/Hayoy, Hrsg., Wesen und Wege nachhaltigen Konsums. Ergebnisse aus dem Themenschwerpunkt "Vom Wissen zum Handeln – Neue Wege zum nachhaltigen Konsum". München, oekom: 125–156.

Kaufmann, J.-C. (1994): *Schmutzige Wäsche. Zur ehelichen Konstruktion von Alltag*. Konstanz, UVK.

Kelle, U. (2011): *"Emergence" oder "Forcing"? Einige methodologische Überlegungen zu einem zentralen Problem der Grounded-Theory*, in: G. Mey und K. Mruck, Hrsg., Grounded Theory Reader. Wiesbaden, VS Verlag für Sozialwissenschaften: 235–260.

Keller, R. (2012): *Das interpretative Paradigma. Eine Einführung.* Wiesbaden, VS Verlag für Sozialwissenschaften.

King, P. (2004): *Private Dwelling: Contemplating the Use of Housing.* London, Routledge.

King, P. (2009): *Using Theory or Making Theory: Can there be Theories of Housing?* Housing, Theory and Society **26**(1): 41–52.

Knoblauch, H. (2013): *Qualitative Methods at the Crossroads: Recent Developments in Interpretive Social Research.* Forum: Qualitative Sozialforschung **14**(3).

Knorr Cetina, K. (1984): *Die Fabrikation von Erkenntnis. Zur Anthropologie der Naturwissenschaft.* Frankfurt/Main, Campus.

König, T. (2012): *Familie heißt Arbeit teilen. Transformationen der symbolischen Geschlechterordnung.* Konstanz, UVK-Verlags-Geschellschaft.

König, W. (2000): *Geschichte der Konsumgesellschaft.* Stuttgart, Steiner.

König, W. (1994). Der Verein deutscher Ingenieure und seine Berufspolitik, 1856–1930. In P. Lundgren & A. Grelon (Hrsg.), *Ingenieure in Deutschland 1770–1990.* Frankfurt/Main, Campus: 304–315.

Kotthoff, H. (1994): *Geschlecht als Interaktionsritual?*, in: H. A. Knoblauch, Hrsg., Erving Goffman: Interaktion und Geschlecht. Frankfurt a.M./ New York, Campus: 159–194.

Kvale, S. (2007): *Doing Interviews*. London (u.a.), SAGE Publications.

Lengermann, P. und G. Niebrugge (2002): *Thrice told: Narratives of sociology´s relation to social work*, in: C. Calhoun, Hrsg., Sociology in America. A History. Chicago, University of Chicago Press: 63–114.

Lenz, K. (2009): *Soziologie der Zweierbeziehung. Eine Einführung.* Wiesbaden, VS Verlag für Sozialwissenschaften.

Lie, M. und K. Sörensen, Hrsg. (1996): *Making Technology Our Own? Domesticating Technology into Everyday Life.* Oslo, Ascheoug AS.

Lohan, M. und W. Faulkner (2004): *Masculinites and Technologies*. Men and Masculinities **6**: 319–329.

Lucht, P. und T. Paulitz, Hrsg. (2008): *Recodierungen des Wissens. Stand und Perspektiven der Geschlechterforschung in Naturwissenschaften und Technik.* . Frankfurt am Main, Campus Verlag.

Lucke, D. (1995): *Akzeptanz. Legitimität in der 'Abstimmungsgesellschaft'.* Opladen, Leske und Budrich.

Luckmann, B. (1978): *The Small Life-Worlds of Modern Man*, in: T. Luckmann, Hrsg., Phenomenology and Sociology. Selected Readings. Harmondsworth, Penguin Books: 275-290.

Maines, D. R. (1996): *On Postmodernism, Pragmatism, and Plasterers: Some Interactionist Thoughts and Queries.* Symbolic Interaction **19**(4): 323–340.

Maines, D. R., N. M. Sugrue, et al. (1992 [1983]): *The social impact of G.H. Mead´s theory of the past*, in: P. Hamilton, Hrsg., George Herbert Mead: critical assessment, Bd. 4: Mind, self, and I. London; New York, Routledge: 170–190.

Maller, C., R. Horne, et al. *Green Renovations: Intersections of Daily Routines, Housing Aspirations and Narratives of Environmental Sustainability.* Housing, Theory and Society: 1–21.

Mead, G. H. (1932): *The Philosophy of the Present. With an Introduction by Arthur E. Murphy and Prefatory Remarks by John Dewey.* Chicago, Open Court Publishing Company.

Mead, G. H. (1938): *The Philosophy of the Act. Edited and with an Introduction by Charles W. Morris.* Chicago, University of Chicago Press.

Mead, G. H. (1969): *Sozialpsychologie. Eingeleitet und herausgegeben von Anselm Strauss*. Neuwied, Luchterhand.
Mead, G. H. (1987 [1929]): *Das Wesen der Vergangenheit*, in: H. Joas, Hrsg., George Herbert Mead: Gesammelte Aufsätze, Bd. 2. Frankfurt am Main, Suhrkamp: 337–346.
Mellström, U. (2004): *Machines and Masculine Subjectivity: Technology as an Integral Part of Men's Life Experiences*. Men and Masculinities **6**(4): 368–382.
Mellström, U. (2009): *The Intersection of Gender, Race and Cultural Boundaries, or Why is Computer Science in Malaysia Dominated by Women?*Social Studies of Science **39**: 885–907.
Meuser, M. (2004): *Ärztliche Gemeinwohlrhetorik und Akzeptanz. Zur Standespolitik der medizinischen Profession*, in: R. Hitzler und S. Hornbostel, Hrsg., Elitenmacht. Wiesbaden, VS Verlag für Sozialwissenschaften: 193–204.
Meuser, M. und U. Nagel (2001): *ExpertInneninterviews – vielfach erprobt, wenig bedacht. Ein Beitrag zur qualitativen Methodendiskussion.*, in: A. Bogner, B. Littig und W. Menz, Hrsg., Experteninterviews. Theorien, Methoden, Anwendungsfelder. Opladen, Leske + Budrich: 71–93.
Morrione, T. J. (1985): *Situated Interaction*. Studies in Symbolic Interaction **Supplement 1**: 161–192.
Mraz, G., Hofmann, R., & Bernhofer, G. (2013a). Die Motorsäge als vergeschlechtlichtes Artefakt. Maskulinitäts- und Femininitätskonstruktionen in der privaten Brennholzherstellung. *Soziale Technik* **2**: 17–19.
Mraz, G., Hofmann, R., & Bernhofer, G. (2013b). Vom Baum zum Scheit: Frauen in der privaten Brennholzherstellung. *Ökologisch Wirtschaften***2**: 42–46.
Neckel, S., A. Mijic, et al. (2010): *Sternstunden der Soziologie. Wegweisende Theoriemodelle des soziologischen Denkens.*Frankfurt am Main, Campus-Verlag.
Nentwich, J. C. (2014). Puppen für die Buben und Autos für die Mädchen? Rhetorische Modernisierung in der Kinderkrippe. In G. Malli & S. Sackl-Sharif (Hrsg.), *Wider die Gleichheitsrhetorik. Soziologische Analysen – theoretische Interventionen. Texte für Angelika Wetterer*. Münster: Westfälisches Dampfboot: 50–61.
Nentwich, J. und E. Kelan (2013): *Towards a Topology of 'Doing Gender': An Analysis of Empirical Research and Its Challenges*. Gender, Work and Organization **2**(4): 1–14.
Nentwich, J. und U. Offenberger (2013): *The gendering of home heating: co-constructions of gender, technology, and space*, in: H. Götschel, Hrsg., Transforming Substance. Gender in Material Sciences – An Anthology. Uppsala, Uppsala universitet: 185–202.
Offenberger, U. (2008): *Stellenteilende Ehepaare im Pfarrberuf: Kooperation und Arbeitsteilung*. Münster, Lit-Verlag.
Offenberger, U. und J. Nentwich (2011): *Sozio-kulturelle Bedeutungen von Wärmeenergiekonsum in Privathaushalten*, in: R. Defila, A. Di Giulio und R. Kaufmann-Hayoz, Hrsg., Wesen und Wege nachhaltigen Konsums. Ergebnisse aus dem Themenschwerpunkt "Vom Wissen zum Handeln – Neue Wege zum nachhaltigen Konsum". München, oekom: 313–332.
Offenberger, U. und J. Nentwich (2012): *Socio-Cultural Meanings Around Heat Energy Consumption in Private Households*, in: R. Defila, A. D. Giulio und R. Kaufmann-Hayoz, Hrsg., The Nature of Sustainable Consumption and How to Achieve it. Results form the Focal Topic 'From Knowledge to Action – New Paths towards Sustainable Consumption'. München, oekom: 263–276.
Oldenziel, R. (1999): *Making Technology Masculine. Men, Women and Modern Machines in America 1870 – 1945*. Amsterdam, Amsterdam University Press.
Oudshoorn, N. (2003): *Clinical Trials as a Cultural Niche in Which to Configure the Gender Identities of Users: The Case of Male Contraceptive Development*, in: N. Oudshoorn und T. Pinch, Hrsg., How Users Matter. The Co-Construction of Users and Technologies. Cambridge/MA, The MIT Press: 209–228.

Oudshoorn, N. und T. Pinch (2003): *Introduction: How Users and Non-Users Matter*, in: N. Oudshoorn und T. Pinch, Hrsg., How Users Matter: The Co-Construction of Users and Technologies. Cambridge, MA/London, the MIT Press: 1–25.

Oudshoorn, N., E. Rommes, et al. (2004): *Configuring the User as Everybody: Gender and Design Cultures in Information and Communication Technologies*. Science, Technology, & Human Values **29**(1): 30–63.

Pasero, U. und A. Gottburgsen, Hrsg. (2002): *Wie natürlich ist Geschlecht? Gender und die Konstruktion von Natur und Technik*. Wiesbaden, Westdeutscher Verlag.

Paulitz, T. (2012): *Mann und Maschine. Eine genealogische Wissenssoziologie des Ingenieurs und der modernen Technikwissenschaften, 1850–1930*. Bielefeld, transcript.

Pfadenhauer, M. (2003): *Professionalität. Eine wissenssoziologische Rekonstruktion institutionalisierter Kompetenzdarstellungskompetenz*. Opladen, Leske und Budrich.

Pinch, T. J. und W. E. Bijker (1984): *The Social Construction of Facts and Artefacts: Or How the Sociology of Science and the Sociology of Technology Might Benefit Each Other*. Social Studies of Science **14**(3): 399–441.

Projektverbund ENEF Haus (2010): *Zum Sanieren motivieren. Eigenheimbesitzer zielgerichtet für eine energetische Sanierung gewinnen*.

Przyborski, A. und M. Wohlrab-Sahr (2010): *Qualitative Sozialforschung. Ein Arbeitsbuch*. München, Oldenbourg.

Quitzau, M.-B. und I. Røpke (2009): *Bathroom Transformation: From Hygiene to Well-Being?* Home Cultures **6**(3): 219–242.

Radkau, J. (2007): *Holz. Wie ein Naturstoff Geschichte schreibt*. München oekom.

Radkau, J. (2008): *Technik in Deutschland. Vom 18. Jahrhundert bis heute*. Frankfurt/M., New York, Campus.

Reckwitz, A. (2000): *Die Transformation der Kulturtheorien. Zur Entwicklung eines Theorieprogramms*. Weilerswist, Velbrück.

Reckwitz, A. (2003): *Grundlegende Elemente einer Theorie sozialer Praktiken – eine sozialtheoretische Perspektive*. Zeitschrift für Soziologie **32**(4): 282–301.

Reckwitz, A. (2004): *Die Reproduktion und die Subversion sozialer Praktiken. Zugleich ein Kommentar zu Pierre Bourdieu und Judith Butler*, in: K. H. Hörning und J. Reuter, Hrsg., Doing Culture. Neue Positionen zum Verhältnis von Kultur und sozialer Praxis. Bielefeld, Transcript: 40–54.

Reichertz, J. (2007): *Qualitative Sozialforschung – Ansprüche, Prämissen, Probleme*. Erwägen, Wissen, Ethik **18**(2): 195–208.

Reichertz, J. (2011): *Abduktion: Die Logik der Entdeckung der Grounded Theory*, in: G. Mey und K. Mruck, Hrsg., Grounded Theory Reader. Wiesbaden, VS Verlag für Sozialwissenschaften: 279–297.

Rennings, K., B. Brohmann, et al., Hrsg. (2013): *Sustainable Energy Consumption in Residential Buildings*. Berlin/Heidelberg, Springer.

Riemann, G. und F. Schütze (1991): *'Trajectory' as a basic theoretical concept for analyzing suffering and disorderly social processes*, in: D. Maines, Hrsg., Social Organization and Social Process. Essays in Honor of Anselm Strauss. New York, Aldine de Gruyter: 333–357.

Rohracher, H. (2002): *Managing the Technological Transition to Sustainable Construction of Buildings: A Socio-Technical Perspective*, in: A. Jamison und H. Rohracher, Hrsg., Technology Studies and Sustainable Development. München, Profil: 319–342.

Rommes, R., E. C. J. van Oost, et al. (2001): *Gender in the Design of the Digital City of Amsterdam*, in: A. Adam und E. Green, Hrsg., Virtual Gender: Technology, Consumption and Identity. London and New York, Routledge: 241–262.

Røpke, I. (2009): *Theories of practice. New inspiration for ecological economic studies on consumption*. Ecological Economics **68**: 2490–2497.
Rybczynski, W. (1987): *Home. A Short History of an Idea*. New York, Penguin Books.
Saunders, P. (1989): *The Meaning of 'Home' in Contemporary English Culture*. Housing Studies **4**(3): 177–192.
Saunders, P. und P. Williams (1988): *The Constitution of the Home: Towards a Research Agenda*. Housing Studies **3**(2): 81–93.
Schäfer, H. (2012): *Kreativität und Gewohnheit. Ein Vergleich zwischen Praxistheorie und Pragmatismus*, in: U. Göttlich und R. Kurt, Hrsg., Kreativität und Improvisation. Wiesbaden, Springer Fachmedien: 17–43.
Schäfer, M., I. Schultz, et al., Hrsg. (2006): *Gender-Perspektiven in der Sozial-ökologischen Forschung: Herausforderungen und Erfahrungen aus inter- und transdisziplinären Projekten*. München, oekom.
Schatzki, T. R., K. Knorr Cetina, et al. (2001): *The practice turn in contemporary theory*. London [u.a.], Routledge.
Scheffknecht, G., A. Schuster, et al. (2010): *Bioenergie. Ihr Beitrag zur nachhaltigen Energieversorgung*. Themenheft Forschung – Erneuerbare Energien. Universität Stuttgart **6**: 46–53.
Schmid-Thomae, A. (2012): *Berufsfindung und Geschlecht. Mädchen in technisch-handwerklichen Projekten*. Wiesbaden, VS Verlag für Sozialwissenschaften.
Schmidt, M. und N. Jinchang (2010): *Potentiale erneuerbarer Energien in der Gebäudetechnik*. Themenheft Forschung – Erneuerbare Energien. Universität Stuttgart **6**: 76–83.
Scholz, S. (2012): *Brüchige Männlichkeit – aber kein Zusammenbruch männlicher Herrschaft*. Münster, Westfälisches Dampfboot.
Schreyer, F. (2008): *Akademikerinnen im Technischen Feld. Der Arbeitsmarkt von Frauen aus Männerfächern*. Frankfurt am Main (u.a.), Campus Verlag.
Schubert, H.-J. (2009): *Pragmatismus und Symbolischer Interaktionismus*, in: G. Kneer und M. Schroer, Hrsg., Handbuch Soziologische Theorie. Wiesbaden, VS Verlag für Sozialwissenschaften: 345–367.
Schubert, H.-J., H. Joas, et al. (2010): *Pragmatismus zur Einführung*. Hamburg, Junius.
Schütze, F. (1989): *Kollektive Verlaufskurve oder kollektiver Wandlungsprozess*. BIOS **1**: 31–109.
Schütze, F. (1999): *Anselm Strauss und seine besondere Beziehung zur deutschsprachigen Sozialwissenschaft. Unveröffentlichtes Manuskript*.
Schulz-Schaeffer, I. (2010): *Praxis, handlungstheoretisch betrachtet*. Zeitschrift für Soziologie **39**(4): 319–336.
Schwartz Cowan, R. (1976): *The "Industrial Revolution" in the Home: Household Technology and Social Change in the 20th Century*. Technology and Culture **17**(1): 1–23.
Schwartz Cowan, R. (1983): *More Work for Mother. The Ironies of Household Technology from the Open Hearth to the Microwave*. New York, Basic Books.
Schwartz Cowan, R. (1987): *The Consumption Junction: A Proposal for Research Strategies in the Sociology of Technology*, in: W. E. Bijker, T. P. Hughes und T. J. Pinch, Hrsg., The Social Construction of Technological Systems. New Directions in the Sociology and History of Technology. Cambridge/MA, MIT Press: 261–280.
Schwartz Cowan, R. (1997): *A Social History of American Technology*. New York, Oxford University Press.
Shalin, D. N. (1986): *Pragmatism and Social Interactionism*. American Sociological Review **51**(1): 9–29.
Shove, E. (2003a): *Comfort, Cleanliness and Convenience. The Social Organization of Normality*. New York, BERG.

Shove, E. (2003b): *Converging Conventions of Comfort, Cleanliness and Convenience*. Journal of Consumer Policy **26**(4): 395–418.
Shove, E. (2009): *Transitions in practice: reconceptualising consumption and sustainability*. Scientific Conference: Towards Sustainable Consumption. Paris.
Shove, E., H. Chappells, et al., Hrsg. (2008): *Comfort in a Low Carbon Society: Special issue of Building Resesarch and Information*.
Shove, E., H. Chappels, et al. (2008): *Comfort in a lower carbon society*. Building Research & Information (Special issue on Comfort in a Low Carbon Society) **36**(4): 307–311.
Shove, E. und A. Warde (2002): *Inconspicuous Consumption: The Sociology of Consumption, Lifestyles, and the Environment.*, in: R. E. Dunlap, F. H. Buttel, P. Dickens und G. August, Hrsg., Sociological Theory and the Environment. Lanham, MD, Rowman & Littlefield: 230–251.
Silverstone, R. und E. Hirsch, Hrsg. (1992): *Consuming Technologies: Media and Information in Domestic Spaces*. New York, Routledge.
Soeffner, H. G. (1991): *"Trajectory" – das geplante Fragment. Die Kritik der empirischen Vernunft bei Anselm Strauss.* BIOS. Zeitschrift für Biographieforschung und Oral History **4**(1): 1–12.
Spaargaren, G. und B. van Vliet (2000): *Lifestyles, Consumption and the Environment: The Ecological Modernisation of Domestic Consumption*. Environmental Politics **9**(1): 50–76.
Star, S. L. (2010): *This is Not a Boundary Object: Reflections on the Origin of a Concept*. Science, Technology & Human Values **35**: 601–617.
Star, S. L. und G. C. Bowker (1997): *Of lungs and lungers: The classified story of tuberculosis*. Mind, Culture and Activity **4**(1): 3–23.
Star, S. L. und J. R. Griesemer (1989): *Institutional ecology, 'Translations', and Boundary objects: Amateurs and professionals on Berkeley's museum of vertebrate zoology*. Social Studies of Science **19**: 387–420.
Statistisches Bundesamt (2009): *Zuhause in Deutschland. Ausstattung und Wohnsituation privater Haushalte. Ausgabe 2009*. Wiesbaden, Statistisches Bundesamt.
Strauss, A. (1969): *Einleitung*, in: ders., Hrsg., George Herbert Mead: Sozialpsychologie. Eingeleitet und herausgegeben von Anselm Strauss. Neuwied, Luchterhand: 11–36.
Strauss, A. (1978): *A Social World Perspective*, in: N. K. Denzin, Hrsg., Studies in Symbolic Interaction. An Annual Compilation of Research. Greenwich, Conneticut, JAI Press Inc. **1**: 119–128.
Strauss, A. (1994): *An Interactionist Theory of Action*, in: W. M. Sprondel, Hrsg., Die Objektivität der Ordnungen und ihre kommunikative Konstruktion. Frankfurt a.M., Suhrkamp: 73–94.
Strauss, A. (1998 [1994]): *Grundlagen qualitativer Sozialforschung*. München, Wilhelm Fink Verlag.
Strauss, A. und J. Corbin (1990): *Basics of Qualitative Research. Grounded Theory Procedures and Techniques*. Newbury Park u.a., Sage.
Strauss, A., L. Schatzman, et al. (1963): *The hospital and its negotiated order*, in: E. Friedson, Hrsg., The hospital in modern societ. New York, The Free Press: 147–169.
Strauss, A. L. (1993): *Continual Permutations of Action*. New York, Aldine De Gruyter.
Strübing, J. (2004): *Grounded Theory. Zur sozialtheoretischen und epistemologischen Fundierung des Verfahrens der empirisch begründeten Theoriebildung*. Wiesbaden, VS Verlag für Sozialwissenschaften.
Strübing, J. (2005): *Pragmatistische Wissenschafts- und Technikforschung. Theorie und Methode*. Frankfurt am Main [u.a.], Campus.
Strübing, J. (2007): *Anselm Strauss*. Konstanz, UVK.
Strübing, J. (2008): *Pragmatismus als epistemische Praxis. Der Beitrag der Grounded Theory zur Empirie-Theorie-Frage.*, in: H. Kalthoff, S. Hirschauer und G. Lindemann, Hrsg., Theoretische Empirie. Zur Relevanz qualitativer Forschung. Frankfurt a.M., Suhrkamp: 279–311.

Strübing, J. und B. Schnettler, Hrsg. (2004): *Methodologie interpretativer Sozialforschung. Klassische Grundlagentexte.* Konstanz, UVK.

Taylor, C. (1993): *Engaged Agency and Background in Heidegger*, in: C. Guignon, Hrsg., The Cambridge Companion to Heidegger. Cambridge, Cambridge University Press: 317–336.

Teubner, U. (2009): *Technik – Arbeitsteilung und Geschlecht*, in: B. Aulenbacher und A. Wetterer, Hrsg., Arbeit. Perspektiven und Diagnosen der Geschlechterforschung. Münster, Westfälisches Dampfboot: 176–192.

Thomas, W. I. (1965): *Person und Sozialverhalten.* Berlin, Luchterhand.

Thomas, W. I. und F. Znaniecki (1927/2004): *Methodologische Vorbemerkungen – Der polnische Bauer in Europa und Amerika*, in: J. Strübing und B. Schnettler, Hrsg., Methodologie interpretativer Sozialforschung. Klassische Grundlagentexte. Konstanz, UVK: 247–264.

Timmermans, S. (1998): *Mutual Tuning of Multiple Trajectories.* Symbolic Interaction **21**(4): 425–440.

van Oost, E. (2003): *Materialized Gender: How Shavers Configure the Users' Femininity and Masculinity*, in: N. Oudshoorn und T. Pinch, Hrsg., How Users Matter. The Co-Construction of Users and Technologies. Cambridge, MA, The MIT Press: 193-208.

Veblen, T. B. (1994 [1899]): *The Theory of the Leisure Class. Penguin twentieth-century classics.* New York, Penguin Books.

Verbraucherzentrale Niedersachsen e.V., Hrsg. (2009): *Heizung und Warmwasser. Moderne Heiztechnik mit Sonnenenergie, Holz und Co.* Hannover, Verbraucherzentrale.

Wacquant, L. (2003): *Zwischen Soziologie und Philosophie. Bourdieus Wurzeln*, in: B. Rehbein, G. Saalmann und H. Schwengel, Hrsg., Pierre Bourdieus Theorie des Sozialen. Probleme und Perspektiven. Konstanz, UVK: 59–65.

Wajcman, J. (1991): *Feminism confronts technology.* Cambridge, Polity Press.

Wajcman, J. (1994): *Technik und Geschlecht. Die feministische Technikdebatte.* Frankfurt/New York, Campus.

Wajcman, J. (2004): *TechnoFeminism.* Cambridge, Polity Press.

Warde, A. (2004): *Theories of practice as an approach to consumption.* ESRC Cultures of Consumption Programme, Working Paper No. 6.

Warde, A. (2005): *Consumption and Theories of Practice.* Journal of Consumer Culture **5**(2): 130–153.

Watson, M. und E. Shove (2006): *Materialising Consumption: Products, Projects and the Dynamics of Practice.* Cultures of Consumption Working Papers Series, Birkbeck College. London: 1–22.

West, C. und D. H. Zimmerman (1987): *Doing Gender.* Gender & Society **1**(2): 125–151.

Zachmann, K. (2004): *Mobilisierung der Frauen. Technik, Geschlecht und Kalter Krieg in der DDR.* Frankfurt/Main, Campus.

Internetquellen

BAFA (Bundesamt für Wirtschaft und Ausfuhrkontrolle) über Vor-Ort-Beratung: http://www.bafa.de/bafa/de/energie/energiesparberatung/index.html, [Zugriff am 26.01.2012].

EnEV-online über das Erneuerbare-Energien-Wärme-Gesetz: http://www.enev-online.de/eewaermeg/2011/01_zweck_und_ziel_des_eewaermegesetzes.htm [Zugriff am 15.02.2012].

GIH (Bundesverband Gebäudeenergieberater Ingenieure Handwerker e.V.): www.gih-bv.de, [Zugriff am 26.01.2012].

Honert, M. (2012): *Kaminöfen. Es lodert, bollert und prasselt.* http://www.zeit.de/lebensart/2012-02/wohnen-kaminofen-heizung [Zugriff am 16.02.2012].

IAB (Institut für Arbeitsmarkt- und Berufsforschung): Berufe im Spiegel der Statistik: http://bisds.infosys.iab.de/, [Zugriff am 14.04.2011].

Passivhausinstitut: www.passiv.de, [Zugriff am 12.07.2011].

Star, S. L. (1997): *Anselm Strauss: An Appreciation*. Sociological Research Online 2(1): http://www.socresonline.org.uk/2/1/1.html [Zugriff am 15.08.2013].

Windhager Zentralheizungen: www.windhager.com, [Zugriff am 28.02.2012].

Sach- und Personenregister

Abduktion, abduktiv 65
Berufsmensch 50, 114, 115, 138, 141
Blumer, Herbert 11, 16, 17, 27
Bourdieu, Pierre 15, 31–33, 43, 44, 50, 98, 124, 137
Chicago School 11–15, 19, 56
Clarke, Adele 16, 21, 24–26, 54, 68, 131, 141, 142
Consumption Junction 41
Dewey, John 10, 13, 17, 18, 22, 27, 65
Doing Gender 33, 138, 139, 141, 142
Do It Yourself, DIY 43, 44, 65, 125, 126, 130, 139
Domestication 41–43, 51, 126
Eigenheim *siehe* Heim
Energieberater 57, 58, 93, 101
Energieeffizienz 3, 82, 92–94, 129, 136, 139
Facility Management 65, 99, 136
Fallanalyse 64, 69, 70, 87
Flexibilität, interpretative 41, 51, 100
Gender Script/ Genderskript/ Geschlechterskript 39, 40, 50, 65, 96, 98, 112
Genderismus 31, 32, 50, 129
Geschlechterdifferenz, Geschlechterdifferenzierung 30, 33, 34, 50, 51, 98, 109–115, 125, 127, 138f, 142
Geschlechterstereotyp 30, 34, 35, 40, 95, 98–100, 109, 112, 128
Goffman, Erving 4, 10, 11, 26, 29–33, 50, 96, 98, 114, 129
Grounded Theory 7, 16, 24, 26, 27, 53–55, 65, 132
Handlungssituation 14, 19, 23, 25, 52, 66, 68, 87, 139, 140
Häuslichkeit *siehe* Heim
Heterosexualität 30, 50, 137
Heim, Home, Eigenheim 6, 21, 43–46, 48, 51, 52, 122–126, 129–131, 137, 139, 140
Homemaking 65, 99, 137
Ingenieur 35–38, 50, 138
James, William I. 10, 13, 18
Joas, Hans 10–13, 15, 17–19
Kodieren 54, 55, 58, 64
Kokonstruktion 38, 41, 51, 52, 133
Konsum, demonstrativer 65, 73, 74, 76, 78, 82
Konzept, sensibilisierendes 27, 28, 54, 55, 87, 132

Männlichkeit, hegemoniale 37, 38, 50
Mead, George Herbert 10, 13, 17–21
Memo 54, 64, 86
nachhaltig 2, 3, 5, 47, 85, 106, 139-142
Nachhaltigkeit 2, 3, 5, 48, 139
Nachhaltigkeitsforschung 2, 4, 5, 29, 134
Nentwich, Julia 1, 33, 64, 65, 95, 114, 138, 141
Ofen 58–62, 65, 71, 88–90, 92–95, 97, 98–104, 109, 116–118, 120, 125–128, 136, 137
Peirce, Charles S. 14, 65
Privatheit 21, 37, 44, 46, 51, 99, 114, 138
Professionalisierung 35, 36, 38, 101, 106
Qualitative Forschung, Standardisierung 27, 131
Reflexivität, institutionelle 30, 31, 50
Sampling, theoretisches 55, 59, 60, 116
Schlüsselkategorie 52, 65, 68
Schwartz Cowan, Ruth 41, 47, 88, 89
Sensibilität, theoretische 27, 54, 68
Situationsmatrix 24, 25, 68
Soeffner, Hans-Georg 20, 21, 133
Standardisierung, technische 47, 51, 100, 104, 126
Star, Susan Leigh 16, 131, 133, 142
Strauss, Anselm 8, 11, 16–27, 54, 55, 64, 68, 87, 131–133, 136, 141, 142
Strübing, Jörg 1, 13–21, 27, 54, 55, 65, 133, 141
Subjektivität 54, 131, 132
Technikaffinität 40, 50, 112, 115
Technik-Ästhetik-Dualismus 109, 137
Technikkompetenz 37, 39, 40, 50, 60, 101, 107, 108, 112, 114, 115, 137, 141
Theoriebildung 16, 20, 50, 54, 68, 69
Theorie-Methoden-Paket 16, 24, 132
Thomas-Theorem 10, 11, 13–15, 18
Trajectory *siehe* Verlaufskurve
Vergemeinschaftung 3, 6, 43, 51, 60, 65, 125, 128, 134, 140, 142
Vergeschlechtlichung 37, 51, 98, 112, 138
Verlaufskurve 8, 20, 21, 132–141
Vertrauen 72, 73, 75, 77, 78, 102, 103, 105, 106, 122
Wärmekonsum 3, 45, 48, 50, 52, 58, 59, 87, 88, 93, 97
Wärmeverbrauch 56, 57, 90, 91, 93, 119

www.ingramcontent.com/pod-product-compliance
Ingram Content Group UK Ltd.
Pitfield, Milton Keynes, MK11 3LW, UK
UKHW051557190426
11946UKWH00027B/136

Zentralheizung 89, 90, 93–97, 99, 100, 119, 120, 126, 135, 136

Zuhause *siehe* Heim
Zweigeschlechtlichkeit 33, 37, 38, 137